风电机组振动监测、故障诊断与寿命预测

滕　伟　柳亦兵　丁　显　著

机 械 工 业 出 版 社

本书详细介绍风电机组的振动监测、故障诊断与寿命预测的基础理论、相关方法及工程应用。主要内容包括风电机组结构及运行控制、风电机组振动监测基础、风电机组传动链故障特征提取、风电机组群的智能故障诊断及风电机组轴承的剩余使用寿命预测方法。

本书注重理论联系实际，书中通过大量风电场的故障案例对相关方法进行了验证，适合从事风电设备状态监测与故障诊断工作的研究人员使用，也可以为风电场技术人员提供运维参考。

图书在版编目（CIP）数据

风电机组振动监测、故障诊断与寿命预测/滕伟，柳亦兵，丁显著．—北京：机械工业出版社，2023.9
ISBN 978-7-111-73557-1

Ⅰ.①风…　Ⅱ.①滕…②柳…③丁…　Ⅲ.①风力发电机-发电机组-研究　Ⅳ.①TM315

中国国家版本馆 CIP 数据核字（2023）第 135583 号

机械工业出版社（北京市百万庄大街 22 号　邮政编码 100037）
策划编辑：孔　劲　　　　　　责任编辑：孔　劲　戴　琳
责任校对：贾海霞　王　延　　封面设计：马精明
责任印制：郜　敏
北京富资园科技发展有限公司印刷
2023 年 11 月第 1 版第 1 次印刷
184mm×260mm・12.25 印张・300 千字
标准书号：ISBN 978-7-111-73557-1
定价：79.00 元

电话服务　　　　　　　　　　网络服务
客服电话：010-88361066　　机　工　官　网：www.cmpbook.com
　　　　　010-88379833　　机　工　官　博：weibo.com/cmp1952
　　　　　010-68326294　　金　书　网：www.golden-book.com
封底无防伪标均为盗版　机工教育服务网：www.cmpedu.com

前　言

过去十余年来，为应对化石能源短缺和环境污染等问题，风力发电在世界范围内得到了迅猛发展。自2012年开始，我国风电总装机容量一直处于世界领先地位，十余万台风电机组矗立在全国各地，源源不断地向电网注入绿色电力。新形势下面对气候变化与二氧化碳排放压力，我国于2020年提出"30·60"双碳目标，即二氧化碳排放达到峰值的时间力争控制在2030年前，努力争取2060年前实现碳中和。风能具有清洁、可再生等特点，将成为实现碳达峰、碳中和目标的支柱能源之一。

风电机组是风能到电能转换的载体，受随机风载荷激励、极端温差等恶劣环境影响，其核心部件，如叶片、齿轮箱、发电机等，故障率较高。由于运行于高空，地处风资源丰富的偏远地区或海洋，风电机组的检修维护存在较大难度。风电机组核心部件的故障会导致较长的停机时间，造成较大的发电量损失。

振动监测是发现机械传动部件故障的有效手段，风电机组这类结构复杂、远程集群运行的设备对振动监测的需求更为强烈。结合风电机组结构参数与运行规律，振动监测、诊断与寿命预测技术可以辅助发现风电机组早期故障，探明故障机理，预测核心部件的失效时刻，为风电行业的预知检修维护提供依据，对于避免更为严重的故障、降低风电场经济损失具有重大的现实意义。

然而，由于风电机组自身特点，针对其进行振动监测与精确故障诊断存在挑战，主要表现在：①风电机组传动链由多组齿轮、轴承等部件组成，低速部件的各故障特征频率之间、特征频率与调制成分之间存在极为接近的情况，难以区分故障部件；②齿轮箱中各传动轴旋转频率跨度大，高速级的振动能量容易掩盖低速齿轮或轴承的故障特征，低速部件的诊断存在困难；③风电机组是典型的机电液一体化设备，运行中的电气特性可能干扰机械部件的故障特征提取，增加诊断难度；④风电机组处于变速、变载荷运行工况，准确构建排除载荷干扰的健康指标用于寿命预测是目前的研究热点。应该讲，风电机组振动监测、故障诊断与寿命预测的研究涉及振动机理、信号处理、工程优化、机器学习等学科的交叉融合，既依托于学术前沿，又具有重要的工程价值。

目前，基于振动的状态监测系统（condition monitoring system，CMS）成为主流风电机组的标准配置，为本领域的研究提供丰富的数据来源，同时也反映出设备商与运营企业对风电机组故障诊断与寿命预测技术的重视。研究团队经过十余年的积累，对风电行业拥有了深刻的认识，出版本书旨在探讨风电机组常见故障机理，分析不同部件故障特征提取与故障诊断的适用方法，给出核心部件的剩余使用寿命预测手段，为风电机组的状态检修与预知维护提供参考。

得益于华北电力大学这座培养了众多电力人才的高等学校，作者在风力发电领域的研究与工程实施进展顺利，保证了本书内容的丰富翔实。在风电机组故障诊断方面，博士生李状、张博、硕士生史秉帅、马海飞等做了较多工作；在寿命预测方面，博士生黎曦琳、硕士生马玉峰、张晓龙、黄乙珂等进行了多种方法的尝试，并取得了一些实际的应用效果。感谢龙源电力集团股份有限公司的陈铁、华润电力风能有限公司的张阳阳与邵德伟、北京英华达电力电子工程科技有限公司的吴仕明与唐诗尧、山东中车风电有限公司的刘海晨等为本书的研究所提供的素材及来自现场的众多反馈验证。

本书各章节的安排如下：第1章论述了风能产业的特点，介绍了多种适用于风电机组不同部件的状态监测技术，并综述了传动链的故障诊断方法，最后提出风电机组振动诊断与预测中的技术难点；第2章介绍了风电机组的总体结构、常见的传动链结构，分析了风电机组的运行控制原理，便于读者对风电机组的运行过程具有宏观的认识；第3章是风电机组振动监测的基础，内容包括传动链失效原因，齿轮与轴承在故障状态下的振动机理与故障表征，不同结构风电齿轮箱中部件故障特征频率，分析了风电机组传动链离线/在线振动监测系统及相关参数，并介绍了国内外风电机组的振动评价标准；第4章涵盖风电机组传动链故障特征提取的多种方法，既涉及频谱、包络、倒频谱等经典技术，也包含应对传动链诊断难题的相关算法和提高诊断效率的自适应方法；第5章针对风电机组部件众多、故障多样的问题，提出了无监督学习的故障识别方法，在已知故障类别的基础上识别新类，具有较高的工程价值；第6章以风电机组中的轴承为对象，探讨了轴承的健康指标构建方法和模型与数据结合的寿命预测方法，并通过实际风电机组轴承剩余使用寿命数据予以验证。

本书内容集中了作者在风电机组故障诊断领域多年的研究成果，分析了大量的现场案例，可以为风电场的实际运维决策提供参考，也有助于研究者在本领域内新思路、新方法的启发。由于作者水平有限，书中难免存在不足之处，敬请读者批评指正。

滕　伟

于北京

目　录

第 **1** 章

绪 论

1.1 风能产业与特点概述

1.1.1 风能产业发展概述

由于化石能源短缺与环境污染持续加剧，世界范围内正经历一场能源改革。欧盟通过的《2050 能源路线图》阐明了以清洁能源和可持续发展为主旨的新能源战略，提出建立一个可持续发展的欧洲能源体系。美国的能源改革已经初具成效，目前其可再生能源的装机容量已经超越同期煤电装机的总容量。拉美地区成为全球可再生能源产业发展最快速的地区之一，该地区生物质能、太阳能、风能、地热等可再生能源发电量占比已从 2010 年的 4% 增加到 2018 年的 12% 左右。

我国也正在积极地进行能源产业结构调整。2020 年我国政府提出：到 2030 年，中国单位国内生产总值二氧化碳排放将比 2005 年下降 65% 以上，非化石能源占一次能源消费比重将达到 25% 左右，森林蓄积量将比 2005 年增加 60 亿 m^3，风电、太阳能发电总装机容量将达到 12 亿 kW 以上。由此可见，可再生能源的开发利用已成为全球能源转型及应对气候变化的关键举措，全球能源转型的基本趋势是实现化石能源体系向低碳能源体系的转变，最终进入以可再生能源为主的可持续能源时代。

作为一种取之不尽、用之不竭的可再生能源，风能在能源产业结构调整中发挥了重要作用。2011—2021 年，世界风能装机容量持续大幅度增长，如图 1-1 所示，截至 2021 年底，世界范围内累计风电装机容量达到 83972 万 kW。新增装机方面，2013 年出现过短暂低谷，但后续几年表现强劲，保持稳定增长。

我国于 2006 年颁布了《中华人民共和国可再生能源法》，开启了风力发电的新篇章。图 1-2 所示为 2011—2021 年我国风电新增和累计装机容量的增长情况，截至 2021 年底，我国风电累计装机容量超过 3.3 亿 kW，占全国发电装机容量的 13.8%，风电利用小时数为 2246h，总装机容量和自 2012 年来的历年新增装机容量均稳居世界第一。受双碳战略目标的激励，2020 年与 2021 年的新增装机分别达到 7238 万 kW 和 5592 万 kW，创历史新高。《"十四五"电力发展规划》提出，我国计划五年内新增陆上风电装机 2.89 亿 kW，新增海上风电装机 2400 万 kW。风力发电将从当前的辅助能源逐渐跃升为主力能源之一。在碳达峰、碳中和的战略目标指引下，风力发电必将迎来再一次的飞跃发展，预计 2030 年碳达峰时，我国风电装机容量将达到 8 亿 kW。

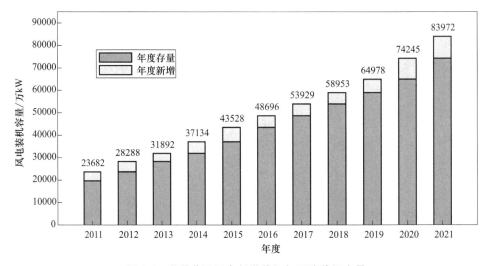

图 1-1　世界范围风电新增装机与累计装机容量

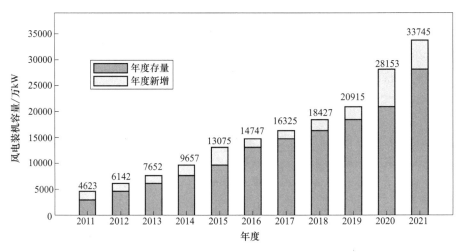

图 1-2　我国风电新增装机与累计装机容量

为了降低风力发电成本，形成核心竞争力，风电机组正向着大单机容量的方向发展。目前，陆上新安装风电机组的单机功率在 4~6MW，丹麦 Vestas 风能集团研制的 4.2MW、远景能源公司研制的 4.5MW、中国东方电气风电有限公司研制的 5MW、中车株洲电力机车研究所有限公司研制的 4.8MW、浙江运达风电股份有限公司研制的 5.5MW 风电机组等都已具备量产能力。海上风电机组的单机功率通常在 5MW 以上，如美国通用电气公司研制的 6MW 风电机组，德国 Repower 公司研制的 5MW 风电机组，主要应用于海上风电场。国产大功率风电机组的试验和研制成果也十分抢眼，如 2018 年福建福清兴化湾海上风电样机试验风场项目，包括来自金风科技股份有限公司的 6.7MW 风电机组、明阳智慧能源集团的 5.5MW 风电机组、中国船舶集团海装风电股份有限公司的 5MW 风电机组等 8 家国内主流风电机组厂商，总装机容量为 79.4MW。由三峡集团与中国东方电气风电有限公司联合研发的 10MW 海上风电机组于 2020 年 7 月在兴化湾二期海上风电场成功并网发电，刷新我国海上风电机组单机容量新纪录。在 2021 年结束的北京国际风能展上，中国东方电气风电有限公司发布了 13MW 永磁直驱海上风电机组，是当时亚洲地区在制的单机容量最大、风轮直径最大的永磁直驱海上风电机组。2023 年初，中国船舶集团海装风电股份有限公司所研制的 18MW 半直驱机组成为当前国内最大的海上风电机组。

1.1.2　风电机组故障诊断与寿命预测的意义

进入 21 世纪以来，在短短十几年间，我国在风电行业投入数万亿元资金，建成数千个风电场，投运风电机组十多万台，创造了发展奇迹的同时也暴露出一些突出的问题。在国外风电大规模扩张时期，国内风电机组的设计制造处于起步阶段。早期投运的风电机组多为进口机型，一方面，国外机组未针对我国风资源特点进行定制化设计，导致机组适应性差，关键部件故障频发，运维成本居高不下；另一方面，作为一种较新的发电形式，我国风电设备的运行维护及维修没有可供参考的现成技术和管理模式，风电场运维管理和技术手段落后，缺乏对风电机组关键部件运维技术的深入研究及经验总结，导致风电机组运维效率不高。

由于风电机组容量不断增大，轮毂高度增加，传动链受力变得复杂，另外，风电场所处环境条件通常比较恶劣，风电机组运行工况随风速变化，风轮转速以及零部件承受的载荷也随时发生变化，因此极易造成传动链零部件出现故障甚至失效，影响机组的安全可靠运行。特别是我国有些地区的地形地貌、气候特征与欧美相比具有特殊性，与标准设计的传动链的载荷规律存在一定偏差。我国风电场多数处于山区或丘陵地带，尤其是东南沿海及岛屿，地形复杂造成气流受地形影响发生变化，因此，作用在风轮上的除水平气流以外还有垂直气流，相当一部分地区气流的阵风因子较大，对于风电机组传动链来讲，经常出现超过其设计极限条件的情况。同时，由于气流的不稳定性，齿轮箱等传动部件长期处于复杂的交变载荷作用之下。

并网风电机组按照结构类型主要分为双馈变桨变速风电机组和直驱变桨变速风电机组，其中双馈变桨变速风电机组约占全部已投运风电装机容量的 80% 以上，该类型机组为陆上主流机型。双馈风电机组主要由塔筒、叶片、传动链、机舱等部件组成。传动链是风电机组的核心部件，包括主轴及轴承、齿轮箱、联轴器和发电机等部件。风电机组传动链的运行工况复杂、故障频次高、采购周期长，提升针对传动链部件的运维能力是降低我国风电检修维护成本、提高风电产业核心竞争力的关键。

图 1-3 所示为国内某大型新能源集团公司的风电机组部件更换率/维修率和平均故障恢复时间统计数据。变桨部件、液压部件、主控部件等更换率/维修率较高，表明其具有较高的故障率。而以齿轮箱、叶片、主轴、发电机为代表的传动链核心部件具有较长的故障恢复时间，故障所致经济损失较大，严重影响了风电机组的发电效率。

与火力、水力等常规发电形式相比，风电机组具有变速变载的运行工况、单机小容量及地域分布广的特点。风电机组运行于高空，地处风资源丰富的偏远地区，运维过程中，核心部件的运输、吊装、更换均存在较大的挑战。一台陆上 1.5 MW 风电机组，如需更换齿轮箱，吊车雇佣费用高达 40 余万元，齿轮箱购置费用约 110 万元；而对于单台 4MW 的海上风电机组，齿轮箱造价超过 300 万元，若动用起重运维船吊装，受天气、海浪等影响，其成本更是难以估量。若能通过监测手段及时发现早期故障，在部件失效致使系统报废之前进行机舱内单件/少量部件维修，则可极大地节省运维成本。

目前，国内风电机组主要采用计划性检修维护模式，对于传动链部件，这种模式可能存

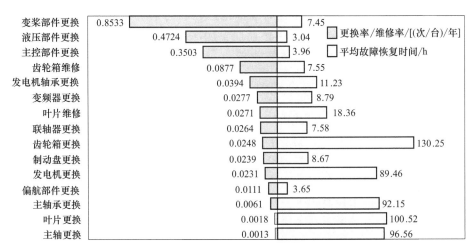

图 1-3　风电机组部件更换率/维修率和平均故障恢复时间

在欠维护和过维护的问题。当传动链中的齿轮、轴承等主要零部件发生早期故障时，微弱故障特征容易被强大的背景噪声掩盖，难以通过日常巡检和定期维护及时发现，所发现的故障往往都是无法掩饰的严重故障。因此，有必要对风电机组传动链开展基于健康状态的检修维护以降低运营成本、避免重大事故发生。振动监测是对传动链中关键部件（齿轮、轴承）健康状态的直观表征，借助先进的信号处理方法对振动信号进行分析，可以提早发现传动链关键部件的故障隐患，并对故障的发生发展趋势进行预测，合理安排人员与物资，进行预防性维护维修，避免故障导致的设备二次损伤及故障扩大化。

风电机组传动链的故障形式通常以损耗性故障为主，即随着运行时间的增长，故障程度逐渐加重，表现为渐变的趋势特征，因而具有一定的可预测性。但是由于传动链结构复杂、运行工况多变、环境条件特殊，导致监测信号所受干扰较大、互相之间耦合严重，虽然关键部件以损耗性故障为主，也存在诸多随机因素，给准确预测故障趋势带来较大困难。因此，从状态监测数据中提取反映故障发生发展的特征信息，实现故障的及时预警、精确诊断和寿命预测，密切观察故障状态趋势，适时采取检修措施加以消除，防止因机组失效而导致的非计划停机，是我国风电行业亟待解决的重要技术问题与工程难题，对于促进风电行业的健康有序发展具有重要意义。

1.2　风电机组状态监测技术

风电机组的关键部件包括叶片、塔筒、主轴、齿轮箱及发电机等。根据各部件的运行及结构特点，常见的监测项目包括叶片缺陷、塔筒裂纹及基础沉降、传动链振动监测与润滑系统油液分析等。叶片缺陷主要有叶片裂纹、破损、开裂、覆冰等，会影响叶片的气动性能从而降低发电效率，针对叶片的监测通常采用在叶片内部加装振动、应变和温度传感器等。塔筒裂纹主要采用无损检测技术进行监测，其优点是对动态缺陷敏感，能够及时捕捉到缺陷萌生及扩展过程中的信息，可有效监测结构的整体质量水平，评价缺陷的实际危害程度。塔筒基础沉降监测通常采用闭合水准测量的方法，观测每个塔筒基础上对称布置的 4 个观测点的高程，计算沉降量和沉降速率，预测塔筒的稳定性及安全情况。风电传动链由大量轴承支承的齿轮传动副组成,一旦某一部件出现故障,可能造成传动中断,除维修费用外,还会造成发电量损失。

当传动链部件发生故障时,传动系统工作状态恶化,传动效率降低、摩擦阻力增大、轴的转动灵活性丧失、旋转精度降低、受力结合面温度升高、振动噪声加剧。可以通过监测箱体振动、噪声、传动轴转矩、润滑油液油质状况、结构和润滑油温度等状态信息将传动链的健康状态反映出来。不同监测参数和检测方法对于各类故障的有效性不同。表1-1列出了几种常用监测方法对传动链故障检测的有效性。可以看出,对于机械类故障,振动分析是最直观有效的监测手段,油液分析对润滑系统中油质变化较为敏感,温度监测则是监控齿轮箱、轴承等部件状态变化的主要手段。上述三种方法广泛应用于风电机组传动链的状态监测中。

表1-1 风电机组传动链状态监测方法对比

部件	故障	振动分析	噪声分析	转矩分析	油液分析	温度监测	光学分析
齿轮	断裂	●	◎	●		○	○
	磨损	●	◎	◎	◎	○	
	塑性变形	●	◎	●	◎		
	齿面疲劳	●	◎	◎	●		
	烧伤	●	◎	◎	◎	◎	○
轴	不平衡	●	◎	○			
	不对中	●	◎	○			
	松动	●	◎	○			
滚动轴承	剥落	●	◎		◎		
	裂纹	●	◎				
	压痕	●	◎				
	磨损	●	◎	○	◎		
	腐蚀	●	◎	○	◎		
润滑系统	温度升高					●	
	严重漏油					○	
	油质劣化				●	○	

注:●最有效,◎有效,○有可能。

1.2.1 振动监测技术

目前,振动监测技术是国内外对于齿轮、轴承等旋转部件进行状态监测与故障诊断的主要手段。齿轮传动系统在运行中,由于受到内外部交变载荷的激励作用产生振动,当零部件出现故障时,齿轮的啮合刚度发生变化,设备振动状态也将发生相应变化。利用振动加速度传感器测量风电齿轮箱体的振动信号,通过先进的信号分析方法提取振动信号中的故障特征信息,判断齿轮箱内部发生的故障,并对故障原因、部位、程度等进行分析识别,形成风电齿轮箱运行状态的综合分析结果,可以为风电机组的设计、运行和维护维修提供重要依据。

振动监测具有以下特点:

1)包含故障信息丰富。传动系统中齿轮、轴承等零部件的绝大多数故障类型都对振动产生影响,而且不同故障类型反映的振动信号特征不同,通过振动可以对绝大多数故障进行监测,并能够对故障原因给出判断。

2）故障反应灵敏、迅速。即使非常微弱的故障，在振动信号中也会立即有所反应，可以通过先进的信号处理技术提取振动信号中的微弱故障信息，因此能够有效地在渐变故障的发生初期做出判断识别，并跟踪故障的发展趋势，为优化运行和合理安排维修提供依据。

3）测量方便。只要在齿轮箱体的合适部位安装振动传感器即可实现振动测量，测量系统安装方便，对设备影响小。

风电机组传动链振动监测与故障诊断技术包含齿轮与轴承动力学、振动测量与数据采集、信号分析、模式识别、机器学习等多个领域的基础理论和技术知识，涉及多学科交叉，具有宽广的理论背景和工程应用范围。图 1-4 所示为风电机组传动链振动监测与故障诊断技术框图。

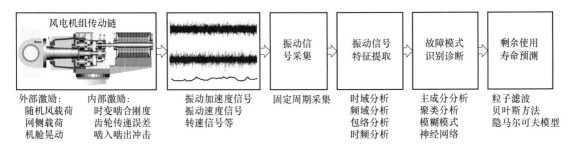

图 1-4　风电机组传动链振动监测与故障诊断技术框图

风电机组传动链振动监测主要采用压电加速度传感器测量振动，其测量原理是利用压电材料的压电效应产生与结构振动加速度成正比的电荷量，实现被测量的电信号转换，经过电荷放大器和电压放大器输出电压信号，达到测量目的。加速度测量具有振动频响范围宽的优点，但对噪声信息较为敏感，部分厂家在振动采集器内部设置硬件积分电路，获得振动速度信号。

1.2.2　油液监测技术

风电机组油液监测技术主要用于监测齿轮箱润滑油及主轴轴承、发电机轴承、变桨和偏航轴承润滑脂的状态。润滑脂和润滑油的衰变与污染是导致接触副异常磨损和零件失效的主要原因。油液监测通过检测润滑脂和润滑油的状况，分析润滑脂或润滑油的理化性能与携带磨损颗粒的数量和大小来评价设备的健康状态。

风电机组齿轮箱中齿轮啮合接触应力高、齿面之间形成油膜条件差、齿面之间同时存在滚动和滑动，要求风电齿轮箱润滑油具有较好的极压抗磨性能、良好的冷却性能和热氧化稳定性、良好的水解安定性和黏温性能、较长的使用寿命和较小的摩擦系数。

风电机组主要润滑部位包括主轴轴承、齿轮箱、发电机轴承、变桨和偏航齿轮与轴承及液压制动系统。油液监测分为离线监测和在线监测两种方式。离线监测通过现场人员采集机组上的润滑脂和润滑油，到实验室利用铁谱和光谱分析仪进行检测；在线监测是在齿轮箱底部润滑油过滤之前安装检测金属颗粒的设备。目前在线油液监测需要加装设备，费用较高且检测指标较少。

风电机组油液监测分析方法、分析内容和评判目的见表 1-2。

表 1-2　风电机组油液监测分析方法、分析内容和评判目的

分析方法	分析内容	评判目的
理化分析	黏度、黏度指数、闪点、水分等	油品误用、变质、污染
铁谱分析	磨损金属颗粒数量、尺寸和形状	设备磨损部位和程度
光谱分析	磨损金属和污染元素的浓度	设备磨损故障和污染来源
红外分析	氧化物、硝化物等相对含量	油品劣化程度
污染分析	固体污染颗粒数量	油品污染度和设备磨损度

风电机组油液监测目前主要监测齿轮箱润滑油,其主要目的是监测润滑油的特性,判断是否需要更换润滑油,并评估齿轮箱内部磨损状态以指导现场进行齿轮箱维护。风电齿轮箱润滑油主要分合成油和矿物油两类,一般 3~5 年更换一次。应用较多的国外厂家有壳牌、美孚、嘉实多和福斯等。齿轮箱润滑油监测指标主要包括黏度 (viscosity)、酸值 (acid number)、氧化指数 (oxidation index)、水分 (mositure)、污染度 (cleanliness)、铁 (Fe)、铬 (Cr) 和铜 (Cu) 等,通过这些指标的变化评估润滑油的性能。

1.2.3　无损检测技术

无损检测是利用物质的声、光、磁和电等特性,在不损害或不影响被检测对象使用性能的前提下,检测被检对象中是否存在缺陷或不均匀性,给出缺陷大小、位置、性质和数量等信息,具有非破坏性、全面性和全程性的特点。因此,无损检测不仅可对原材料、中间工艺环节和组装完成的机组进行检测,也适用于服役中的风电机组。

无损检测普遍采用射线检测、超声检测、磁粉检测、涡流检测和渗透检测五种常规检测技术,随着无损检测技术的发展,涌现出了声发射技术、红外检测、激光检测和金属磁记忆等新的检测方法。目前能够用于风电机组无损检测的方法主要为红外检测、超声检测、磁粉检测和声发射检测。红外检测是用红外热成像设备,通过测量被检测对象表面的红外辐射能量,将其转换成利于分析的温度场并以彩色图的方式显示出来,检测人员根据温度场分布情况来评判被检测对象是否存在缺陷,该检测方法所用仪器设备成本较高。超声检测是利用发射探头将超声波发出,再通过接收探头获取被检部件缺陷处反射(透射)回来的超声波,通过与标准件对比分析,可得知被检部件内部的损伤情况,该检测方法成本低、操作方便,对平面型被检部件较敏感,但需用耦合剂或水浸法,某些场合并不适用。磁粉检测是利用磁粉在被检部件缺陷处存在的聚集效应,将缺陷放大并提高对比度,以磁痕迹的方式显示缺陷的方法,该方法操作简单,结果直观。声发射检测基于材料局部能量释放时产生的声发射信号进行分析,声发射信号中包含声发射源的重要信息,通过仪器检测并记录该信号,进行信号分析可以推算出声发射源的位置并找到应力集中区域,实现对缺陷部件的检测。

风电机组适用于无损检测的主要部件为叶片和塔筒。叶片采用红外检测、超声检测和声发射检测,其中超声检测在叶片出厂检测中应用最为广泛;塔筒主要采用超声检测和金属磁记忆检测。国内外学者做了大量的研究性试验,Amenabar 等将叶片标准试件进行了超声检测、红外检测和 X 射线检测,并对比分析了每种检测方法的优缺点。岳大皓等利用闪光灯脉冲激励红外热波无损检测方法对叶片生产过程中的几种典型缺陷进行了检测,说明红外热波无损检测可成为叶片生产检测的主要方法。安静等应用超声检测方法对叶片梁帽和腹板接

触玻璃钢进行了检测，取得了较好的效果。崔克楠等应用超声和磁粉相结合的方法检测塔筒缺陷。张鹏林等应用金属磁记忆与 X 射线照相法相结合进行塔筒焊缝检测。

1.2.4 不平衡状态监测技术

风电机组不平衡是由于风轮、传动链质量偏心或出现缺损造成的故障。导致机组不平衡的具体原因主要有叶片损伤或气动问题、传动链装配误差或损伤缺陷等。风电机组不平衡会影响发电量，严重不平衡会导致机组薄弱部件损伤，因此有必要对机组进行不平衡监测，确保机组健康运行。

风电机组为大型旋转设备，其不平衡监测包括风轮不平衡监测和传动链不平衡监测。传动链（主轴-齿轮箱-发电机）不平衡通常采用振动监测方式，一倍转频突出是传动链不平衡的典型表征。风轮不平衡监测分为风轮气动不平衡监测和质量不平衡监测。

在风轮不平衡监测方面，国内外已经有比较成熟的在线监测产品。BLADEcontrol 叶片在线监测产品在 Vestas、GE 等机组上安装了上千台，能够较好地监测出叶片的不平衡状态，并在叶片损伤、结冰监测方面得到了认可。该系统是通过在叶片中安装振动加速度传感器，测量叶片挥舞和摆振方向上的振动信号，通过建立自学习模型，来评判叶片的运行状态。Fos4x 叶片在线监测系统通过光栅传感器测量叶片振动信号来监测叶片的运行状态。Berlin-Wind 和 LM 通过拍摄叶片零角度位置，运用图像识别判断风轮不平衡。国内学者通过测量电信号监测风轮不平衡，杨涛等建立了故障状态下风轮、传动链和发电机的模型，通过仿真得到故障状态下机组的电功率信号，并进行频谱分析，得到了风轮旋转的一倍频信息，证实了随着风轮不平衡质量的增大，一倍频分量也随之增大，用仿真结果定量分析了故障的严重程度。李辉等建立了双馈机组风轮不平衡仿真模型，分析了不同风速和风轮不平衡程度下的频谱，并通过提取风轮不平衡故障特征频率，判断不平衡故障的严重程度。杭俊等搭建了直驱永磁同步风电机组风轮不平衡仿真试验台，通过测量发电机的三相定子电流并进行频谱分析，进而识别机组的风轮不平衡故障。

1.2.5 基于模态分析的状态监测技术

模态分析技术为动力学关键技术。模态分析可分为三类：一是有限元分析（finite element analysis，FEA），二是基于输入输出的试验模态分析（experimental modal analysis，EMA），三是仅测量输出的运行模态分析（operational modal analysis，OMA）。试验模态分析和运行模态分析是结构动力学的反问题，基于真实结构的模态试验可以得到准确的结果。

风电机组模态监测包括整机模态监测、齿轮箱模态监测和塔筒模态监测等方面。运行模态分析应用于风电机组结构损伤监测，是通过测量运行模态参数（包括结构的固有频率、阻尼比和振型）相对于正常值（结构模态设计值）产生的变化来识别机组的损伤。风电机组塔筒模态测试所需传感器为低频速度传感器，在塔筒的多层平台上布置传感器。表 1-3 所列为测试得到的某型风电机组塔筒各阶模态频率、阻尼和振型，与设计值相比测试结果均在正常允许范围内，说明塔筒的健康状态不存在异常。

国内外学者对风电机组模态监测进行了大量测试分析，主要集中在整机或部件的模态测试方面。Carne 等测试了水平轴和垂直轴风电机组的运行模态，得到了机组的运行模态和阻尼。Damgaard 等测试了海上风电机组整机模态特性，得到机组整机第一阶固有频率和阻尼，

表 1-3 某型风电机组塔筒各阶模态频率、阻尼和振型

模态阶数	频率/Hz	阻尼（%）	振型描述
1	0.350	0.549	塔筒 X 向一阶弯曲
2	0.351	1.441	塔筒 Y 向一阶弯曲
3	1.197	0.154	塔筒 X 向二阶弯曲
4	2.607	0.689	塔筒 Y 向二阶弯曲
5	2.930	0.366	塔筒一阶扭转

并分析了海底沉积物和海面运输船只对整机阻尼的影响。马人乐等测试了风电机组塔筒在环境激励下的固有频率，并与有限元分析结果对比，结果表明塔筒可以有效避免共振。王中平测试了海上 4 种工况下塔筒和地基的运行模态，分析了停机工况下台风工况下塔筒和地基的模态响应，验证了塔筒和地基可以在安全范围内运行。郑站强在齿轮箱上布置 60 个测点，测试了 5 种工况下齿轮箱前 10 阶固有频率，并与计算值进行了对比分析，表明齿轮箱没有落入共振区间。

1.3 风电机组传动链故障诊断方法

风电机组在运行过程中会产生大量的振动测量信号，这些信号必须经过适当的分析处理，从中提取有用信息并以简单明了的形式提供给设备运行人员以及振动分析专家，以便对机组的运行状况及时做出判断，发现早期故障诱因，同时将大量测量数据进行压缩，保留有效数据，便于故障溯源。

故障动力学是研究故障状态下齿轮、轴承等部件振动规律的基础，为故障特征的计算提供理论依据。故障特征提取涉及若干先进信号处理方法，其目的在于：从复杂振动信号中提取反映故障部件的时频特征；在获得一系列故障特征之后，运用智能诊断方法可以进行故障分类识别，判断机组处于何种运行状态；在发现部件早期故障之后，运用基于模型或数据驱动的方法进行剩余使用寿命预测，可以为部件的维修策略提供指导和建议。

1.3.1 风电齿轮箱故障动力学模型

由于在紧凑结构下具有大的传动比，行星轮传动被广泛应用于风电齿轮箱。行星轮故障诱发的后果通常较为严重：由于行星轮、太阳轮被齿圈包围，与平行轴齿轮传动不同，行星部件上剥落的碎屑很难落入油池底部，而是进入齿圈间隙挤占行星轮传动空间，若碎屑较大，将容易导致行星轮卡死，行星架无法转动，在过大的风载荷作用下可能出现行星架破裂、齿轮箱破损等严重后果。因此，行星轮的故障机理引起国内外学者的广泛关注。行星轮、太阳轮等故障传递路径实时变化，且啮合点较多，深入研究其故障动力学行为有助于振动信号中故障特征的提取与解释。

Vicuña 提出了只考虑行星-齿圈啮合过程和以齿圈为传递路径的行星齿轮箱的理论振动模型。Koch 和 Vicuña 指出，与动力学模型相比，采用现象学模型描述的行星齿轮箱与振动信号的傅里叶谱更为接近。Parra 等对集中参数模型和现象学模型进行了比较，发现两者在齿圈故障、行星轮故障和太阳轮故障的试验测量结果一致。齿轮加工误差可以看作是行星齿

轮箱的一种分布故障，Inalpolat 和 Kahraman 开发了动力学模型用以预测具有制造误差的行星传动系统的调制边频带。Chaari 等分析了行星轮偏心和齿形误差对行星轮动态特性的影响，并研究了点蚀和裂纹对齿轮啮合刚度的影响。Feng 和 Zuo 提出了考虑三种传递路径的行星齿轮箱振动模型，给出了行星轮、太阳轮和齿圈的故障特征频率。Lei 等考虑了从齿轮啮合点到固定传感器的所有随时间变化的振动传递路径，建立了行星齿轮组的现象学模型。Liang 等通过考虑多个振动源的影响和改变传动路径，建立了行星传动系统的振动信号模型。Chen 和 Shao 模拟了啮合刚度随齿圈裂纹尺寸增长的变化规律。

1.3.2 变转速工况下故障特征提取

由于风速的随机变化，风电机组运行于变转速的非平稳工况下。根据传动链的结构与转速特点，一次振动测试在一个相对较短的时间内（例如：主轴轴承和行星级 16s 以上，中间级之后 4s 以上）就可以发现机械部件故障。风电机组在一次振动测试时，其转速基本保持恒定，因此，非平稳信号处理方法更适用于转速较低的主轴轴承和行星轮的振动分析，因为这些部件的转速在相对较长的采样时间内容易发生变化。Maheswari 等综述了一些可用于风电机组传动链振动信号分析的时频算法，非平稳条件下传动链的故障特征提取方法主要采用时频表示和阶比分析。

在风电机组传动链的振动信号中，表示齿轮或轴承缺陷的多成分调制边带较为普遍，传统时频分析方法存在局限。考虑到风电机组振动信号的多成分调制特性，Yang 提出了一种改进的样条调频小波变换，旨在提取故障频率下多成分信号的瞬时振幅。Guan 等根据转轴转速使用广义解调将振动信号予以分解，以满足双线性分布的恒频率要求，并利用 Cohen 类双线性分布得到解调信号的时频表示，该方法适用于时变转速和稳定外部载荷下的行星齿轮箱。Feng 等采用迭代广义解调方法将行星齿轮箱的振动信号分解为多个单分量，实现了时频解调分析，并对同步压缩变换进行了改进，利用迭代广义解调识别非平稳条件下行星齿轮箱的多成分时变频率信号，后续相继开发了最优核的时频分析方法、Vold-Kalman 和高阶能量分离以及迭代广义时频重排方法，以揭示故障行星齿轮箱振动信号在非平稳条件下的时频响应。Park 等提出了一种基于小波变换和高斯过程的正向能量残差法，消除了变速条件下行星轮故障检测的可变性。Feng 提出一种基于迭代广义解调的阶比分析方法，将多成分信号的任意瞬时频率转换为恒定频率，可有效揭示故障行星齿轮箱非平稳多成分信号的谐波组成。Jiang 和 Li 提出一种称为双路径优化脊线估计的无测速跟踪方法，用以检测变速工况下行星齿轮箱的行星轴承缺陷。Hong 等提出基于最优动态时间规整算法的无测速诊断技术，可以识别速度波动下风电齿轮箱中太阳轮和齿圈的故障信息。

对风电齿轮箱中除行星轮外的其他部件故障进行非平稳信号分析也得到较多关注。He 等提出一种基于离散谱校正技术的阶比跟踪方法，能够在长时间非平稳振动信号中诊断出风电齿轮箱输出轴不对中故障。Li 等将变分模态分解引入卷积盲源分离，用于变速工况下风电齿轮箱中轴承的故障检测。Antoniadou 等利用经验模态分解和 Teager-Kaiser 能量算子发现变速工况下风电齿轮箱中间级和高速级齿轮故障。Sawalhi 和 Randall 提出一种齿轮参数识别方法，以确定变速风电齿轮箱中行星级和两个平行级齿轮副的齿数，可用于进行基于振动的故障诊断。Villa 等综述了用于风电传动链变转速情况下故障特征提取的角度重采样算法。与双馈机组的主轴轴承类似，直驱风电机组中轴承在一次振动测试时容易处于变转速的运行工况，Pezzani 等提出利用锁相环同步的发电机电压确定转子位置，并进行振动信号的重采样，用以诊断永磁同步发电机的轴承故障。

1.3.3 故障信息增强方法

风电机组传动链在运行过程中存在以下情况会影响故障特征的提取：①从行星级到高速级，齿轮箱中转轴的转速逐渐升高，转速较高的高速级振动能量往往掩盖转速较低的行星级故障；②风电齿轮箱中，当齿轮与轴承同时出现故障时，轴承故障容易被齿轮振动能量所掩盖，故障发现存在困难；③受随机风载、变桨、偏航等动作的影响，振动测试中存在较多的噪声，信噪比较低。国内外学者提出诸多故障信息增强方法用以识别复杂噪声环境下的风电机组传动链故障。

在风电齿轮箱的多个齿轮和轴承中，由于各部件之间的结构与力学耦合，复合故障较为常见。Teng 提出采用复数小波变换方法发现故障齿轮掩盖下的轴承故障特征，同样的方法也可以同时发现太阳轮轴上的故障齿轮和中间轴上的故障齿轮特征频率。Du 等提出了基于冗余字典联合的稀疏特征识别方法，从风电齿轮箱振动信号中分离出高速轴的故障特征和中间轴上齿轮的故障信息。

信号分解技术能够将振动信号分解成一系列的子带信号，自动定位故障频带，从潜在的干扰或噪声中显示故障信息。Teng 等应用经验模态分解方法，提取了风电齿轮箱高速级齿轮副点蚀的故障特征。Liu 等使用局部均值分解（local mean decomposition，LMD）将振动信号分解为一系列函数，每个函数都是包络信号和调频信号的乘积，将调频信号的瞬时频率识别为高速轴齿轮裂纹故障的特征。为了抑制 LMD 的端部效应，又提出了一种基于原始信号左右端部局部积分的扩展 LMD 方法。Wang 等利用集总经验模态分解将单通道振动信号分解为一系列本征模态函数作为伪多通道信号，并对本征模态函数进行独立分量分析，从风电齿轮箱的齿轮啮合信号中分离出轴承故障的相关信息。Hu 等应用集总固有时间尺度分解、小波包分解和关联维数对风电齿轮箱的不同故障类型进行识别。经验小波变换是近年来提出的一种信号处理方法，它通过将信号分解成单分量来提取信号的调制信息，识别风力发电机轴承的故障特征。Teng 等介绍了一种无先验知识的无参数经验小波变换，并将其应用于风力发电机轴承的多故障提取。

风电机组传动链振动信号中的噪声不可忽略，可能会干扰故障特征的提取。Sun 等应用多小波去噪技术检测风力发电机滚动轴承的轻微内圈故障。Barszcz 等的研究表明，最小熵解卷积技术对风力发电机轴承内圈的故障检测有较好的增强作用。Morlet 小波的形状类似于机械故障信号，因此被选作为风电齿轮箱振动信号的去噪工具。经验模态分解和自相关去噪方法被引入小波包变换中，用于白噪声和短时扰动噪声影响下风电机组振动信号的去噪和特征提取。Li 等提出了一种噪声控制的二阶增强随机共振方法，基于 Morlet 小波变换提取风电机组传动链振动信号的故障特征。为增强风力发电机轴承故障诊断中的弱信号特征，Li 等提出了一种频移多尺度噪声调谐随机共振方法。Ren 等提出了一种基于遗传算法的墨西哥帽小波优化算法，可用于风电齿轮箱强背景噪声下的弱特征提取。Hong 和 Dhupia 结合快速动态时间包络和相关峭度，提出了表示行星齿轮箱齿轮局部故障的检测方法，有助于在噪声干扰的情况下分析突出边带模式。Li 等提出了一种有监督的阶比跟踪有界分量分析的风电齿轮裂纹检测方法，该方法结合阶比跟踪消除了噪声和干扰信号的影响。

1.3.4 智能故障诊断方法

风电场地处偏远，运行环境恶劣，少人/无人值守的需求强烈。基于振动监测的设备故障诊断技术比较成熟，在简单设备或单一故障诊断中作用突出，但是风电机组是一种大型复杂设备，具有故障类型众多、运行工况复杂等特点，并且需要同时分析的机组达几十台甚至上百台，如果依赖技术人员去现场逐台实施振动分析并进行故障诊断，不仅工作量大、成本高，而且诊断效率低，不利于快速及时发现故障，会影响机组的维修维护工作。智能诊断的目标是在尽量减少专业振动分析人员的前提下，提高风电机组的故障诊断准确率。近年来，随着人工智能、大数据处理等技术的迅猛发展，风电机组的智能故障诊断获得广泛关注。

有监督学习的故障诊断分类方法是机械设备故障诊断的经典手段。雷亚国等较早地将深度学习与大数据相关技术应用于旋转机械的故障诊断，相比于特征提取之后的故障分类方法，端对端的直接学习与诊断具有更高的分类准确率。卷积神经网络具有参数相对较少、计算速度快和可实现深层次表征等优点，在基于振动信号的智能诊断中获得广泛应用。Xu 等结合变分模态分解和深度卷积神经网络开展风电机组轴承故障诊断研究，无须人工选择故障特征，可以实现较高的诊断精度。Qiu 等运用深度卷积神经网络进行变工况下齿轮箱的故障诊断，具有较高的精度和效率。Zhang 等提出混合的注意力增强 ResNet 网络，利用注意力机制提升卷积神经网络的非线性特征提取能力。

基于有监督学习的故障诊断分类需要完备类型的故障样本进行模型训练，在实际运行环境中，收集全样本故障数据几无可能，因此，基于已有健康数据进行模型训练，通过分析待测试数据与模型适应度差异的风电机组异常状态诊断更具有工程价值。Wang 等运用风电场的 SCADA（supervisory control and data acquisition）数据训练深度神经网络，发现风电齿轮箱故障。Teng 等采用随机森林方法选择与目标变量关联度大的自变量，结合深度神经网络识别出直驱机组的发电机故障。赵洪山等基于堆叠自编码网络计算输入参数与重构参数的残差，进行风电机组轴承故障诊断。魏书荣等基于灰色关联分析筛选出与双馈机组运行温度高度相关的状态变量，通过长短期记忆网络和堆叠融合算法，识别海上双馈风电机组的早期故障。金晓航等利用自编码器和深度神经网络分析预测功率与实际功率之间的残差判断风电机组的运行状态。

1.3.5 风电机组关键部件寿命预测方法

风电机组传动链中各机械部件长期处于瞬时冲击、疲劳载荷下运行。尽管齿轮、轴承等部件在出厂时具有 20 年的设计寿命，但实际运行工况与设计工况存在差异，使得实际使用寿命往往低于理论设计寿命，部分部件在出现早期故障之后，其健康状态将快速恶化，达到寿命终点。以风电机组中的轴承为例，某风电装备企业的 1 万台机组中，7%的主轴轴承出现过疲劳剥落等故障，4%的风电齿轮箱中的轴承出现过严重故障，15%的发电机轴承出现过故障。在风电机组关键部件出现故障之后，振动是其健康状态的直观表征，通过振动分析提取反映故障劣化的健康指标，并运用退化机理模型或机器学习方法进行寿命预测可以较为准确地确定部件失效时刻，辅助风电场进行备品备件管理，做出运维决策。

风电机组关键部件的寿命预测是近 10 年的研究热点，寿命预测的关键在于健康指标的构建和预测方法的设计。Shanbr 等指出能量指标是表征风电机组轴承裂纹严重程度和劣化的较好的指标，能量指标是指给定信号中部分信号的均方根与原信号的总均方根之比的平方。Zappalà等提出一种齿轮健康状态指标，即边带功率因数，用于评估风电机组高速级在非平稳负载与转速条件下的齿轮损伤。Pattabiraman等提出用于监测风电机组齿轮箱齿轮故障劣化的边带能量比。Ni等指出样本熵特征有利于风电机组传动链中滚动轴承早期故障的检测和评估。Guo等利用相关性和单调性，从均值、均方根、峭度等原始特征中选取敏感特征，进一步构建了基于循环神经网络的风电机组轴承健康指标。

机械部件寿命预测方法主要分为基于机理模型的方法、基于数据驱动的方法以及两者的融合。基于机理模型的寿命预测方法中，齿轮、轴承等部件的退化过程通常被认为服从某种物理失效规律，如Paris裂纹、布朗运动及指数模型等。基于数据驱动的预测方法主要依赖于已有全寿命周期样本进行数据模型训练，再对新出现的在线数据进行测试。上述两种方法皆有不足之处：①机械部件的退化过程难以进行物理建模，尤其是当系统较为复杂时，构建物理退化模型难度较大，寿命预测精确度难以保证；②全寿命数据在某些场合下难以得到，即使获取部分全寿命数据，也难以涵盖所有故障类型，每个部件在故障劣化过程中都存在着特殊性，很难与已有全寿命数据完全匹配。将机理模型与数据驱动方法融合的寿命预测方法在工程中发挥较大作用。Cheng等应用自适应神经模糊推理系统和四阶马尔可夫过程描述风电机组齿轮箱中的齿轮与轴承的退化过程，并改进粒子滤波算法进行观测值到退化状态的估计，获得较精确的剩余使用寿命预测结果。Rezamand等设定最优仿射函数作为风电机组轴承失效的模型，并结合隐马尔可夫模型和贝叶斯方法预测变工况下的轴承剩余使用寿命。Ding等结合齿轮物理模型和健康监测数据，提出采用贝叶斯推理更新齿轮裂纹退化过程中的不确定材料参数，获得风电齿轮箱的剩余疲劳寿命。Liu等在风电齿轮箱剩余使用寿命预测中，采用分形维数和赫斯特指数表示退化过程中的分形和长相关性，并基于幂律和柯西过程描述退化过程的非线性漂移。Pan等定义可以发现早期故障的最小量化误差作为健康指标，开发基于维纳过程的退化模型，并基于果蝇优化算法改进粒子滤波以预测风电齿轮箱的剩余使用寿命。

1.4　风电机组振动诊断与预测技术难点

与地面上运行的旋转设备相比，风电机组传动链的运行状态和环境条件存在较大差异，导致进行精准故障诊断与寿命预测存在挑战，主要表现在以下几个方面：

1）风电机组以风能作为原动力，由于风速具有非平稳、非线性变化特征，在可用风速范围内，风电机组运行工况随着风速变化随时进行调整，频繁进行起动、停机和变速变桨动作，工况条件复杂，导致传动链振动信号幅值、频率等不断变化，信号中包含大量频率连续变化的非平稳成分。

2）风电机组传动链位于塔筒顶部的机舱内，距地面高度一般在几十米甚至上百米。在风载荷作用下，机组产生整体晃动，此外，运行过程中要进行频繁变桨和偏航操作，这些因素会对机组传动链振动产生复杂影响，造成振动信号中包含强烈的噪声干扰成分，增加振动测量和故障诊断的难度。

3）风电机组传动链内部结构复杂，特别是增速齿轮箱，通常由多级齿轮副组成，结构紧凑，增速比高，零部件数量和种类多，多个轴、齿轮和轴承在运行中形成复杂的振动源和传递途径，各激励源、振动传递途径交叉干涉，故障特征涉及的频率范围宽，振动量级差异较大，对于振动测点的布局方法、信号采集分析和故障特征提取技术都提出很高要求。

4）风电机组安装在野外，受气候环境条件影响严重，且机组在风电场内分散布置，对于远程集中监控与振动采集系统的可靠性和抗干扰能力要求较高。

5）目前国内安装的大型风电机组由多家不同的制造商提供，类型、容量和结构型式繁多，传动系统结构也多种多样，每个机组所处的风场条件、环境气候特征差别很大，运行维护管理条件也不统一，因此，各类机组传动链的振动状态也会有很大差异，确定统一的振动状态判断标准存在较大难度。

6）风电机组部件众多，失效模式多样，难以获得大量相同失效类型的故障样本进行诊断模型的训练，现有智能故障诊断方法实用性不足，充分考虑风电机组结构与运行特点的半（无）监督的故障诊断方法将是主要的选择。

7）同样由于部件失效类型的多样性，在进行寿命预测时，其模型参数的选择缺乏经验依据，精确的预测结果更多依赖于具有良好可预测性的健康指标和振动观测值。

1.5 风电机组监测、诊断技术发展的关键

风力发电正以前所未有的速度在世界范围内快速发展，为碳达峰、碳中和的实现持续做出积极的贡献。随着风电技术的不断进步，风电机组正朝着单机容量大型化、叶片与塔筒高柔性化的方向发展。风电传动系统则以提高功率密度为主要发展趋势，即进一步以紧凑结构实现大功率传动，大型风电机组将以更为紧凑的半直驱结构成为传动系统的主流发展方向。

现代风电机组的设计与制造技术取得了长足的进步，机组的故障率较早期安装的机组下降很多，但随着机组单机容量的不断攀升，塔筒高度不断增加，过于紧凑的传动系统结构也可能导致可维修性变差，故障引起的维修成本和发电量损失也随之增加。海上风电场建设逐渐向远海拓展，风电机组运行维护困难的问题更为突出。凡此种种，都对以振动为基础的风电机组关键部件的监测、诊断与寿命预测技术提出了更高的要求，具体体现在以下几个方面：

1）风电机组传动系统的故障诊断准确率、剩余使用寿命预测的精确度需要进一步提高。在实际诊断预测中，误诊断、漏诊断必然会造成更大的经济损失。需要解决的问题包括：风电齿轮箱中行星轮正常的通过效应与齿圈故障特征完全相同，容易影响行星级齿轮故障的判断；行星轴承的跑圈、局部损伤等往往会引起行星系统的故障甚至整个齿轮箱的损毁，复杂背景噪声下行星轴承的故障特征提取需要持续关注。

2）自动化、智能化的故障诊断需求空前强烈。在故障特征提取的基础上，自动给出准确的预警与诊断结果符合大规模集群化风电机组的实际需求，是实现未来风电场无人/少人值守的必经之路。从另外一个角度看，由于风电机组传动系统部件众多、故障类别与故障程度多样，获取全故障类别的振动样本几无可能，而本书中诸多无监督的故障诊断算法更应该归类为异常检测，难以做到直接的故障定位。因此，针对机组的结构与运行特点，开发涵盖所有故障信号的生成算法、运用相似类别故障信息的迁移学习实现风电机组智能化故障诊断是值得研究的重要方向。

3）风电领域规范化的大数据体系亟待建立。风电设备商、振动监测系统提供商、风电

运营商、研究机构之间的需求存在显著差异：风电设备商期待通过对振动数据的分析与诊断可以提高风电机组的附加值；风电运营商更倾向于在尽量少人干预的情况下能给出机组真实的健康状态以指导运维；对于振动监测系统提供商，高质量的振动数据、稳定的传输速度和存储环境、及时准确的诊断服务是其保持核心竞争力的关键；研究机构关注数据来源的准确、诊断与预测算法的可靠、诊断的精确度及来自现场的反馈验证。基于此，各部门应积极协商，规划数据来源与共享机制，将研究成果与工程实际紧密结合，共同促进风电设备故障诊断技术的进步，实现各方收益最大化。

4）风电场科学高效的运维管理体系亟须建立。设备状态检修的概念由来已久，但在风电设备的运维领域尚未得到大规模广泛推广。以寿命预测为基础的预知性维修尚停留在理论层面。一方面，寿命预测结果尚存在不稳定性，算法在各类部件的泛化能力不足，需要加强理论与实际的紧密结合；另一方面，风电运营企业建设高效运维管理体系的信心需要加强，做到"技术服务管理，管理促进技术"，研究机构研发预知维护的关键技术，运营企业实践应用、积极反馈，方能早日实现风电场的精益化管理。

第 **2** 章 ▶▶

风电机组结构及运行控制

本章介绍风电机组传动链的常见结构，包括带增速齿轮箱的双馈机组、半直驱机组和没有增速齿轮箱的直驱机组，分析不同传动链的结构与支承特点，为运用结构参数研究振动监测规律奠定基础。此外，风电机组运行中涉及最大风能捕捉、变桨限功率、偏航对风等控制过程，掌握这些控制过程有助于理解振动信号中的干扰因素及非平稳变化规律。

2.1 风电机组总体结构

按风轮的结构型式及风轮在流动空气的布置角度区分，风电机组主要分为水平轴型和垂直轴型两种类型。大型并网风电机组主要采用水平轴风电机组，又可分为多种类型：按照传动系统形式不同，水平轴风电机组可以分为带增速齿轮箱的双馈风电机组、不带齿轮箱的直驱风电机组和带较小传动比齿轮箱的半直驱风电机组三种类型；按照功率调节方式不同，分为失速调节机组和变桨距调节机组；按照转速调节方式不同，分为恒速恒频风电机组和变速恒频风电机组。

目前国内风电场中主要机组类型是带增速齿轮箱的双馈风电机组，其总体结构如图 2-1 所示，主要包括塔筒、叶片和机舱。整个风电机组高达几十米甚至上百米，塔筒矗立在混凝土地基上（海上风电机组在海底打桩），重达数十吨的机舱与风轮通过起重机安装于塔筒上。两个或三个叶片安装在风轮上，风轮与主轴相连接，主轴连接齿轮箱的输入轴，齿轮箱的输出轴连接发电机转子，共同组成传动链，安装在机舱内。双馈风电机组的工作原理为：风作用于叶片，驱动风轮旋转，将风能转换为旋转机械能，后经增速齿轮箱传递给发电机转子，驱动发电机转子转动，进一步将机械能转换成电能。风轮转速较低，一般在 $12 \sim 20 \mathrm{r/min}$，而发电机转子转速要求

图 2-1 风电机组总体结构

在 1500r/min 左右，需要将风轮转速增加 100 倍左右，因此在风轮和发电机之间设置大增速比的齿轮箱。

水平轴双馈风电机组机舱主体结构如图 2-2 所示，主要由风轮系统（导流罩、变桨轴承、轮毂）、传动链（主轴及轴承、齿轮箱、联轴器、发电机）、偏航系统、变桨系统、液压系统、电气系统、控制系统、发电系统、安全系统等组成。风轮叶片在机舱外部，其余部分安装在机舱内部。

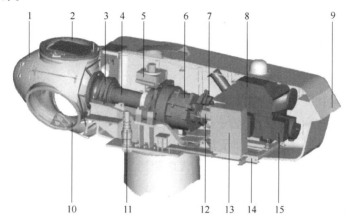

图 2-2　水平轴双馈风电机组机舱主体结构

1—导流罩　2—变桨轴承　3—主轴轴承　4—主轴　5—冷却器　6—齿轮箱　7—制动器　8—热交换器
9—通风口　10—轮毂　11—偏航电动机　12—联轴器　13—控制柜　14—底座　15—发电机

为实现风轮系统最大程度的风能捕捉，风电机组需要设计偏航系统进行对风，如图 2-3a 所示。偏航系统主要功能是跟踪风向的变化，偏航电动机根据风向仪提供的风向信号，驱动偏航齿轮带动机舱围绕塔筒旋转，使风轮的旋转平面与风向保持垂直，保持对风的精准性，提高机组发电效率。

a) 电动变桨与偏航

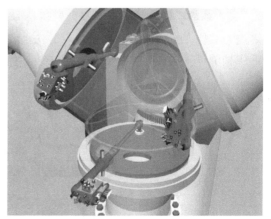

b) 液压变桨

图 2-3　风电机组的变桨与偏航结构

为适应不同风速下的能量捕捉要求，现代风电机组配置了变桨装置，常见的变桨装置有电动变桨（图 2-3a）和液压变桨（图 2-3b）两种。电动变桨系统由电动机驱动叶片根部旋转，调整桨叶角度，实现发电功率的调节；液压变桨系统使用三个独立的液压缸驱动叶片绕自身轴线旋转，实现变桨调节。与液压变桨相比，电动变桨具有结构简单，不会发生漏油、卡涩等优点。

具有较大扫掠面积的叶片自身的质量与转动惯量很大，在随机风载荷的激励下，风轮的转速通常较低（20r/min 左右）且不稳定，为将不稳定的风轮转速转换为稳定可靠的交流电，常采用双馈型和直驱型发电形式进行能量的转换。

2.2 双馈机组传动链结构

受结构尺寸限制，风电齿轮箱每一级齿轮增速比不能太大，多采用行星轮和平行轴齿轮相结合的多级传动结构。行星轮结构紧凑，可以实现较大的增速比，但制造、安装、维修复杂，费用高，平行轴齿轮结构相对简单。不同容量、不同型号机组的具体结构型式有所差别，双馈风电机组传动链主要由主轴及轴承、齿轮箱、联轴器和发电机组成，风轮通过轮毂与主轴连接，主轴通过卡盘与齿轮箱连接，齿轮箱通过联轴器与发电机连接。

主轴的支承形式与齿轮箱的类型密切相关。双馈风电机组传动链结构如图 2-4 所示。

1）主轴前端由独立的前轴承支承，后端支承的后轴承安装在齿轮箱中，前轴承和齿轮箱两侧的扭力臂对主轴形成"三点支承"，如图 2-4a 所示。在较大容量的风电机组中，此种结构型式较为常见，该类型布局中主轴和齿轮箱之间的结构相对紧凑，缩短了载荷传递的距离，同时主轴前后支承距离的增加有利于降低后轴承的载荷，齿轮箱在传递转矩时还能够承受叶片带来的弯矩。

2）支承主轴的前后轴承均采用独立的轴承座，风轮的重力载荷由前后轴承两个点共同承担，称为"两点支承"，如图 2-4b 所示。在主流风电机组中，此种结构型式也较为常见，由于风轮的交变载荷由前后两个主轴轴承承担，载荷对齿轮箱的冲击较小，各传动部件间的距离较大，便于安装和维护，但会导致机舱的轴向较长、重量较大且制作成本较高。

3）主轴前后轴承的轴承座与齿轮箱箱体连成一体，形成"内置式"支承，如图 2-4c 所示。这种结构布置的风轮直接通过轮毂法兰和齿轮箱连接，使风轮的悬臂长度变小，有助于降低主轴轴承受的载荷，也方便主轴安装，但会给齿轮箱的维修带来极大的不便，如果齿轮

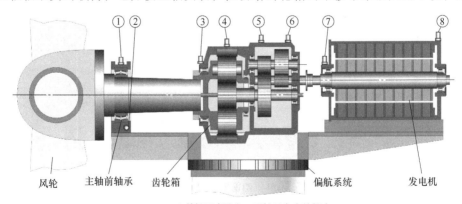

a) 前轴承座独立，后轴承在齿轮箱中

图 2-4　双馈风电机组传动链结构

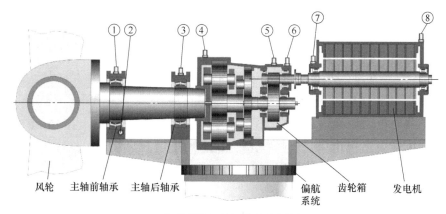

b) 前轴承和后轴承均为独立轴承

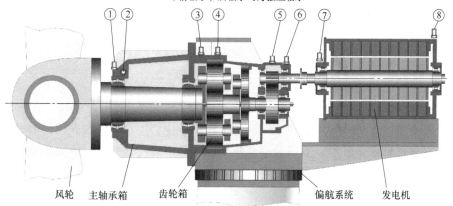

c) 主轴承箱与齿轮箱连成一体

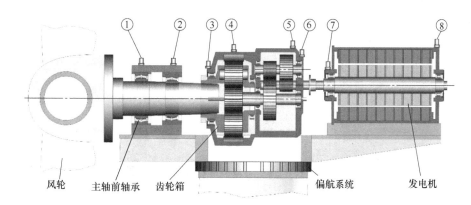

d) 主轴前后轴承共用一个独立轴承座

图2-4 双馈风电机组传动链结构（续）

注：①～⑧为振动测点。

箱需要维修，则需要把主轴拆卸下来。

4）主轴前后轴承安装在同一个独立轴承座上，如图2-4d所示，能够承受叶片带给主轴的较大弯矩。

双馈风电机组中双馈发电机与增速齿轮箱配合，发电机极对数较少，具有较高的同步转速。通过调节转差功率可以实现发电机转子侧功率到电网的馈入或吸收，具有变流器容量小、造价低、可实现变速恒频运行等优点，已成为风电机组的主流机型。发电机具有定子和转子两套绕组，转子侧通过集电环和电刷参与交流励磁，定子和转子均连接交流电可进行双向馈电，"双馈"由此得名。定子绕组通过变压器与电网直接连接，转子绕组通过可逆变流器与电网相连，控制转子励磁电流的频率可实现宽频带范围内的变速恒频，调节转子励磁电流的有功、无功分量，可独立调节发电机的功率因数，满足电网需求。双馈风电机组并网模式如图 2-5 所示。

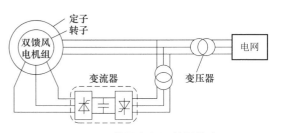

图 2-5 双馈风电机组并网模式

2.3 直驱机组结构

直驱风电机组的传动链没有齿轮箱，运行时风轮直接驱动发电机旋转发电。该类型机组按照发电机的结构型式，可分为外转子型和内转子型。图 2-6a 所示为外转子直驱风电机组结构，风轮轮毂与发电机外转子利用中空的连接件相连接，连接件安装在固定的轴上，固定轴前端装有双列圆锥滚子轴承，后端装有圆柱滚子轴承，通过这两个轴承支承整个风轮系统与发电机转子。发电机定子安装在固定轴上，并一起坐落在机舱中。

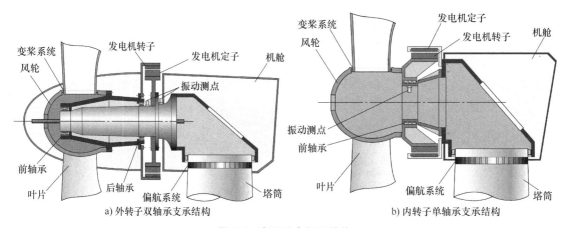

图 2-6 直驱风电机组结构

内转子直驱风电机组如图 2-6b 所示，主要采用单个集成式圆柱滚子轴承支承，结构更为紧凑。

直驱风电机组的风轮与永磁（或电励磁）同步发电机直接连接，同步发电机将风能转换为定子绕组中频率与幅值变化的交流电，之后输入全功率变流器，先整流为直流，之后经三相逆变器变换为三相工频交流电输出，如图 2-7 所示。该系统通过定子侧的全功率变流器对系统的有功、无功功率进行控制，并控制发电机的电磁转矩来调节风轮转速，实现最大功率跟踪。与双馈风电机组相比，该机型具有在较宽的转速范围内并网及全功率变流的特点。

由于省去了增速齿轮箱环节，直驱风电机组结构相对简单，故障点少，能够在额定转速

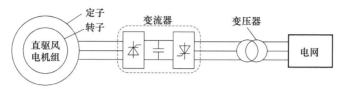

图 2-7　直驱风电机组并网模式

下浮 30% 至上调 15% 的范围内运行，功率调节灵活，发电效率相对较高，运行维护成本较低。然而直驱风电机组风轮转速较低，需要使用极对数较多的发电机，增加了发电机的重量和体积。与此同时，风轮系统庞大的重量、转动惯量及风载荷力矩直接作用于主轴承，使之成为直驱机组中故障高发的部件，如图 2-8a 所示。另外，直驱风电机组发电机长期暴露在机舱外，受灰尘烟雾腐蚀，加之早期机组的磁钢多为胶质化学品粘贴在发电机转子上旋转，随着运行时间的延长，磁钢脱落风险难以避免，人工永磁体的失磁风险也较大，如图 2-8b 所示。

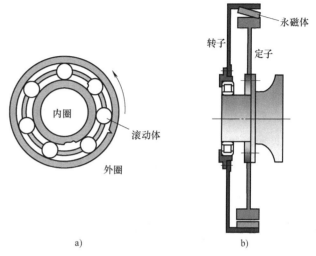

图 2-8　直驱风电机组常见故障

2.4　半直驱机组结构

随着单机容量的逐渐增大，风电机组传动系统需要结合双馈机组和直驱机组的优点，即采用结构紧凑的一级、二级甚至三级行星齿轮配置同步发电机，并通过全功率变流器接入电网，此类型的风电机组称为半直驱机组。与直驱机组相比，半直驱机组的发电机转速较高、尺寸较小；与双馈机组相比，半直驱机组中增速齿轮箱传动比较低，可以在较大的传动功率下拥有较小的传动链尺寸。半直驱传动系统将是未来海上大型风电机组的主流传动技术之一。

2.5　风电机组运行控制原理

控制系统是风电机组的重要组成部分，需要完成包括机组信号检测及机组从起动到并网运行发电过程中的控制任务，同时还要保证机组在运行中的安全。风电机组的运行控制包括实现对风操作的偏航控制、最大风能捕捉的转速控制、限制功率输出的变桨控制等几个环节。理解控制过程有助于掌握风电机组的变工况运行状态。

2.5.1　风力发电的空气动力学模型

1. 动量模型

德国科学家贝茨（Betz）提出了一种描述理想情况下的气流动量模型，也称为贝茨模型，如图 2-9 所示。该模型是考虑若干假设条件的简化单元流管，主要用于描述气流与风轮间的作用关系，可用于风轮的基本气动原理的分析，是风能利用的基础。

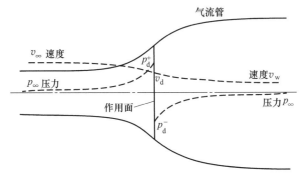

图 2-9　风轮流管模型

贝茨模型假设的理想情况如下：

1）气流是不可压缩的水平均匀定常流，且风轮尾流不旋转。

2）处于风轮前后远方的气流静压相等。

3）将风轮简化成一圆盘，轴向力（推力）沿圆盘均匀分布，且圆盘上没有摩擦力。

设单位时间内通过任一截面的空气质量 $m = \rho A v$（其中，ρ 是空气密度；A 是圆盘面积；v 是风速），由于流管任一截面处的气流质量相等，考虑位于风轮两侧的气流质量，有

$$\rho A_\infty v_\infty = \rho A_d v_d = \rho A_w v_w \tag{2-1}$$

式中，下标 ∞ 代表流管左侧无穷远处，d 代表圆盘处，w 代表流管右侧尾流远处。

由于风轮影响了附近气流的速度，需要引入轴向气流诱导因子 a，以 $-av_\infty$ 的形式表示风轮附近气流速度的变化，即

$$v_d = (1-a)v_\infty \tag{2-2}$$

气流经过假设为圆盘的风轮时速度变化总量为 $(v_\infty - v_w)$，相应的动量变化为

$$m(v_\infty - v_w) = \rho A_d v_d (v_\infty - v_w) \tag{2-3}$$

引起式（2-3）动量变化的圆盘两侧压力差为

$$(p_d^+ - p_d^-)A_d = \rho A_d v_\infty (1-a)(v_\infty - v_w) \tag{2-4}$$

式中，p_d^+ 和 p_d^- 分别进入流风在圆盘上的压力和经过圆盘后风在圆盘上的压力。

忽略气体的重力，用伯努利方程分别表述圆盘左侧和右侧的压力与能量关系，有

$$\frac{1}{2}\rho_\infty v_\infty^2 + p_\infty = \frac{1}{2}\rho_d v_d^2 + p_d^+ \tag{2-5}$$

$$\frac{1}{2}\rho_w v_w^2 + p_w = \frac{1}{2}\rho_d v_d^2 + p_d^- \tag{2-6}$$

式中，ρ_∞、ρ_d、ρ_w 分别是左侧无穷远处、圆盘处和右侧尾流处的空气密度。

基于贝茨模型的假设，位于风轮前后远方的气流静压相等，即

$$\rho_\infty = \rho_d = \rho_w, \quad p_\infty = p_w$$

式（2-5）、式（2-6）联立可得

$$p_d^+ - p_d^- = \frac{1}{2}\rho(v_\infty^2 - v_w^2)$$

代入式（2-4），有

$$\frac{1}{2}\rho(v_\infty^2-v_w^2)A_d=\rho A_d v_\infty(1-a)(v_\infty-v_w)$$

化简得到

$$v_w=(1-2a)v_\infty$$

可得到气流作用在圆盘上的力 Q 为

$$Q=(p_d^+-p_d^-)A_d=\frac{1}{2}\rho(v_\infty^2-v_w^2)A_d=2a(1-a)\rho A_d v_\infty^2 \tag{2-7}$$

气流使理想风轮输出的功率 P 为

$$P=Qv_d=2a(1-a)^2\rho A_d v_\infty^3 \tag{2-8}$$

定义风轮的风能利用系数 C_p，其基本表达式为

$$C_p=\frac{P}{\frac{1}{2}\rho A_d v_\infty^3}=\frac{2a(1-a)^2\rho A_d v_\infty^3}{\frac{1}{2}\rho A_d v_\infty^3}=4a(1-a)^2 \tag{2-9}$$

通过对 C_p 求一阶导数，得到气流轴向诱导因子的极值

$$\frac{dC_p}{da}=(3a-1)(a-1)=0$$

有 $a=1/3$。由于 $\frac{d^2C_p}{da^2}=-2<0$，当 $a=1/3$ 时风能利用系数取得最大值，即

$$C_{pmax}=\frac{16}{27}\approx0.593 \tag{2-10}$$

式（2-10）就是著名的贝茨极限。它表明：风电机组从风能中实际获得的功率不会超过风能功率的59.3%。但实际上，由于设计和机械损失等原因，风轮很难获取贝茨极限表述的极限能量。尽管以往有人曾提出过获取达到50%风能量的目标，但考虑到风速、风向随机变化等复杂的气动问题，以及叶片表面的摩擦损失等方面的影响，一般认为：若能使机组获得的风能功率达到40%以上（即达到理想情况下贝茨极限的2/3），已经是比较令人满意的设计结果。

风能利用系数是表征风电机组吸收风能能力的重要参数，风电机组气动性能主要是 C_p 的特性。风电机组特性通常由一簇包含风能利用系数 C_p、桨距角、叶尖速比 λ（叶尖速度与风速之比）的无因次性能曲线来表达。风电机组性能曲线如图2-10所示。

从图中可以看出：在桨距角固定的情况下，当叶尖速比逐渐增大时，C_p 将先增大后减小。由于风速的变化范围很宽，叶尖速比可以在较大的范围内变化，然而它只有很小的机会运行在最佳功率点上，即 C_p 取最大值所对应的工况点 C_{pmax}，而且 C_{pmax} 对应唯一的叶尖速比 λ_{opt}，因此任一风速下只对应唯一的最佳运行转速。如果在任何风速下，风电机组都能在最佳功率点运行，便可增加其输出功率。因此，当风速变化且发电机功率没有超过额定值时，只要调节风轮转速，同时使桨距角处于最佳角度就可获得最佳功率。这就是变速风力发电机组在额定风速以下进行转速控制的基本原理。不断追踪最佳功率曲线实际上就是要求风能利用系数 C_p 恒定为 C_{pmax} 而保证最大限度地吸收风能，因此也称为最大风能捕获控制。

当风速增加到额定风速时，发电机的输出功率也随之达到额定功率附近，风电机组的机

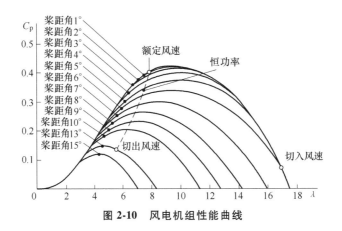

图 2-10 风电机组性能曲线

械和电气极限要求转速和输出功率维持在额定值附近。如果风速继续上升，这时仅依靠风电机组转速控制不能解决高于额定风速时的能量平衡问题。根据图 2-10，增大桨距角将使得风能利用系数明显减小，发电机的输出功率也相应减小。因此当发电机输出功率大于额定功率时，通过增大桨距角即可减小发电机的输出功率使之维持在额定值，所以也称此过程为恒功率控制过程。

2. 叶素理论

风电机组中，解释叶片能量转换的基本理论为叶素理论。如图 2-11 所示，对叶片应用叶素理论分析时，通常将叶片沿其展向分成多个微段 δ_r，称这些微段为叶素。假设各叶素间的气流流动相互不干扰，即可将叶素简化为二维翼型。通过对作用在各叶素上的载荷进行分析并沿叶片展向求和，可以得到作用在风轮上的推力和转矩。

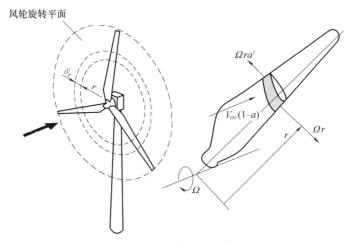

图 2-11 叶素模型示意

下面介绍与叶素截面气动性能有关的几个主要参数。

（1）入流角 φ 如图 2-12 所示，叶片的各叶素一般在垂直于风向的平面（风轮旋转平面）做旋转运动，叶素旋转产生的旋转气流运动与风的气流运动（图中的风速方向）合成为实际的叶素入流速度 W。入流角 φ 是指叶素合成的实际入流速度 W 与风轮旋转平面间的夹角。

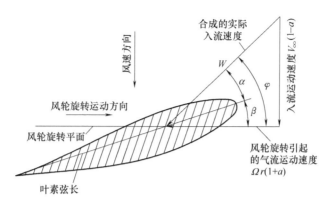

图 2-12　叶素参数与作用气流速度间的关系

（2）桨距角 β　桨距角 β（见图 2-12）是叶片的一个重要参数，被定义为叶素弦长（即翼型的前后缘连线）与风轮旋转平面的夹角。对于失速型定桨距风电机组而言，桨距角 β 为一静态角（也称安装角），该角度仅取决于叶片的安装情况；而对于可变桨距的风电机组而言，可以通过调整桨距角 β 改变叶片的攻角 α。

（3）攻角 α　攻角 α 是影响叶片气动性能的关键设计参数之一，被定义为叶素弦长与入流速度方向的夹角。由图 2-12 可见，攻角 α 可写为

$$\alpha = \varphi - \beta \tag{2-11}$$

实际上，α 是一个动态角，其值随叶素的运动速度与风速的变化而变化，如设风轮转动角速度为 Ω，相应的叶素速度为 Ωr，其值与所取叶素到风轮中心的距离 r 有关。因此，各叶素作用合成的实际入流速度方向不同，相应的攻角也会受到影响。叶片设计一般需要使升力和阻力在特定的攻角处取得最佳值，故应适当扭曲叶片，形成螺旋型叶片，可以使叶片从根部到尖部的攻角尽可能保持一致，有利于提高叶片的气动效率和强度。

图 2-13 所示为叶素作用的气动力关系，当气流流经其翼型表面时，将产生垂直于气流方向的升力 $\mathrm{d}F_L$ 和平行于气流方向的阻力 $\mathrm{d}F_D$。风轮的气动性能很大程度上取决于作用在叶

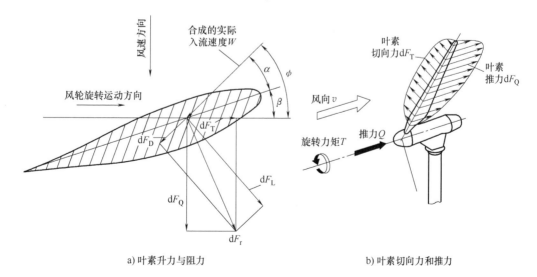

a) 叶素升力与阻力　　　　　　b) 叶素切向力和推力

图 2-13　叶素作用的气动力关系

素上的升力和阻力，而叶素获得的升力和阻力则与其翼型及上述剖面角度密切相关。叶素升力与气流的入流角 φ、桨距角 β 和攻角 α 有关，通过对这些参数的合理设计，可使叶片具有良好的气动性能。

图 2-14 所示为某翼型升力系数 C_L 和阻力系数 C_D 随攻角 α 的变化规律。

当攻角增大到一定程度时，升力系数 C_L 达到最大值 C_{Lmax}，叶素获得最大的升力。之后继续增大攻角，C_L 呈快速下降趋势，而同时 C_D 增加明显。这一现象被称为失速，主要与翼型上表面气流在前缘附近发生的分离现象有关。通常，阻力系数 C_D 是攻角 α 的二次函数。上述关系反映了在一定风速条件下，叶素作用的气动升力和阻力的变化，可以通过改变攻角 α，调整叶片和风轮的气动载荷。

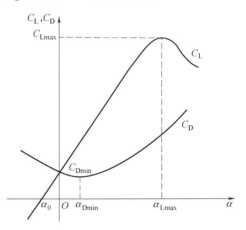

图 2-14　翼型的升力与阻力特性

由失速导致的叶片升力和阻力系数变化，不仅将使风轮的输出功率显著减小，对机组的气动载荷也会产生较大影响，甚至可能引发强烈的冲击和振动。

（4）叶素上作用的气动推力和转矩　如图 2-13 所示，为分析问题方便，通常参照风轮旋转平面，将叶素上作用的合力分解为两个分量：平行于旋转平面的分力 $\mathrm{d}F_T$，$\mathrm{d}F_T$ 驱动叶片围绕风轮的轴线转动，进而产生风轮转矩驱动发电机系统工作；垂直于旋转平面的分力 $\mathrm{d}F_Q$，$\mathrm{d}F_Q$ 产生气动推力，是设计传动链和塔筒等部件的重要依据。

以风轮旋转平面作为参考平面，作用在风轮叶片半径 r 处、宽度为 δ_r 叶素上的气动力法向分量 $\mathrm{d}Q$ 为

$$
\begin{aligned}
\mathrm{d}Q &= B\mathrm{d}F_Q = (\mathrm{d}F_L\cos\varphi + \mathrm{d}F_D\sin\varphi)B \\
&= \frac{1}{2}\rho W^2 BC(C_L\cos\varphi + C_D\sin\varphi)\delta_r
\end{aligned}
\tag{2-12}
$$

式中，B 是风轮的叶片数；C 是叶素剖面弦长；W 是合成风速。

作用在风轮旋转平面 r 处、宽度为 δ_r 的圆环上，由气动力切向分量所产生的转矩 $\mathrm{d}T$ 为

$$
\begin{aligned}
\mathrm{d}T &= r\mathrm{d}F_T = (\mathrm{d}F_L\sin\varphi - \mathrm{d}F_D\cos\varphi)Br \\
&= \frac{1}{2}\rho W^2 BC(C_L\sin\varphi - C_D\cos\varphi)r\delta_r
\end{aligned}
\tag{2-13}
$$

定义法向和切向力系数分别为

$$
C_X = C_L\cos\varphi + C_D\sin\varphi
\tag{2-14}
$$

$$
C_Y = C_L\sin\varphi - C_D\cos\varphi
\tag{2-15}
$$

则有

$$
\mathrm{d}Q = \frac{1}{2}\rho W^2 BCC_X\delta_r
\tag{2-16}
$$

$$
\mathrm{d}T = \frac{1}{2}\rho W^2 BCC_Y r\delta_r
\tag{2-17}
$$

在整个叶片上进行积分，即可得到叶片旋转的驱动力和推力。

控制风力电机组受到的总转矩，实质就是通过对攻角的控制来改变升阻比。而要在风速、转速一定的条件下改变攻角，唯一的方式就是改变桨距角 β。在风电机组起动阶段，通过改变合适的攻角，可以使风力电机组获得较大的起动力矩。而在风速高于额定风速的恒功率控制阶段，既可以通过大大减小桨距角从而增大攻角到大于 α_{max}，使叶片失速来限制总转矩，也可增大桨距角，减小攻角，达到减小桨叶的升力来实现功率调节。前一种方式称为主动失速变桨距控制，后一种称为主动变桨距控制。当前的主流机型中多数采用主动变桨距控制。

2.5.2　风电机组的控制技术

1. 风电机组的基本控制要求

一般的大型风电机组主要由轴系连接的风轮、增速齿轮箱、发电机组成。从机械结构设计及运行特性要求决定了风轮运行在低转速状态（每分钟十几至二十几转），发电机运行在高转速状态（每分钟上千转），因此，齿轮箱起到了增速作用（直驱机组依靠增加发电机极对数获得较高的发电频率）。其中，风轮及发电机是主要的控制对象。一般风电机组及其控制系统结构如图 2-15 所示。

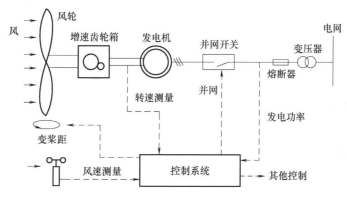

图 2-15　风电机组及其控制系统结构图

风电机组依靠风轮的叶片吸收风能，并在一定转速下将风能转换为机械能；并入电网的发电机在一定电压下将能量以电流的形式向电网供电，同时，发电机的电磁转矩平衡了风轮的机械转矩，使机组在某一合适的转速下运行。机组的运行及发电过程都是在控制系统控制下实现的。

风速具有随机性和不可控性，因此，控制系统需要根据风速对机组进行发电控制与保护。以某 5MW 机组为例，风电机组的风速-功率曲线如图 2-16 所示。

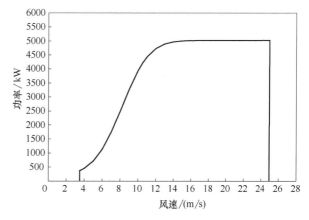

图 2-16　风电机组的风速-功率曲线

正常情况下，风电机组发出的功率是由风速决定的，根据风速大小机组运行在不同状态。当风速很低时，机组处于停机状态；当风速达到或超过起动风速后（一般为 3.5m/s），机组进入变功率运行状态，即随着风速的增加调节发电机转速实现最大风能捕捉；当达到某一风速时，机组功率达到额定功率，这时的风速称为额定风速，当风速超过额定风速后，机组将限制在额定功率状态下运行；当风速过大时（如超过 25m/s），为了机组的安全，机组将进入停机保护状态。根据上述规律，风电机组的控制系统将根据风速大小对机组的起停及功率进行控制，其主要控制手段是调速、变桨及制动。

大型风电机组一般都是在并入电网状态下运行。因此，并网与脱网控制是控制系统的任务之一，并要求：在并网时对电网的冲击最小，对机组的机械冲击也最小，使机组平稳并入电网；脱网时机组不要超速，使机组能安全停机。

机组在运行时，除了风速发生变化，风向也会发生变化，因此，要求控制系统能够根据风向实时调整机舱的位置，使机组始终处于正对气流的方向，这种控制称为对风。对风控制由伺服电机、齿轮齿圈等构成的偏航系统实现。另外，在对风过程中，机舱与地面之间的连接电缆会发生缠绕，因此，还需要定期进行解缆控制。

为了保证运行安全，风电机组设计了制动系统，其原理与汽车的制动系统相似。制动系统的制动力一般由液压系统提供。根据机组的不同停机要求，控制系统应适时进行制动控制。

为了保证增速齿轮箱、液压系统、发电机、控制装置等主要部件的正常工作，对各部件进行温度监测也是对控制系统的基本要求。

机组的运行安全是十分重要的，作为对机组的最后一级保护，目前的大型风电机组都设计了安全链系统，原理是当发生任何一种严重故障而需要停机时，都能使机组停下来。安全链系统是脱离控制系统的低级保护系统，失效性设计保证了系统在任何条件下的可靠性。

另外，控制系统是以计算机为基础构建的，除对控制系统的上述要求外，还要具有人机操作接口、数据存储、数据通信等功能。

综上所述，风电机组控制系统需要具有以下功能及要求：

1）根据风速信号自动进入起动状态或从电网自动切除。

2）根据功率及风速大小自动进行转速和功率控制。

3）根据风向信号自动对风。

4）根据电网和输出功率要求自动进行功率因数调整。

5）当发电机脱网时，能确保机组安全停机。

6）在机组运行过程中，能对电网、风况和机组的运行状况进行实时监测和记录，对出现的异常情况能够自行准确判断并采取相应的保护措施，能够根据记录的数据生成各种图表，以反映风电机组的各项性能指标。

7）在风电场中运行的风电机组具有远程通信的功能。

8）具有良好的抗干扰和防雷保护措施，以保证在恶劣的环境中最大限度地保护风电机组的安全可靠运行。

根据机组形式的不同，风电机组控制系统的结构与组成存在一定差别，下面以目前国内装机最多的双馈风电机组为例进行介绍。

双馈风电机组电控系统整体结构如图 2-17 所示。

风电机组底部为变流器柜和塔筒控制柜。塔筒控制柜为风电机组的主控制系统，负责整个风电机组的控制、显示和通信。变流器柜主要由 IGBT、散热器和变流控制系统组成，负责双馈发电机的并网及发电过程控制。塔筒底部的控制柜通过电缆与机舱连接。

机舱内部的机舱控制柜主要负责各部件的温度、压力、转速及环境参数的采集，与主控制系统配合，实现机组偏航与解缆等功能。

叶片通过变桨轴承安装在轮毂上，以实现叶片的转动角度可调。变桨距控制系统布置在轮毂内，在风电机组运行过程中，根据风速的变化可以使叶片的桨距角在 0°～90°范围内调节，实现当风速超过额定值时对功率的控制。

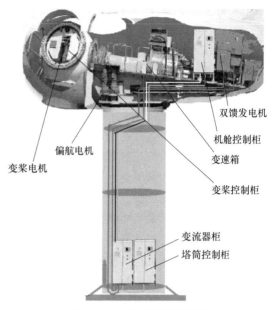

图 2-17　电控系统整体结构

2. 定桨距风电机组控制

由于机组自身机械、电气设备的限制，并网型变速风电机组在高风速时需要控制风能的吸收。目前，控制风能吸收的方式主要有两种：被动的利用桨叶失速性能限制高风速下的风能吸收和通过主动变桨距控制风能的吸收。所以，风电机组根据其桨距调节方式也主要分为定桨距风电机组和变桨距风电机组。

（1）定桨距风电机组　定桨距风电机组的主要结构特点是：桨叶与轮毂的连接是固定的，即当风速变化时，桨叶的安装角，即桨距角 β 不变。随着风速增加风电机组的运行过程为：风速增加→升力增加→升力变缓→升力下降→阻力增加→叶片失速。叶片攻角由根部向叶尖逐渐增加，根部先进入失速，并随风速增大逐渐向叶尖扩展。失速部分功率减小，未失速部分功率仍在增加，使功率保持在额定功率附近。早期安装的小功率风电机组（1MW 以下）大部分属于定桨距机组，目前处于服役的中后期，需要通过监测手段持续关注其健康状态。

这一特点给风电机组提出了两个必须解决的问题：一是风速高于额定风速时，桨叶自动失速能够自动地将功率限制在额定值附近；二是运行中的风电机组在突然失去电网（突甩负载）且在大风的情况下能够安全停机。以上两个问题要求定桨距风电机组的桨叶具有自动失速性能和制动能力。

桨叶的自动失速性能是依靠桨叶本身的翼型设计来实现的。而桨叶的制动能力是通过叶尖扰流器和机械制动系统来实现的。叶尖扰流器是桨叶叶尖一段可以转动的部分，正常运行时，叶尖扰流器与桨叶主体部分合为一体，组成完整的桨叶。需要安全停机时，液压系统按控制指令将扰流器完全释放并旋转 80°～90°形成阻尼板，由于叶尖扰流器位于桨叶尖端，整个叶片作为一个长的杠杆，产生的气动阻力相当高，足以使风电机组在几乎没有任何磨损的情况下迅速减速。叶尖扰流器的结构如图 2-18 所示。由液压系统驱动的机械制动系统被安装在传动链上，作为辅助制动装置使用。

（2）定桨距控制　定桨距风电机组的桨距角和转速都是固定不变的，这使得风电机组的功率曲线上只有一点具有最大风能利用系数，这一点对应于某一个叶尖速比。而要在变化的风速下保持最大风能利用系数，必须保持转速和风速之比不变，这一点对定桨距风电机组来说是很难做到的。

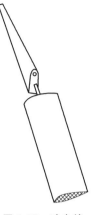

图 2-18　叶尖扰流器的结构

由于风速在整个运行范围内不断变化，固定的桨距角和转速导致如下结果：额定转速低的定桨距机组，低风速下有较高的风能利用系数；额定转速高的机组，高风速下有较高的风能利用系数。因此定桨距风电机组普遍采用双速发电机，分别设计为 4 级和 6 级，低风速时采用 6 级发电机，而高风速时采用 4 级发电机。这样，通过对大、小发电机的切换控制可以使风电机组在高、低风速段均获得较高的气动效率。

由于定桨距风电机组的控制主要是通过桨叶本身的气动特性以及叶尖扰流器来实现的，其控制系统也就大为简化，所以定桨距风电机组具有结构简单、性能可靠的优点，但其叶片重量大，轮毂、塔筒等部件受力较大，且风能利用系数低于变桨距风电机组，而且定桨距风电机组不容易起动，必须配备专门的起动程序。

3. 变桨距风电机组控制

（1）变桨距风电机组　变桨距风电机组的叶片与轮毂不再采用刚性连接，而通过可转动的滚动轴承或专门为变桨距机构设计的同步带连接，这样机组可以通过调节桨距角来控制风电机组吸收的风能。正因为功率调节不完全依靠叶片的气动性能，变桨距风电机组具有在额定功率点以上输出功率平稳的特点。图 2-19 所示为额定功率相等（额定功率为 600kW）的定桨距和变桨距风电机组的输出功率对比。

从图中可以看出，在相同的额定功率点，变桨距风电机组额定风速比定桨距风电机组的要低。

定桨距风电机组，一般在低风速段的风能利用系数较高，当风速接近额定功率点，风能利用系数开始大幅度下降，因为这时随着风速的升高，功率上升已趋缓，而过了额定功率点后，桨叶已开始失

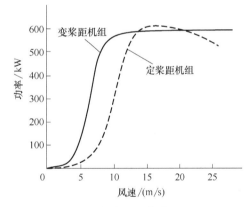

图 2-19　定桨距和变桨距风电机组的输出功率对比

速，风速升高，功率反而有所下降。对于变桨距风电机组，由于桨距可以控制，无须担心风速超过额定功率点后的功率控制问题，可以使得额定功率点仍然具有较高的风能利用系数。变桨距风电机组与定桨距风电机组的比较见表 2-1。

表 2-1　变桨距风电机组与定桨距风电机组的比较

风电机组类型	叶片重量	结构	功率调节	起动风速	并/脱网
定桨距	大	简单	被动失速	较高	较难；有突甩负载现象
变桨距	较小	较复杂	主动调节	较低	容易，冲击小；可顺桨

通过比较，不难看出定桨距风电机组具有结构简单、故障率低的优点。其缺点主要是风电机组的性能受到叶片失速性能的限制；另一个缺点是叶片形状复杂、重量大，使风轮转动惯量较大，不适宜于向大型风电机组发展。而变桨距风电机组在低风速起动时，叶片转动到合适位置确保风轮具有最大起动力矩，这意味着风电机组能够在更低风速下开始发电。当并入电网后能够通过改变桨距角限制机组的输出功率，桨距角是根据发电机输出功率的反馈信号来控制的，不受气流密度变化的影响。变桨距风电机组的额定风速较低，在风速超过其额定风速时发电机组的出力也不会下降，始终保持在一个接近理想化的水平，提高了发电效率。当风电机组需要脱离电网时，变桨距系统可以先转动叶片使发电功率减小，在发电机和电网断开之前，功率减小至零，避免了在定桨距风电机组上每次脱网时的突甩负载过程。同时，变桨距风电机组的叶片较薄，结构简单、重量小，发电机转动惯量小，易于制造大型发电机组。

（2）变桨距控制 变桨距风电机组的一个重要运行特性就是运行工况随风速变化的切换特性。根据风速情况和风电机组的功率特性，可以将整个运行过程划分为四个典型工况，每个工况下变桨距控制的目标与策略均有所不同。

第一个典型工况是起动并网阶段。此时风速应满足的条件是达到切入风速并保持一定的时间，风电机组解除制动装置，由停机状态进入起动状态。这个工况下的主要控制目标是实现风电机组的升速和并网，其中变桨距控制的任务是使发电机快速平稳升速，并在转速达到同步范围时针对风速的变化调节发电机转速，使其保持恒定或在一个允许的范围内变化以便于并网。

第二个典型工况是最大风能捕获控制阶段。由于此工况下风速没有达到额定风速，发电机送入电网的功率必然小于额定值，所以这个工况下的控制目标是最大限度地利用风能，提高机组的发电量。因此，变桨距控制系统此时只需将桨距角设定在最佳风能吸收角度并固定不变即可（一般机组在2°~3°），主要通过励磁调节控制转速来实现最大风能捕获。

第三个典型工况为恒功率控制阶段。当风速超过额定值，发电机的功率会不断增大。本阶段的控制目标是控制机组的功率在额定值附近而不会超过功率极限，变桨距控制的任务就是调节桨距角而使输出功率恒定。现代大型风电机组多采用独立变桨技术进行功率与载荷控制。

第四个典型工况为超风速切出阶段。如果机组处于风速高于额定风速的恒功率阶段，风速不断增大到机组所能承受的最大风速（切出风速）时，控制系统应能控制机组安全停机。变桨距控制系统的任务是使桨叶顺桨，以使机组尽快减速，制动系统也同时动作，发电机侧与电网断开，以等待条件许可再次起动并网。

上述的四个阶段功率随风速的变化情况可参见图2-20。

从各个典型工况的变桨距控制中可以看到，在第二、四阶段，桨距角分别处于两个极端位置保持不变：最佳风能吸收角度和顺桨角度。因此，变桨距控制可采用开环的顺序控制，控制系统根据输入的运行参数判断机组运行于这两个工况时，执行顺序控制程序直到桨距角控制到位保持即可。在第一、三阶段则要对转速和功率进行变桨距的连续控制，其中第三个阶段的功率控制将在后续详细介绍，而在第一（起动并网）阶段，目前对转速的变桨距控制存在两种控制策略：

1）开环控制，将桨距角由顺桨状态（一般90°）按照一定的顺序控制程序置为最大风能利用系数的角度（一般 2°～3°），以获得最大起动力矩。使发电机快速达到同步转速，迅速并入电网。

2）闭环控制，通过变桨距控制使转速以一定升速率上升至同步转速，进行升速闭环控制；为了对电网产生尽可能小的冲击，控制器也同时用于并网前的同步转速控制。

上述两种控制方式中，当转速随风速随机变化时，后一种可以使转速控制得更加平稳，因此，更有利于并网。

4. 功率控制

并网型风电机组在运行过程中，功率控制是首要的控制目标，其他控制都是以功率控制为目的或服务于功率控制。由前述可知，风电机组功率控制的目标主要是在风速低于额定风速时实现最优功率曲线，即最大风能捕获；在风速高于额定风速时控制功率输出在额定值，即恒功率控制。实现最优功率曲线应使桨距角处于最佳风能吸收效率的角度（由于叶片形状设计，真实变桨距风电机组一般桨距角为 2°～3° 时，C_p 最大），根据实时的风速值来控制风力发电机的转速，使得风电机组保持最佳叶尖速比不变。但是由于风速测量的不可靠性，很难建立转速与风速之间直接的对应关系。实际上运行中并不是根据风速变化来调整转速的。为了不用风速控制风电机组，可按已知的 C_{pmax} 和 λ_{opt} 计算风轮输出功率，由动量理论有

$$P_{opt} = \frac{1}{2} C_{pmax} \left(\frac{R}{\lambda_{opt}} \right)^3 \rho \pi R^2 \Omega^3 = K\Omega^3 \tag{2-18}$$

$$K = \frac{1}{2} C_{pmax} \left(\frac{R}{\lambda_{opt}} \right)^3 \rho \pi R^2 \tag{2-19}$$

式中，P_{opt} 为最优输出功率，也是控制的目标功率；K 为最优输出功率常数。如果用转速代替风速，功率就是转速的函数，三次方关系仍然成立，即最佳功率 P_{opt} 与转速的三次方成正比。这样就消除了转速控制时对风速的依赖关系。

目前，变桨距功率控制方式主要有两种：主动失速控制和变桨距控制。主动失速控制是通过将叶片向失速方向变桨距，即与变桨距控制相反方向变桨，实现高于额定风速时的功率限制，这无疑对风轮叶片提出了更高的要求，而且风电机组处于失速状态时很难精确预测空气动力学特性，在阵风下会造成叶片上的载荷和功率输出的波动。主动变桨距控制通过有效的控制方法可以解决这些问题，成为大型风电机组功率控制的主要手段。本节将介绍通过风电机组主动变桨距控制技术实现恒功率控制。

（1）风电机组功率控制特点　要实现机组的变桨距功率控制，首先应分析变桨距系统的控制特性，变桨距控制系统应适合这些控制特性。

1）气动非线性。变桨距控制实质上是通过改变攻角来控制风电机组的驱动转矩，因此风电机组的气动特性是变桨距系统的首要特性。由风电机组的空气动力特性可知，C_p 代表了风轮从风能中吸收功率的能力，它是叶尖速比 λ 和桨距角 β 的非线性函数，可参看图 2-10。从图上只能得到风能利用系数曲线对桨距角和叶尖速比的变化规律，但其函数关系具有很强的非线性，这就决定了整个变桨距系统是强非线性对象。

2）工况频繁切换。由于自然风速大小随机变化，导致变速风电机组随风速在各个运行工况之间频繁切换。图 2-20 所示是变桨距风电机组转速-功率曲线。

除前面提到的运行工况外，在最大风能捕获阶段之后，当转速达到极限而功率没有到达

额定值时将首先进入恒转速控制阶段，此时一般通过励磁控制转速不再上升，而输出功率随着风速的增加继续增加，此时起动变桨距控制。这样变桨距风电机组的运行全过程应包含升转速控制、恒 C_p 控制、恒转速控制和恒功率控制等重要的连续控制过程。因此，要求控制系统在工况切换时，必须保持风电机组运行的稳定性。

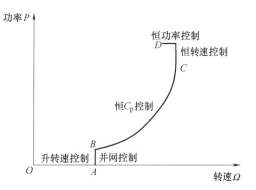

图 2-20　变桨距风电机组转速-功率曲线

3）多扰动因素。影响风电机组性能变化的不确定干扰因素很多。比如，由于大气变化导致雷诺数的变化会引起 5% 的功率波动，由于叶片上的沉积物和下雨可造成 20% 的功率变化，其他诸如机组老化、季节或环境变化、电网电压或频率变化等因素，也会在机组能量转换过程中引起不同程度的变化。风电机组输出功率是风速三次方的函数，风速的变化（尤其是阵风）对风电机组的功率影响是最大的，所以风速的波动是机组最主要的扰动因素。

4）变桨距执行机构的大惯性与非线性。目前变桨距执行机构主要有两种实现方案：液压执行机构和电机执行机构。以液压执行机构为例，叶片通过机械连杆机构与液压缸相连接，桨距角的变化同液压缸位移基本成正比，但由于液压系统与机械结构的特点所决定，这种正比关系呈现出非线性的性质。随着风电机组容量的不断增大，变桨距执行机构自身原因所引入的惯量也越来越大，使动态性能变差，表现出了大惯性对象的特点。

（2）变桨距控制系统结构与特点　目前并网型风电机组的变桨距控制系统根据机组并网前后的工况主要包含两种工作方式：并网前转速控制和并网后功率控制。根据这两种工作方式，传统的风电机组变桨距控制系统如图 2-21 所示。

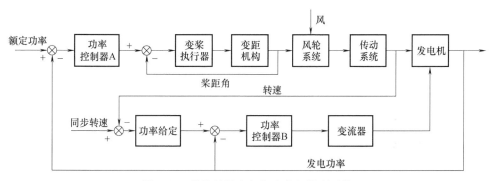

图 2-21　传统的风电机组变桨距控制系统

在并网前通过对桨距角的控制来控制转速，确保完成起动阶段的升速并网。并网后，在低于额定风速时进行转速控制，桨距角保持最优位置不做控制，此时相当于定桨距风电机组，系统根据风速的变化，控制发电机的转子转速，吸收尽可能多的风能。而在高于额定风速时进行恒功率控制，通过改变桨距角，减少吸收的风能，使输出功率稳定在额定功率附近。这种控制系统结构简单，控制器算法一般采用经典 PI 控制，可以达到机组运行的基本要求，但因为功能单一，存在例如对并网设备要求过高、抗干扰性差、输出功率曲线不平稳等诸多缺点。需要指出的是，由于变桨距执行机构的响应速度受到限制，对快速变化的风速，通过传统控制方法改变桨距来控制输出功率的效果并不十分理想。因此为了优化功率曲线，一些新设计的变桨距控制系统在功率控制过程中虽然仍使用了经典 PI 控制算法，但其功率反馈信号不再作为直接控制桨距角的变量，而由风速低频分量和发电机转速进行控制，风速的高频分量产生的机械能波动，通过迅速改变发电机的转速来进行平衡，即通过转子电流控制器对发电机转差率进行控制，当风速高于额定风速时，允许发电机转速升高，将瞬变的风能以风轮的动能形式储存起来；转速降低时，再将动能释放出来，使功率输出平稳。

发电机控制系统主要由两个功率控制回路组成，其中功率控制器 A 负责变桨距控制，功率控制器 B 负责发电机转子电流调节。并网后的功率调节过程描述如下：

1）变桨距调节：低于额定风速时，发电机输出功率低于额定功率，功率控制器 A 输出饱和，执行变桨到最大攻角；高于额定风速后，功率控制器 A 退出饱和，根据输出功率与额定功率偏差进行调节，通过桨距角的变化，保持输出功率的恒定。

2）发电机调节：功率控制器 B 的给定值与转差率有关，低于额定风速时，根据当前风速给出一给定功率，如果与实际功率出现偏差，将通过调节转子电流改变机组的转速，使得输出功率按与功率-转差率设定关系曲线运行，实现最佳叶尖速比调节；高于额定风速时，功率给定保持额定功率值，当出现风速扰动及变桨调节的滞后使发电功率出现波动时，通过转子电流瞬间改变机组的转速，利用风轮储存和释放能量维持输入与输出功率的平衡，实现功率的稳定。

在风速高于额定风速的情况下，变桨距机构与转子电流调节装置同时工作，其中风速变化的高频分量通过转子电流调节来控制，而变桨距机构对风速变化的高频分量基本不做反应，只有当随时间变化的平均风速的确升高了，才增大桨距角，减少风轮吸收的风能。

5. 偏航控制

偏航系统是风电机组特有的伺服系统。它主要有两个功能：一是使风轮跟踪变化较稳定的风向；二是当风电机组由于偏航作用，机舱内引出的电缆发生缠绕时，自动解除缠绕。

风电机组的偏航系统一般采取如图 2-22 所示的结构。风电机组的机舱安装在偏航轴承上，偏航轴承的内圈做成内齿圈结构，并与塔筒通过螺栓紧固相连，偏航轴承外圈与机舱固

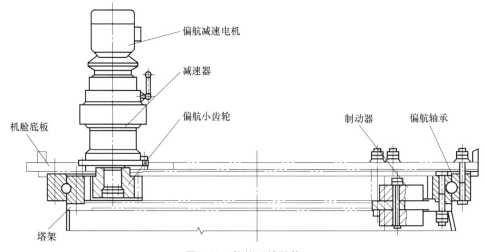

图 2-22　偏航系统结构

连。偏航操作由四台与内齿圈啮合的偏航减速电机带动偏航小齿轮驱动。偏航减速电机与机舱固连，当减速电机旋转时通过小齿轮与齿圈的啮合，带动机舱旋转。另外，在机舱底板上装有盘式制动装置，以塔筒顶部环形法兰为制动盘。

（1）偏航控制系统　偏航控制系统是典型的随动系统，当风向与风轮轴线偏离一个角度时，控制系统经过一段时间的确认后，会控制偏航机构将风轮调整到与风向一致的方位。偏航控制系统如图 2-23 所示。

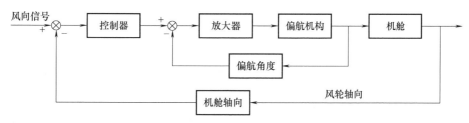

图 2-23　偏航控制系统

就偏航控制本身而言，对响应速度和控制精度并没有要求，但在对风过程中风电机组作为整体转动，具有很大的转动惯量，从稳定性考虑，需要设置足够的阻尼。

风电机组无论处于运行状态还是待机状态（风速>3.5m/s），均能主动对风。当机舱在待机状态已调向 720°（根据设定），或在运行状态已调向 1080°时，由机舱引入塔筒的发电机电缆将处于缠绕状态，这时控制器会报告故障，风电机组将停机，并自动进行解缆处理（偏航系统按照缠绕的反方向旋转 720°或 1080°）。解缆结束后，故障信号消除，控制器自动复位。

在风轮前部或机舱一侧装有风向仪，当风电机组主轴方向与风向仪指向偏离时，控制器开始计时。计时时间达到一定值时，即认为风向已改变，控制器发出偏航调节指令，直到偏差消除。

（2）解缆操作　由于发电机电缆及所有电气、通信电缆均从机舱直接引入塔筒，直到地面控制柜，如果机舱经常向一个方向偏航，会引起电缆严重扭转。因此偏航系统还应具备扭缆保护的功能。偏航齿轮上装有独立的计数传感器，以记录相对初始方位所转过的齿数。当风电机组向一个方向持续偏航达到极限值时，表示电缆已被扭转到危险的程度，控制器将发出停机指令并显示故障，风电机组停机并执行顺时针或逆时针方向的解缆操作。为了提高可靠性，在电缆引入塔筒处（即塔筒顶部），还安装了行程开关，行程开关触点与电缆相连，当电缆扭转到一定程度时可直接拉动行程开关，实现安全停机。为了便于了解偏航系统的当前状态，控制器根据偏航计数传感器的报告，记录机舱相对初始方位所转过的齿数，显示机舱当前方位与初始方位的偏转角度及正在偏航的方向。

风电机组多采用偏航位置传感器进行电缆扭转计数测量。这类计数传感器可以采用霍尔式传感器、涡流传感器或光电传感器，当偏航动作发生后，由计数传感器记录偏航齿圈上的齿数，由控制器进行数据运算以识别偏航的圈数，转动 3 圈后，进行无条件解缆。

第 **3** 章 ▶▶

风电机组振动监测基础

本章介绍风电机组传动链中零部件常见失效原因。通过对齿轮、轴承故障状态下的振动机理分析，给出不同传动链结构下风电机组齿轮箱中各级齿轮的啮合频率、转动频率及轴承故障特征频率的计算方法。然后，介绍目前用于风电机组传动链振动监测的数据采集与分析系统，给出不同测量位置的采样频率和采样时间。最后，解析了风电机组传动链的振动评价标准。

3.1 风电机组传动链失效原因

风电机组传动链各零部件在运行过程中主要承受交变载荷和冲击载荷的作用，可能产生各种类型的故障。其中交变载荷导致承载部件逐渐产生疲劳损伤，通常是受力部位首先产生疲劳微裂纹，随着运行时间增加，裂纹不断扩展，逐渐连成一片，造成局部金属脱落。这类故障主要发生在齿轮、轴承等部位，是承受交变载荷零件的常见失效形式，通常有一个由小到大、由局部到全面的发展过程。而较大的冲击载荷则可能使零部件瞬时局部应力超过许用应力，造成零部件接触面的永久塑性变形甚至突然断裂。

根据制造、安装、操作、维护、润滑、承载大小等方面的条件不同，故障发生的时间和程度有很大差异。统计表明，风电机组齿轮箱中各类零件损坏的比例为：齿轮 60%、轴承 19%、轴 10%、箱体 7%、紧固体 3%、油封 1%。传动链各零部件的典型故障如下：

（1）传动轴　由于传动轴的材料缺陷、制造与安装不当等原因，传动轴可能产生质量不平衡、轴不对中、轴弯曲、机械松动、动静摩擦甚至轴断裂等故障，影响传动链的正常工作。在保证设备制造标准、安装质量的条件下，传动轴出现故障的可能性及其影响相对较小。

（2）齿轮副　齿轮副故障主要发生在轮齿啮合面，包括交变载荷造成的啮合面裂纹、点蚀，冲击故障造成的塑性变形和突然断齿，润滑不良造成的胶合、腐蚀、磨损以及其他类型齿面故障等。此外，齿轮轴偏心、不平行、齿轮共振等设计安装问题都会影响齿轮运行状态。齿轮故障是传动链的主要故障源之一，特别是风电齿轮箱长期处于变速变载运行状态，随着运行时间的增加，疲劳造成的啮合面点蚀故障及齿根裂纹属于频繁发生的故障现象。因此，齿轮故障是风电机组传动链振动监测的重点。

（3）滚动轴承　滚动轴承同样长期受交变载荷和冲击载荷作用，随着工作时间加长，其内外圈和滚动体必然会产生疲劳损伤，主要表现为点蚀、磨损和塑性变形等。

（4）其他部件　风电机组传动链中其他部件也存在失效的风险，如发电机与齿轮箱地脚螺栓松动导致联轴器破损，发电机冷却风扇损坏导致轴不平衡，冷却系统、制动系统故障等。

3.1.1 交变载荷引起的疲劳损伤

齿轮啮合过程中，齿面和齿根部均受周期交变载荷作用，在材料内部形成交变应力，当应力超过材料疲劳极限时，将在表面产生疲劳裂纹，随着裂纹不断扩展，最终导致疲劳损伤。这类损伤通常由小到大，由某个（几个）轮齿的局部向整个齿面逐渐扩展，最终导致齿轮失效，失效过程通常会持续一定的时间。疲劳失效主要表现为齿根断裂和齿面点蚀。

（1）齿根断裂　齿根主要承受交变弯曲应力，产生疲劳裂纹并不断扩展，最终使齿根剩余部分无法承受外部载荷，造成断齿。

（2）齿面点蚀　齿面在接触点既有相对滚动，又有相对滑动。滚动过程随着接触点沿齿面不断变化，在表面产生交变接触压应力，而相对滑动摩擦力在节点两侧作用方向相反，产生交变脉动剪应力。两种交变应力的共同作用使齿面产生疲劳裂纹，当裂纹扩展到一定程度，将造成局部齿面金属剥落，形成小坑，称为点蚀故障。随着齿轮工作时间加长，点蚀故障逐渐扩大，各点蚀部位连成一片，将导致齿面整片金属剥落，齿厚减薄，造成轮齿从中间部位断裂。

滚动轴承在正常工作条件下，由于受交变载荷作用，工作一定时长后，不可避免地会产生疲劳损坏，导致轴承失效，达到所谓的轴承"寿命"。轴承损伤使得系统的工作状态变坏、摩擦阻力增大、转动灵活性丧失、旋转精度降低、轴承温度升高、振动和噪声变大。

轴承疲劳损坏的主要形式是在轴承内、外圈或滚动体上发生点蚀。轴承点蚀形成机理与齿轮点蚀故障机理相同，即由于长期受交变应力作用，在材料表面层产生微裂纹，随着轴承运行时间加长，裂纹逐渐扩展，最终导致局部金属剥落，形成点蚀，如果不及时更换轴承，点蚀部位将逐渐扩展，造成轴承失效。轴承寿命是指发生点蚀破坏前轴承累计运行的小时数或转数。

图3-1所示为典型的交变载荷引起的风电机组传动链中的部件故障。

3.1.2 过载引起的损伤

如果设计载荷不当，或齿轮在工作过程中承受严重的瞬时冲击、偏载，使得接触部位局部应力超过材料的设计许用应力，导致轮齿产生突然损伤，轻则造成局部裂纹、塑性变形或胶合故障，重则造成轮齿断裂。

对于风电机组，由于瞬时阵风、变桨操作、制动、机组起停以及电网故障等作用，经常会发生传动链载荷突然增加，超过设计载荷的现象。图3-2所示是一个典型定桨距机组的高速轴在正常制动时的转矩变化。可以看到，在时刻2之前，机组处于正常运行状态，时刻2时，叶尖扰流器动作，输入风能减少，机组转矩下降直至脱网，脱网之后，由于失去电磁转矩作用，机组的转矩快速增加。在时刻3，制动系统起动，机组转矩继续快速增加，直到制动系统完全作用，高速轴停止转动，转矩达到顶峰。随后，由于传动链具有的巨大惯性使得停止时带来剧烈的转矩振动，这将对轮齿产生强力冲击。

过载断齿主要表现形式为脆性断裂，通常断面粗糙，有金属光泽，如图3-3所示。

a) 高速齿轮断裂　　　　　　　　b) 中间轴齿轮磨损

c) 齿轮箱高速轴轴承剥落　　d) 发电机轴承内圈点蚀　　e) 发电机轴承外圈磨损

图 3-1　交变载荷引起的风电机组传动链中的部件故障

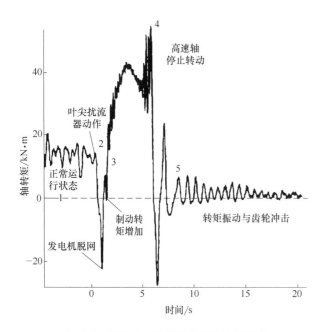

图 3-2　高速轴在正常制动时的转矩变化

图 3-3　瞬时载荷冲击引起的轮齿断裂

3.1.3 维护不当引起的故障

风电机组传动链中还存在由于维护不当引起的故障，包括以下几种类型：

1) 齿面、轴承磨损。由于润滑不足或润滑油不清洁，将造成齿轮严重的磨粒磨损，使齿廓逐渐减薄，间隙加大，最终可能导致断齿。润滑不足也会造成轴承烧伤、胶合，图 3-4a 所示为发电机轴承滚动体烧伤。

2) 胶合。对于重载和高速齿轮，齿面温度较高，如果润滑条件不好，两个啮合齿可能发生熔焊现象，在齿面形成划痕，称为胶合。

3) 发电机轴承电蚀。由于转子偏心或发电机定子的不均衡漏磁，发电机转子在切割非对称磁场时会在转轴上产生异常感应电动势。该电动势需要一个路径释放电荷，如果转轴接地不良，电荷释放路径通常由转轴、内圈、滚动体传导到外圈。理论上，滚子与内圈或外圈之间足够的油膜可以防止电荷的传递。然而，一旦油膜厚度不足，滚动体就会直接与内圈或外圈接触，进而，转轴上的电动势会在轴承微小的接触点处放电，放电过程会灼伤轴承内圈和外圈与滚动体的接触位置，形成搓板状条纹，如图 3-4b 所示。

a) 滚动体烧伤   b) 轴承内圈电蚀

图 3-4 风电机组滚动轴承故障

4) 装配不当所致故障。轴承的内外圈公差设计不合理，在安装时会出现过松或过紧的情况，容易造成内外圈磨损、卡死、内圈胀破、结构破碎等故障。风电齿轮箱高速轴与发电机转子通过联轴器连接，将两者对中时若不考虑运行时热膨胀所致的对中偏差，会造成对中不良，对轴承产生附加载荷，产生故障。

5) 螺栓松动所致相关故障。发电机地脚螺栓松动也会导致联轴器出现不对中现象，严重时引发联轴器断裂，如图 3-5 所示。同时，机组频繁的起动、停止冲击对联轴器的寿命影响较大，日常维护时，每六个月需要对联轴器进行一次同轴度检测或对中调整。

风电机组的齿轮箱和发电机均为柔性支承安装，联轴器在运行时承受机组的整体晃动和传动链自身的振动，当高速轴轮齿、轴承或发电机轴承发生严重故障时，也会出现联轴器无法补偿的不对中量，进而使联轴器承受较大的弯矩，引发联轴器膜片断裂。

6) 局部压痕带。机组在长期停机制动时，某一两对齿轮副一直处于啮合状态，在风载荷和制动力矩的综合作用下，齿面局部超载造成塑性变形，形成压痕带，如图 3-6 所示。

图 3-5　地脚螺栓松动所致膜片联轴器断裂

图 3-6　风电机组齿轮箱齿面的压痕带

3.2　齿轮、轴承故障状态下的振动机理

3.2.1　齿轮故障振动调制机理

　　齿轮运行过程中，受内外部激励作用，产生复杂的振动形态，其中转动频率、啮合频率及其谐波为主要振动成分。当齿轮处于正常状态时，由于每对齿存在啮入啮出过程，振动信号表现为以齿轮啮合频率 f_m 为基频，并伴随其高次谐波的振动，如图 3-7a 所示。

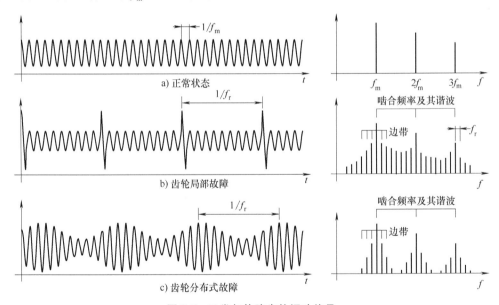

图 3-7　正常与故障齿轮振动信号

1. 齿轮局部故障

　　当齿轮局部出现断齿、削齿、齿面变形、脱落等故障时，在齿轮振动信号中，除正常的啮合频率之外，故障齿轮所在轴每转动一转，轮齿间的啮合刚度会突变一次，形成剧烈的以转动周期 $1/f_r$ 为周期的冲击成分（f_r 为故障齿轮所在轴的转动频率），进而调制正常的啮合过程，如图 3-7b 所示。在频谱中表现为以啮合频率为中心频率，故障齿轮所在轴转动频率

为边带的调制现象，且由于冲击较为剧烈，边带谐波比较分散。

2. 齿轮分布式故障

当齿轮出现分布式故障时，例如齿轮轴存在偏心、齿轮节距不均、齿面磨损时，啮合刚度按转轴的转动周期规律变化，进而调制啮合频率，如图 3-7c 所示。由于分布式故障导致的啮合刚度变化在轴的转动周期内是渐变式的，其整体振动冲击较小，表现在频谱中是以啮合频率为中心频率，转动频率边带较为集中的调制现象。

3.2.2 轴承故障振动调制机理

风电机组齿轮箱中支承齿轮轴的轴承通常采用滚动轴承。滚动轴承包括外圈、内圈、滚动体和保持架四部分，如图 3-8 所示。

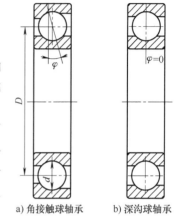

a) 角接触球轴承　　b) 深沟球轴承

图 3-8　滚动轴承结构

滚动体与内圈和外圈属于点或线接触，在外部载荷作用下，局部应力较大，轴承运动部件的故障较为频繁。轴承外圈通常固定于轴承座孔中，当外圈出现故障时，会出现每个滚动体经过外圈故障点的振动冲击，冲击间隔为轴承外圈通过频率（ball pass frequency of outer，BPFO）的倒数，如图 3-9a 所示。轴承内圈通常与轴过盈配合，一起旋转，当内圈出现故障时，会产生每个滚动体经过内圈故障点的振动冲击，冲击间隔为轴承内圈通过频率（ball pass frequency of inner，BPFI）的倒数，并且由于内圈是转动部件，当其转入重载区时，振动增强，当其转入轻载区时，振动减弱，因此，内圈故障时常伴随转动频率的调制，如图 3-9b 所示。当滚动体出现故障时，会在与内圈或外圈接触时产生较剧烈的冲击，冲击频率为滚动体通过频率（ball spin frequency，BSF），同

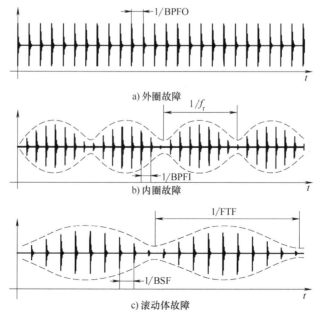

a) 外圈故障

b) 内圈故障

c) 滚动体故障

图 3-9　故障状态下轴承振动信号

时，滚动体会在保持架的约束下发生公转，转入与转出重载区，因此，滚动体故障通常伴随保持架转动频率（fundamental train frequency，FTF）的调制，如图3-9c所示。

3.3 风电齿轮箱故障特征频率

一般较小功率风电机组（功率在600kW以下）所采用的齿轮箱大部分是两级平行轴或者三级平行轴的传动方案。目前风电场在役运行较多的机组单机功率在1.5~3MW，这些机组通常采用行星轮与平行轴相结合的传动方案。采用行星轮传动方案主要有以下特点：①行星中心轴能够利用自身的微量变形对各个行星轮的载荷进行弹性调整，保持各个行星轮的载荷分配比较平均，改善系统的载荷情况，并提升系统抗冲击载荷的能力；②采用行星级传动能够减小齿轮箱的重量和体积，同时提高传动比和承载能力，适合风电机组风轮转速较低的情况。齿轮箱是双馈风电机组传动链中的重要一环，其主要结构分为两类：一级行星+两级平行齿轮的结构，两级行星+一级平行齿轮的结构。

3.3.1 一级行星+两级平行结构齿轮箱特征频率

图3-10所示为一级行星+两级平行的风电齿轮箱结构，在此结构中，风轮与行星级行星架1固连，具有同样的转动频率f_c，行星轮Z_p与齿圈Z_r和太阳轮Z_s同时啮合，组成行星级（planetary stage，PS）传动，驱动太阳轴2旋转（太阳轴转动频率为f_s），太阳轴上大齿轮Z_{mi}作为中间级（intermediate stage，IS）传动的输入，驱动中间级齿轮Z_{mo}转动，由于该齿轮安装在中间轴3上（中间轴转动频率f_i），中间轴及安装在其上的另一个齿轮Z_{hi}跟随转动，并驱动与之啮合的齿轮Z_{ho}，Z_{hi}与Z_{ho}组合成高速级（high speed stage，HSS），高速轴4（高速轴转动频率f_h）与发电机转子通过联轴器固连，驱动发电机产生电能。

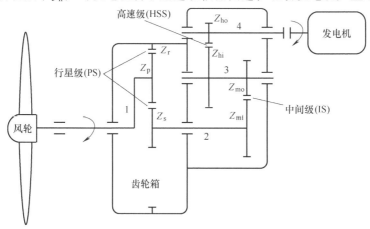

图 3-10　一级行星+两级平行的风电齿轮箱结构示意图

1—行星架　2—太阳轴　3—中间轴　4—高速轴

此时，各级齿轮的啮合频率见表3-1。

对于定轴齿轮传动，当轴上某一轮齿出现故障，会在啮合过程中发生啮合刚度的周期性波动，进而产生以齿轮所在轴的转动频率为故障特征的周期性成分。在行星架转动频率已知的情况下，风电齿轮箱中各轴的转动频率计算见表3-2。

表 3-1　一级行星+两级平行齿轮箱中各级齿轮啮合频率

行星级	$f_{PS}=f_c Z_r=(f_s-f_c)Z_s$
中间级	$f_{IS}=f_s Z_{mi}=f_i Z_{mo}$
高速级	$f_{HSS}=f_i Z_{hi}=f_h Z_{ho}$

表 3-2　一级行星+两级平行齿轮箱中各轴转动频率

太阳轴	$f_s=f_c\left(1+\dfrac{Z_r}{Z_s}\right)$
中间轴	$f_i=\dfrac{Z_{mi}}{Z_{mo}}f_s$
高速轴	$f_h=\dfrac{Z_{hi}}{Z_{ho}}f_i$

在实际风电机组的振动测试中，由于振动能量较大，高速轴的转动频率相对于风轮转动频率更容易被发现，因此也可以基于高速轴转动频率，利用齿轮箱各级传动比进行反推，得到各齿轮与转轴的啮合频率及转动频率。一级行星+两级平行风电齿轮箱总的传动比 r 为

$$r=\left(1+\frac{Z_r}{Z_s}\right)\frac{Z_{mi}}{Z_{mo}}\frac{Z_{hi}}{Z_{ho}} \tag{3-1}$$

3.3.2　二级行星+一级平行结构齿轮箱特征频率

图 3-11 所示为二级行星+一级平行的风电齿轮箱结构，在此结构中，行星轮 Z_{p1} 与齿圈 Z_{r1} 和太阳轮 Z_{s1} 组成第一行星级（the first planetary stage，PS1），行星轮 Z_{p2} 与齿圈 Z_{r2} 和太阳轮 Z_{s2} 组成第二行星级（the second planetary stage，PS2）。第一行星级行星架 1 与风轮固连，拥有共同的转动频率 f_{c1}，第二行星级行星架 2 与第一行星级太阳轴固连，拥有共同的转动频率 f_{c2}（也可以用 f_{s1} 表示），第二行星级太阳轴 3 与高速级的输入轴固连，拥有共同转动频率 f_{s2}，定轴齿轮 Z_{hi} 与定轴齿轮 Z_{ho} 啮合，组成高速级（high speed stage，HSS），驱动高速轴 4 及发电机转子旋转，高速轴 4 的转动频率为 f_h。各级齿轮的啮合频率见表 3-3。

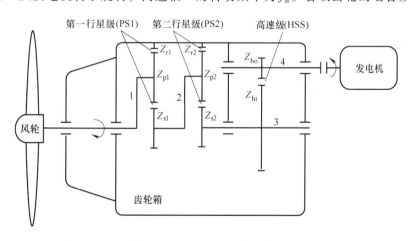

图 3-11　二级行星+一级平行的风电齿轮箱结构示意图

1—第一行星级行星架　2—第二行星级行星架　3—第二行星级太阳轴　4—高速轴

表 3-3　二级行星+一级平行齿轮箱中各级齿轮啮合频率

第一行星级	$f_{PS1}=f_{c1}Z_{r1}=(f_{c2}-f_{c1})Z_{s1}$
第二行星级	$f_{PS2}=f_{c2}Z_{r2}=(f_{s2}-f_{c2})Z_{s2}$
高速级	$f_{HSS}=f_{s2}Z_{hi}=f_hZ_{ho}$

同样，在行星架转动频率已知的情况下，风电齿轮箱中各轴的转动频率计算见表 3-4。

表 3-4　二级行星+一级平行齿轮箱中各轴转动频率

第一行星级中的太阳轴 （第二行星级中的行星架）	$f_{c2}=f_{c1}\left(1+\dfrac{Z_{r1}}{Z_{s1}}\right)$
第二行星级中的太阳轴	$f_{s2}=f_{c2}\left(1+\dfrac{Z_{r2}}{Z_{s2}}\right)$
高速轴	$f_h=\dfrac{Z_{hi}}{Z_{ho}}f_{s2}$

二级行星+一级平行风电齿轮箱总的传动比 r 为

$$r=\left(1+\frac{Z_{r1}}{Z_{s1}}\right)\left(1+\frac{Z_{r2}}{Z_{s2}}\right)\frac{Z_{hi}}{Z_{ho}} \tag{3-2}$$

3.3.3　行星级各齿轮故障特征频率

行星级包括行星轮、太阳轮和齿圈，如图 3-12 所示。由于行星架的存在，行星轮既有公转又有自转，各齿轮故障特征频率计算方法与定轴轮系存在较大差异。

行星轮出现故障时，齿轮绕着行星架每自转一圈，就会与太阳轮和齿圈在故障点分别碰撞一次，引起较大冲击。从另一角度考虑，行星轮系的啮合频率由行星轮与齿圈和太阳轮啮合产生，啮合频率见表 3-1 和表 3-3。因此，行星轮故障时与齿圈及太阳轮发生冲击所产生的故障特征频率为

$$f_p^{(p)}=f_{PS}/Z_p \tag{3-3}$$

式中，f_{PS} 为行星级啮合频率；Z_p 为行星轮的齿数；$f_p^{(p)}$ 为行星轮的故障特征频率，也是行

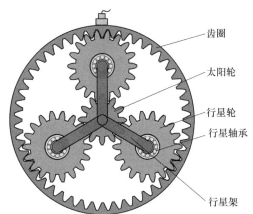

图 3-12　行星轮系结构关系

星轮相对于行星架的自转频率，若统一考虑行星轮故障与齿圈和太阳轮的啮合冲击，行星轮的故障特征频率为 $2f_{ps}/Z_p$。当太阳轮出现故障时，故障齿轮在与行星轮的每次啮合时会产生一次振动冲击，故太阳轮的故障特征频率为

$$f_s^{(p)}=3f_{PS}/Z_s \tag{3-4}$$

式中，$f_s^{(p)}$ 为太阳轮的故障特征频率；Z_s 为太阳轮的齿数；3 表示有 3 个行星轮，目前随着传动平稳性要求逐渐增高，每级行星轮的数量可以为 4 或 5 个。当齿圈出现故障时，故障齿轮在与行星轮的每次啮合都会产生振动冲击，故齿圈的故障特征频率为

$$f_r^{(p)} = 3f_{PS}/Z_r = 3f_c \tag{3-5}$$

式中，$f_r^{(p)}$ 为齿圈的故障特征频率；f_{PS} 为行星级啮合频率；Z_r 为齿圈的齿数；3 表示有 3 个行星轮；f_c 为行星架的转动频率。

行星级传动中，各部件出现故障时，啮合振动的传递路径会随着行星架和太阳轮的转动发生变化，形成调制效应，故行星级中各部件的故障特征频率见表 3-5。

表 3-5 行星级齿轮故障特征频率

部件	仅考虑故障齿轮	考虑调制效应
行星轮	$f_p^{(p)} = f_{PS}/Z_p$	$kf_p^{(p)} \pm nf_c$
太阳轮	$f_s^{(p)} = 3f_{PS}/Z_s$	$kf_s^{(p)} \pm nf_s$
齿圈	$f_r^{(p)} = 3f_{PS}/Z_r = 3f_c$	

注：k、n 为正整数。

3.3.4 定轴轴承故障特征频率

圆柱滚子轴承、圆锥滚子轴承、角接触球轴承和深沟球轴承广泛应用于风电机组齿轮箱和发电机中。对于支承定轴齿轮或转子的滚动轴承，通常按表 3-6 计算故障特征频率。

表 3-6 支承定轴齿轮或转子的滚动轴承故障特征频率

内圈	$f_i^{(b)} = \dfrac{f_r N_b}{2}\left(1 + \dfrac{d}{D}\cos\varphi\right)$
外圈	$f_o^{(b)} = \dfrac{f_r N_b}{2}\left(1 - \dfrac{d}{D}\cos\varphi\right)$
滚动体	$f_r^{(b)} = \dfrac{f_r D}{2d}\left[1 - \left(\dfrac{d}{D}\cos\varphi\right)^2\right]$
保持架	$f_c^{(b)} = \dfrac{f_r}{2}\left(1 - \dfrac{d}{D}\cos\varphi\right)$

表中，f_r 是与轴承内圈组装在一起的轴的旋转频率，d 是滚动体的直径，D 是轴承的节径，N_b 是滚动体的数量，φ 是轴承接触角。如果是轴承的外圈旋转，例如图 2-6 中直驱风电机组的结构或图 3-12 中的行星轴承，则 f_r 是指组装有外圈的转子（或齿轮）的旋转频率，此时轴承保持架的故障特征频率如式（3-6）所示。

$$f_c^{(b)} = \frac{f_r}{2}\left(1 + \frac{d}{D}\cos\varphi\right) \tag{3-6}$$

3.3.5 行星轴承故障特征频率

在行星级传动中支承行星轮的轴承，被称为行星轴承。行星轴承的外圈与行星轮过盈配合，按行星轮的自转频率旋转。行星轴承的内圈与行星架固定在一起。行星轴承的故障特征频率见表 3-7。

前面交代过，$f_p^{(p)}$ 为行星轮相对于行星架的旋转频率，也是具有分布故障的行星轮的故障特征频率。由于附加的调制效应，表 3-7 右栏中的组合表示行星轴承的故障特征频率，同样，k、m、n 为正整数。

表 3-7 行星轴承的故障特征频率

部件	仅考虑有故障的轴承零件	考虑调制效应
内圈	$f_{\mathrm{i}}^{(\mathrm{pb})} = \dfrac{f_{\mathrm{p}}^{(\mathrm{p})} N_{\mathrm{b}}}{2}\left(1 + \dfrac{d}{D}\cos\varphi\right)$	$kf_{\mathrm{i}}^{(\mathrm{pb})} \pm nf_{\mathrm{c}}$
外圈	$f_{\mathrm{o}}^{(\mathrm{pb})} = \dfrac{f_{\mathrm{p}}^{(\mathrm{p})} N_{\mathrm{b}}}{2}\left(1 - \dfrac{d}{D}\cos\varphi\right)$	$kf_{\mathrm{o}}^{(\mathrm{pb})} \pm mf_{\mathrm{p}}^{(\mathrm{p})} \pm nf_{\mathrm{c}}$
滚动体	$f_{\mathrm{r}}^{(\mathrm{pb})} = \dfrac{f_{\mathrm{p}}^{(\mathrm{p})} D}{2d}\left[1 - \left(\dfrac{d}{D}\cos\varphi\right)^{2}\right]$	$kf_{\mathrm{r}}^{(\mathrm{pb})} \pm mf_{\mathrm{c}}^{(\mathrm{pb})} \pm nf_{\mathrm{c}}$
保持架	$f_{\mathrm{c}}^{(\mathrm{pb})} = \dfrac{f_{\mathrm{p}}^{(\mathrm{p})}}{2}\left(1 + \dfrac{d}{D}\cos\varphi\right)$	$kf_{\mathrm{c}}^{(\mathrm{pb})} \pm nf_{\mathrm{c}}$

3.4 风电机组传动链振动监测系统

振动监测系统是获取风电机组传动链振动信号，进行故障特征提取、故障诊断与寿命预测的重要载体。国外对风电振动监测系统的研制较早，技术积累较为成熟。我国早期的风电机组也主要以选用国外的监测系统为主，但价格比较昂贵，主要产品有 WindCon3.0（瑞典 SKF 公司）、WP4086（丹麦 MitaTeknik 公司）、VestasOnline（丹麦 Vestas 公司）及 TCM 风电机组状态监测系统平台（丹麦 Gram & Juhl 公司）等。

随着我国装机容量的逐年提升，风电运营企业逐渐重视风电机组的运行安全性，由此催生出一批国产化的风电振动监测系统，并基本取代了国外同类产品。例如西安威锐达测控系统有限公司开发的 WTAnalyser 振动监测系统，安徽容知日新科技股份有限公司开发的 MOS3000 在线监测系统，北京英华达电力电子工程科技公司开发的 EN3600 在线监测系统，北京国旋新力科技发展有限公司开发的 SD2100 在线故障诊断系统，北京汉能华科技股份有限公司开发的 HET-P 状态监测与故障诊断系统，北京天源科创风电技术有限责任公司也开发过类似的振动监测系统。

早期风电机组的振动监测系统价格昂贵，现场测试主要依赖于手持式的离线监测系统，由运维人员携带设备攀爬机组进行逐点或多点测试，效率较低。目前的风电机组振动监测以在线监测为主，每台机组安装若干振动传感器，出机舱内的数据采集模块进行数据采集，通过风电场内部光纤环网传送数据至集控室，进行后台诊断分析。同时，风电机组的振动数据也可以通过互联网传输到在线监测系统制造商、风电机组制造商或风电场所属集团总部进行详细对比分析，评判传动链各部件的健康状态。

3.4.1 在线振动监测系统

风电机组传动链在线振动监测系统（condition monitoring system，CMS）可以监测传动链长期的振动规律，它主要由三部分组成，包括振动传感器、数据采集模块、数据分析和故障诊断系统，如图 3-13 所示。

1. 振动传感器布局

风电机组传动链的振动测试采用压电加速度传感器，根据风电传动链的不同结构，加速度传感器安装在主轴轴承、齿轮箱和发电机各个关键部件上，具体安装位置可参考

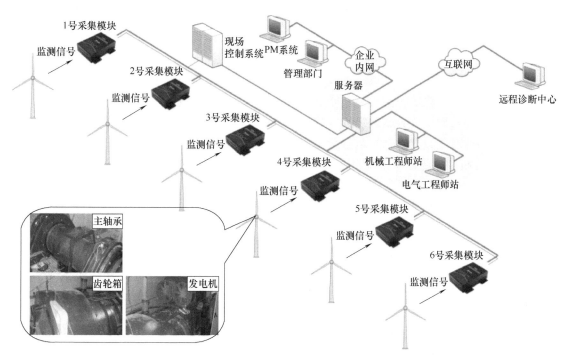

图 3-13　风电机组传动链在线振动监测系统

图 2-4 和图 2-6。表 3-8 列出了某拥有一级行星+两级平行结构齿轮箱的传动链上传感器的布置。可根据机组自身传动链的结构特点，适当增加或缩减传感器数量，并调整传感器的安装位置。

表 3-8　在线监测系统传感器布置

序号	传感器类型	安装位置	采样频率
1	低频加速度传感器	主轴前轴承径向	低
2	低频加速度传感器	主轴后轴承/行星架轴承径向	低
3	低频加速度传感器	内齿圈径向	低
4	高频加速度传感器	中间轴径向	高
5	高频加速度传感器	高速轴径向	高
6	高频加速度传感器	高速轴轴向	高
7	高频加速度传感器	发电机驱动端轴承径向	高
8	高频加速度传感器	发电机驱动端轴承轴向	高
9	高频加速度传感器	发电机非驱动端轴承径向	高

　　振动传感器选用低频振动传感器和高频振动传感器两种。对于主轴前轴承、主轴后轴承及行星级齿圈等部位的监测，由于转速较慢，通常采用低频振动传感器；中间轴、高速轴及发电机等位置，由于转速逐渐升高，采用高频振动传感器。某振动监测系统采用的低频传感器的具体参数为：频率范围 $0.1 \sim 5000$Hz，灵敏度为 500mV$/g$，测量范围 $\pm 10g$；高频传感器的具体参数为：频率范围 $0.5 \sim 8000$Hz，灵敏度为 100mV$/g$，测量范围 $\pm 50g$。

　　部分振动监测厂家提供转速传感器用以测量风轮或发电机转速，但会增加硬件成本。随着信号处理技术的发展，利用振动信号提取转速特征已经较为成熟，因此，在风电机组传动链振动监测中，仅采用振动传感器足以应对齿轮、轴承等部件的故障诊断分析。

2. 数据采集模块

数据采集模块安装在风电机组的机舱中，采集传动链上传感器的振动信号，每台风电机组需要一台数据采集模块。其主要功能是对振动信号进行抗混叠滤波、放大、同步采样、多通道数据存储与传输。配合软件设置，数据采集模块可进行采集时不同触发模式的设定、采样频率和采样时长的设置及存储数据量的调整等。

3. 数据分析和故障诊断系统

数据分析和故障诊断系统部署在风电场运行控制室，由监控计算机、数据存储设备、打印设备等组成，主要功能是实现风电场各个机组的振动数据汇总、显示、分析与诊断、存储和将数据传输到远程诊断中心。

实时监测：以监视图、棒图、曲线等方式实时动态显示所监测的数据和状态。

分析功能：具备时域振动波形、时域特征值提取（峰峰值、有效值、方差、峰值因数、峭度指标等）、信号概率分布和密度函数、振动信号频谱和功率谱分析、相位谱、倒频谱分析、包络分析、共振解调分析等功能。

诊断功能：定期给出诊断结论，定位部件故障。

显示功能：测点位置图、振动变化趋势、振动棒图、波形图、频谱图、三维谱图、灰值图等。

记录功能：对采样的瞬时振动信号进行滚动记录保存。

通信功能：通过局域网实现与风电场监测系统的通信。

数据传输：自动定期获取风电场各机组监测数据并存储，通过因特网与远程诊断中心进行数据通信。

图 3-14 所示为某型风电机组振动监测系统中的振动信号的有效值。从图中可以看出，随着运行时间的增长，发电机驱动端轴承的振动逐渐加剧，表明轴承的健康状态逐步恶化。

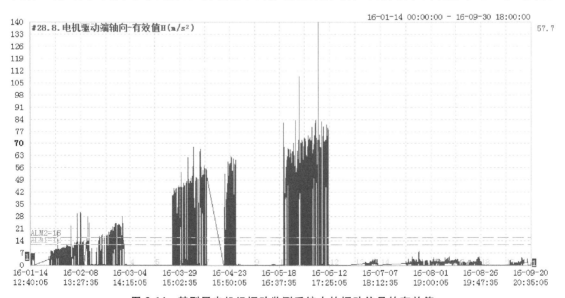

图 3-14 某型风电机组振动监测系统中的振动信号的有效值

数据分析和故障诊断系统通过软件计算振动有效值，展现出较好的趋势性，可为维修策略的制定提供指导，更换轴承之后有效值下降到报警阈值以内。

数据分析和故障诊断系统可以提供任意时刻机组详细的振动信息。图 3-15 所示为某时刻发电机轴承的振动波形和频谱，图中可方便地显示出故障的冲击间隔和特征频率。

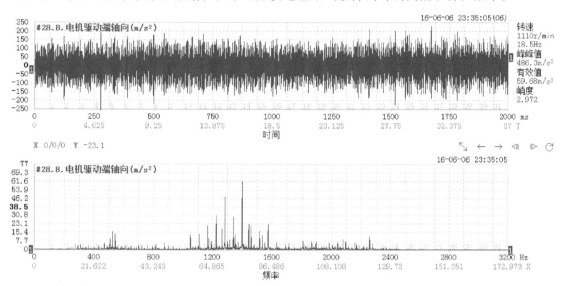

图 3-15　某时刻发电机轴承的振动波形和频谱

3.4.2　离线振动监测系统

离线振动监测系统可以监测风电机组传动链一段时间内的振动规律，在获得振动数据后进行机组健康状态的评判与故障程度的分析。

离线振动监测系统由传感器、手持式信号采集设备和软件组成，如图 3-16 所示。传感器同样选用低频振动传感器和高频振动传感器，传感器的类型、测试位置及测试方向见表 3-9。

图 3-16　离线振动传感器与信号采集设备

表 3-9　离线监测系统传感器布置

序号	传感器类型	测试位置	测试方向
1	低频加速度传感器	主轴前轴承	垂直/水平/轴向
2	低频加速度传感器	主轴后轴承/行星架轴承	垂直/水平/轴向
3	低频加速度传感器	内齿圈	垂直/水平
4	高频加速度传感器	太阳轴	垂直/水平
5	高频加速度传感器	中间轴	垂直/水平
6	高频加速度传感器	高速轴	垂直/水平/轴向
7	高频加速度传感器	发电机驱动端轴承	垂直/水平/轴向
8	高频加速度传感器	发电机非驱动端轴承	垂直/水平

离线振动监测系统具有设备操作简单、传感器数量少等特点，不需要长期安装在每台风电机组的传动链上，且每个风电场只需配置少量设备即可满足需求，节省了监测成本，但需要人工登塔，增加了人力成本和安全隐患。离线振动监测系统一般被应用在"分布式数据采集—集中分析"的巡检模式中。该模式运行方式如下：首先，制定风电机组传动链年度振动数据采集计划；之后，风电场巡检人员应用手持式信号采集设备对运行的风电机组传动链进行数据采集；然后，通过互联网将数据发送到集团总部服务器，数据分析人员应用分析端软件下载每台机组的振动数据进行离线分析与故障诊断。

3.4.3 振动采样频率的确定

风电机组的风轮转速较低，通常在 20r/min（0.3Hz）左右，由此，主轴和齿轮箱中行星架的转动频率也在 0.3Hz 左右，为发现低转速部件的潜在故障，需要足够长的采样时间捕捉这类部件的故障特征。对于风电机组主轴轴承、行星级部件，建议每次采样持续时间至少为 16 s。在较长的采样时间内，风电机组的运行工况容易发生变化，因此，非平稳的振动信号分析方法适用于低转速部件的故障特征提取。

从齿轮箱太阳轴到高速轴及发电机转子，它们的旋转频率逐渐增加，导致相关齿轮和轴承的故障特征频率增加。这类部件所对应的振动采样频率应该较高，采样时间可以缩短，建议在 4 s 以上。

不同测点的振动传感器建议采样频率和采样持续时间见表 3-10。4096Hz、8192Hz 也是常见的低频采样频率；12800Hz、16384Hz 也可以作为高频采样的频率。

表 3-10 振动传感器建议采样频率和采样时间

序号	传感器类型	测试位置	采样频率/Hz	采样时间
1	低频加速度传感器	主轴前轴承	5120	长
2	低频加速度传感器	主轴后轴承/行星架轴承	5120	长
3	低频加速度传感器	内齿圈	5120	长
4	高频加速度传感器	太阳轴	25600	短
5	高频加速度传感器	中间轴	25600	短
6	高频加速度传感器	高速轴	25600	短
7	高频加速度传感器	发电机驱动端轴承	25600	短
8	高频加速度传感器	发电机非驱动端轴承	25600	短

3.5 风电机组传动链振动评价标准

3.5.1 风电检测认证及振动测试标准

国外风电机组投运时间较早，对风电机组设计、运行与工程应用的研究较为深入，已经形成了风电领域完整的设备质量标准体系。例如，国际电工委员会（IEC）针对风电设备质量认证问题而制定的《IEC WT 01 风力发电机组合格认证规则及程序》是国际上通用的风电设备质量认证模式，除此之外，其他有关风电设备的检测认证机构，在国内外风电检测认证市场中也占据重要地位（见表 3-11）。还有一些国际组织提出了风电机组振动监测的相关标准，例如，德国两个著名的认证机构——工程师学会和劳氏船级社分别在 2009 年和 2013 年颁布了《风电机组及其部件的机械振动测量与评估》（VDI-3834）和《风电机组状态监测系统认证指南》。我国自 2006 年《中华人民共和国可再生能源法》颁布之后，参考国际标准逐步建立国内的风电标准、检测和认证体系。经过长时间的研究和探索，国家能源局在2011 年颁布了能源行业标准《风力发电机组振动状态监测导则》，弥补了我国风电领域振动监测标准的空白，为我国的风电机组状态监测提供了技术支持。

表 3-11 国内外检测认证机构

机构名称	相关业务
G. L. Group	陆、海上风电场设计认证、型式认证、项目认证、部件认证、全方位咨询
Intertek Group	大中小型风机型式认证、海上风电咨询、风机部件认证等
TÜV Rheinland Group	风电场及风机设计认证、型式认证、项目认证、部件认证及项目咨询等
DNV	风电场及风机设计认证、型式认证、项目认证、部件认证、风电咨询、健康和环境风险管理咨询
Riso-DTU	风机认证、风机设计评估、型式认证、项目认证、部件认证、技术研究和咨询认证
NREL	风机设计评价、型式认证和测试、项目认证、部件测试和认证
DEWI-OCC	风机型式认证、项目认证、项目风险管理服务、风机海上安装的保证、海上风电场船舶碰撞的风险管理
北京鉴衡认证中心	风力部分部件认证、型式认证、设计认证
中国船级社	陆、海上机组及零部件认证和检测、设计认证、型式认证、项目认证
中国电力科学院风力发电机组检测中心	风机型式试验和并网性能检测
华信技术检验有限公司	风机型式认证、零部件检测和认证
东北电力科学院有限公司	部分型式试验、电网接入性能试验

3.5.2　风电机组振动评价标准

国家能源局在 2018 年出台了《风力发电机组振动状态评价导则》，尽管该振动评价标准不能作为故障诊断的依据，但是可以作为评判机组传动链健康状态的依据。超出振动阈值的部件必然存在需要关注的问题，除齿轮、轴承故障之外，还可能存在润滑不良、轴承跑圈等问题，需要对此部件予以重点关注，以防继续恶化。该标准适用于 2MW 及以下水平轴带齿轮箱的双馈机组传动系统。

振动频率在 f_x 和 f_y 之间，如图 3-17 所示，采用恒定加速度均方根值和恒定速度均方根值评价。f_x 和 f_y 根据表 3-12 所列频率范围确定。《风力发电机组振动状态评价导则》建议的运行规则如下：

1）新交付使用风电机组的振动应在区域 A 内。
2）振动处在区域 B 内的风电机组可长时间连续运行。
3）振动处在区域 C 内的风电机组不宜长时间连续运行。
4）振动处在区域 D 内，可导致风电机组损坏。

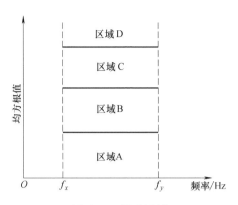

图 3-17　振动区域

表 3-12　风电机组振动评价区域边界值

部件	加速度均方根值/(m/s²)		速度均方根值/(mm/s)	
主轴轴承	BC 边界值	CD 边界值	BC 边界值	CD 边界值
	频率范围 0.1~10Hz		频率范围 10~1000Hz	
	0.3	0.5	2.0	3.2
齿轮箱	BC 边界值	CD 边界值	BC 边界值	CD 边界值
	频率范围 0.1~10Hz		频率范围 10~1000Hz	
	0.3	0.5	3.5	5.6
	低转速轴频率范围 10~250Hz			
	1.5	2.4		
	高转速轴频率范围 10~4000Hz			
	8.5	13.6		
发电机	BC 边界值	CD 边界值	BC 边界值	CD 边界值
	频率范围 10~5000Hz		频率范围 10~1000Hz	
	12	19.2	7.5	12

第 4 章

风电机组传动链故障特征提取

风电机组传动链中常见的失效部件是齿轮和轴承，运用信号分析方法提取振动故障特征是进行机械部件故障诊断的主要手段。本章首先介绍基本的振动信号处理方法，在此基础上，考虑风电机组传动链的特点，论述了风电齿轮箱、发电机轴承的典型故障及其振动特征。最后，针对实际风电机组传动链故障特征提取中的难点，提出了若干适应性方法。

4.1 振动信号基本分析方法

4.1.1 时域分析

通常采用振动加速度传感器采集风电机组传动链的振动信息，振动加速度单位为 m/s^2。加速度是传动系统啮合力和故障状态下冲击力（接触力）的最直观表征。在振动信号分析中，常用表 4-1 所列的时域特征描述振动加速度信号的特点。

表 4-1 振动信号常见的时域特征

特征指标	计算公式	特征指标	计算公式
均值	$\bar{x} = \sum_{i=1}^{N} x_i / N$	偏度	$x_{skew} = \sum_{i=1}^{N} (x_i - \bar{x})^3 / (Nx_\sigma^3)$
均方根值（有效值）	$x_{rms} = \sqrt{\sum_{i=1}^{N} x_i^2 / N}$	峭度	$x_{kurt} = \sum_{i=1}^{N} (x_i - \bar{x})^4 / (Nx_\sigma^4)$
方差	$x_\sigma^2 = \sum_{i=1}^{N} (x_i - \bar{x})^2 / N$	波形指标	$x_w = x_{rms} / \bar{x}$
方根幅值	$x_{sra} = \left(\sum_{i=1}^{N} \sqrt{\lvert x_i \rvert} / N \right)^2$	裕度因子	$x_m = x_{max} / x_{sra}$

表中，x_i 为振动信号时间序列，N 为分析的振动数据点数，i 为数据序数。

4.1.2 频域分析

振动信号的时域波形及其特征值只能提供相对直观、简单的故障信息，对于频率成分复杂的振动信号，通常采用傅里叶变换方法将其转换到频域进行分析，信号中的周期性成分可以在频谱中得到直观体现。

连续信号 $x(t)$ 的傅里叶变换定义为

$$X(f) = \int_{-\infty}^{\infty} x(t) e^{-j2\pi ft} dt \qquad (4-1)$$

$X(f)$ 也称为信号的频谱。傅里叶变换是可逆的，其逆变换表达式为

$$x(t) = \int_{-\infty}^{\infty} X(f) e^{j2\pi ft} df \qquad (4-2)$$

$x(t)$ 和 $X(f)$ 为傅里叶变换对，可以表示为 $x(t) \Leftrightarrow X(f)$。

对于经采样得到 N 点长度的离散振动时间序列 $x(n)$，其傅里叶变换称为离散傅里叶变换，正、逆变换式分别为

$$X(k) = \sum_{n=0}^{N-1} x(n) \mathrm{e}^{-\mathrm{j}\frac{2\pi}{N}nk}, \quad k = 0, 1, \cdots, N-1 \tag{4-3}$$

$$x(n) = \frac{1}{N} \sum_{k=0}^{N-1} X(k) \mathrm{e}^{\mathrm{j}\frac{2\pi}{N}nk}, \quad n = 0, 1, \cdots, N-1 \tag{4-4}$$

4.1.3 包络解调分析

风电机组传动链部件的故障信息通常以调制形式存在于振动信号中，例如齿轮点蚀、断齿、滚动轴承疲劳裂纹、轴弯曲等所产生的周期性冲击成分，在频谱上表现为齿轮啮合频率或某阶固有频率两侧出现均匀的调制边带。包络解调是将调制波与载波分离的技术，能够获得反映故障信息的调制成分，进而判断零件损伤的部位和程度。

常用的包络解调方法有希尔伯特（Hilbert）变换法、检波滤波法、循环平稳分析方法等。下面重点介绍基于 Hilbert 变换的包络解调分析。给定连续时间信号 $x(t)$，其 Hilbert 变换定义为

$$\hat{x}(t) = \frac{1}{\pi} \int_{-\infty}^{+\infty} \frac{x(\tau)}{t - \tau} \mathrm{d}\tau = x(t) * \frac{1}{\pi t} \tag{4-5}$$

式中，$x(t)$ 的 Hilbert 变换 $\hat{x}(t)$ 可以看作是 $x(t)$ 通过一个滤波器的输出，该滤波器的单位冲激响应函数为 $h(t) = 1/(\pi t)$，相应的频率响应函数为

$$H(f) = -\mathrm{jsgn}(f) = \begin{cases} -\mathrm{j}, & f > 0 \\ \mathrm{j}, & f < 0 \end{cases} \tag{4-6}$$

信号 $x(t)$ 的解析信号定义为

$$z(t) = x(t) + \mathrm{j}\hat{x}(t) = a(t)\mathrm{e}^{\mathrm{j}\varphi(t)} \tag{4-7}$$

解析信号是复信号，其实部是原信号本身，虚部是原信号的 Hilbert 变换。解析信号的幅值函数 $a(t) = \sqrt{x^2(t) + \hat{x}^2(t)}$ 称为信号 $x(t)$ 的包络函数，相位函数为 $\varphi(t) = \arctan[\hat{x}(t)/x(t)]$。

对式（4-7）求傅里叶变换，得到解析信号的频谱，也称为包络谱，即

$$\begin{aligned} Z(f) &= X(f) + \mathrm{j}\hat{X}(f) \\ &= X(f) + \mathrm{j}H(f)X(f) \end{aligned} \tag{4-8}$$

包络函数是信号中调制规律的直观反映，因此，如果能够计算出原信号 $x(t)$ 的包络函数 $a(t)$，就可提取出机械部件的故障调制信息，实现故障解调。Hilbert 变换为包络函数的计算提供了有效途径。

4.1.4 倒频谱分析

频谱分析是通过对时间信号进行傅里叶变换从而揭示信号的周期成分。相应地，通过对信号的频谱进行傅里叶变换也可以揭示频谱中的周期成分。根据这种思路，定义功率倒频谱为"原始信号对数功率谱的功率谱"，即

$$C_x(q) = |F(\log G_{xx}(f))|^2$$
$$= \left| \int_{-\infty}^{+\infty} \log G_{xx}(f) e^{-2\pi fq} df \right|^2 \qquad (4\text{-}9)$$

$G_{xx}(f)$ 是原始信号 $x(t)$ 的功率谱，倒频谱的自变量 q 称为倒频率，具有时间量度，单位为 s 或 ms。在功率倒频谱的基础上，可以引申出其他形式的倒频谱定义：

（1）幅值倒频谱——对数功率谱的幅值谱的模

$$C_a(q) = |F(\log G_{xx}(f))| = |F(\log |X(f)|^2)| \qquad (4\text{-}10)$$

（2）逆变换倒频谱——对数功率谱的傅里叶逆变换

$$C_p(q) = F^{-1}(\log G_{xx}(f)) \qquad (4\text{-}11)$$

（3）复倒频谱

$$C_c(q) = F^{-1}(\log X(f))$$
$$= F^{-1}(\log[R_x(f) + jI_x(f)]) \qquad (4\text{-}12)$$
$$= F^{-1}(\log[A_x(f) e^{j\varphi_x(f)}])$$

工程上实测的振动信号往往不是振源信号本身，而是振源信号 $x(t)$ 经过传递系统 $h(t)$ 到测点输出的信号 $y(t)$。对于线性系统，$x(t)$、$h(t)$ 和 $y(t)$ 三者关系可用卷积公式表示：

$$y(t) = x(t) * h(t) = \int_0^{\infty} x(\tau)h(t-\tau) d\tau \qquad (4\text{-}13)$$

时域信号经卷积后通常是复杂的波形，直观来看，难以区分振源信号与系统的响应，为此，将式（4-13）做傅里叶变换后，在频域上进行分析，有

$$Y(f) = X(f)H(f) \qquad (4\text{-}14)$$

式（4-14）两边取对数，有

$$\log Y(f) = \log X(f) + \log H(f) \qquad (4\text{-}15)$$

对式（4-15）进一步做傅里叶逆变换，得

$$F^{-1}(\log Y(f))$$
$$= F^{-1}(\log X(f)) + F^{-1}(\log H(f)) \qquad (4\text{-}16)$$

用倒频谱表示为

$$C_y(q) = C_x(q) + C_h(q)$$

由上可知，时域卷积的多个混叠信号，可以表征为倒频谱上的线性和，这一特点使得应用倒频谱对齿轮箱振动信号进行故障特征提取成为可能。由风电齿轮箱结构特点决定，其振动信号频谱图上存在复杂的周期结构，倒频谱是对数谱图上周期性频率成分所对应能量的又一次集中，在功率的对数转换时给低幅值分量以较高的加权，给高幅值分量以较低的加权，结果使弱的周期信号在倒频谱图中得到了突出，从而使边频调制现象在倒频谱中得到全面反映，因此能够识别齿轮箱或轴承早期微弱故障特征。

4.2　行星部件故障特征提取

作为风电齿轮箱的第一级传动装置，行星级是齿轮箱中结构和受力最为复杂的部件，承受最初始的载荷冲击。行星级的任何零部件发生故障都会导致各部件运转不畅，可能会使整个行星级发生连锁反应，导致行星级零部件发生破损，并挤占运转空间，甚至造成整个齿轮

箱箱体破坏。

  图 4-1 所示为某齿轮箱行星级严重故障。行星轮因存在初始缺陷或装配不当时并持续运行于大风速工况下，造成行星轮贯穿性裂纹，继而断裂成碎块挤占在行星轮与齿圈之间，在此情况下，风载荷持续输入，整个传动系统却无法旋转，最终导致行星架开裂，齿轮箱报废。发生此类故障时，风电机组监控系统一般会报出安全链断开、风轮过速和传动比错误等信息。由此可见，通过振动分析诊断行星部件早期故障具有重要意义。

图 4-1　行星级零部件破损挤占

4.2.1　行星轮系局部故障

  图 4-2a 所示为某 750kW 风电齿轮箱在齿圈处的振动信号。振动信号振动幅度较低，在 ±4m/s² 之内。在图 4-2b 的傅里叶谱中，高速级的啮合频率及其谐波是主要频率成分，而行

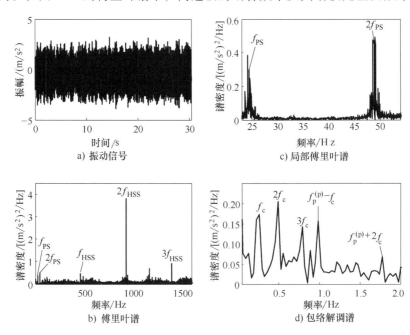

图 4-2　行星轮断齿的振动信号

星级的啮合频率处于次要地位。图 4-2c 是图 4-2b 在 23Hz 和 54Hz 之间的局部放大图，可见在行星级啮合频率周边存在边带。解调 23Hz 和 30Hz 之间的频带，其包络解调谱如图 4-2d 所示，其中行星架的旋转频率 f_c 及其谐波较为明显，同时，表征行星轮局部故障的频率特征 $f_p^{(p)}-f_c$ 和 $f_p^{(p)}+2f_c$ 较为突出，这里 $f_p^{(p)} = 2f_{PS}/Z_p$，表明行星轮存在局部故障。此次测试风轮的转动频率为 0.26Hz。拆解的结果如图 4-3 所示，可以看到该齿轮箱的行星轮存在局部断齿故障，即使如此，在振动信号中行星轮故障特征所占比重并不突出，而是容易被高速级、行星级啮合频率所掩盖。因此，在振动分析时，对于行星级啮合频率附近的低频调制成分应予以重点关注。

图 4-3 风电齿轮箱中的行星轮断齿故障

4.2.2 行星轮系分布式故障

1. 行星轮系磨损类故障

风电齿轮箱行星轮系一般采用三个或四个行星轮对称布置，用于承受来自风轮的变速变载冲击，具有承载均匀、结构紧凑等特点，属于低速重载部件。行星轮系中各齿轮在长期的重载啮合过程中，容易出现磨损类分布式故障，同时，若润滑情况不良，行星轮系轮齿表面会出现磨损与点蚀结合的分布式故障。图 4-4 所示为某 850 kW 风电齿轮箱行星轮的磨损图片。

图 4-4 存在磨损及点蚀的行星轮

图 4-4 所对应齿圈外侧的振动信号及频谱如图 4-5 所示。将图 4-5a 中的长时间振动信号进行拉伸，得到图 4-5c 所示的短时间信号，图中呈现明显的冲击振动。图 4-5b 所示为振动信号在 0~2200Hz 的傅里叶谱，图中出现大量的振动谐波，振动谐波的频率间隔为 41.95Hz，如图 4-5d 所示，41.95Hz 是该风电齿轮箱行星级的啮合频率，该频率成分没有以调制成分出现，而是在频谱中直接密集分布，表明此时该行星轮系出现严重磨损类故障，已经跨越了以调制成分出现的微弱分布式故障阶段，<u>应立刻停机检查并维修</u>。

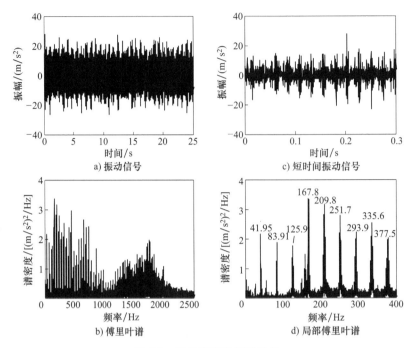

图 4-5   行星轮磨损振动信号

当行星轮系发生早期磨损类故障时，频谱中通常出现以行星级啮合频率为故障特征的调制频率。早期磨损类故障一般不影响机组运行，但应该及时发现并做好维修预案，当风速较高时尽量降功率运行，以避免行星轮瞬间过载而产生严重事故。

2. 行星轮啮合调制与解调

（1）行星轮分布式故障调制   对于定轴齿轮箱故障诊断，一个常见的理论是故障齿轮所在轴的旋转频率将调制齿轮副的啮合频率或其他部件固有频率。含有行星轮系的齿轮箱也存在同样现象，太阳轮、行星轮和齿圈上的任何局部故障都会调制行星级的啮合频率。然而，在风电齿轮箱中存在多级传动，行星轮系一旦出现分布式故障，啮合轮齿间的侧隙将增大，造成比正常状态下更剧烈的啮合冲击，该冲击频率与行星轮系的啮合频率相同。由于处于同一齿轮箱中，行星级、中间级和高速级轮系中齿轮啮合产生的振动能量可以相互传递。

由分布式故障引起的行星轮系的啮合冲击将会调制中间级或高速级轮系的啮合过程，甚至激发风电机组齿轮箱箱体的固有频率，调制过程如图 4-6 所示。

由行星轮系的啮合频率引起的调制过程可描述为

$$y(t) = \left[1 + A\cos(2\pi f_{PS}t)\right]\cos\left[2\pi f_{carr}t + B\cos(2\pi f_{PS}t + \varphi) + \theta\right] \qquad (4\text{-}17)$$

式中，f_{carr} 是载波频率；A 和 B 是幅值调制和频率调制波的振幅；φ 是调频波的初始相位；θ 是振动信号的初始相位。

与传统行星轮系振动模型相比，式（4-17）中的调制频率不是齿圈、太阳轮或行星轮的故障特征频率而是具有分布式故障的行星轮系的啮合频率，而载波频率 f_{carr} 可能是中间级、高速级的啮合频率或其他部件的固有频率及上述频率的组合。

考虑行星轮的通过效应。如图 4-7 所示，当一个行星轮运动到传感器下方时，传感器拾取的振动最大。经过半圈公转后，行星轮从离传感器最近的位置移动到最远位置，此时拾取

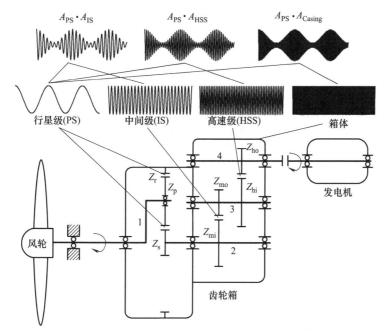

图4-6　齿轮箱结构及其啮合调制过程示意图
1—行星架　2—太阳轴　3—中间轴　4—高速轴

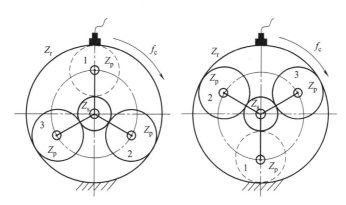

图4-7　行星轮通过效应

的振动最小。行星架驱动的三个行星轮一个接一个地通过传感器，在行星架的一次公转过程中产生三次振动的最大值和最小值，这种现象称为行星轮的通过效应，可以通过式（4-18）描述：

$$h(t) = 1 - \cos(2\pi \cdot 3f_c t) \tag{4-18}$$

式中，f_c 表示行星架的转动频率。结合式（4-17），具有行星轮系分布式故障的风电机组齿轮箱振动模型可以表示为

$$x(t) = y(t)h(t) \tag{4-19}$$

（2）行星轮系分布式故障解调分析　由上述分析可知，如果从振动信号中解调出行星轮系的啮合频率，则推断出风电齿轮箱的行星轮系可能出现了分布式故障。某风电机组额定功率为 2.0MW，其齿轮箱结构如图 3-10 所示。齿轮箱为一级行星+二级平行结构，总传动

比为 100.5，各级齿轮的齿数见表 4-2。测试时，风轮转速为 14r/min，齿轮箱中各轴的旋转频率与各级齿轮的啮合频率见表 4-3。传动链上共安装 8 个加速度传感器用来监测各关键部件的健康状态，如图 2-4a 所示，由于风轮转速比齿轮箱中其他轴的转速低，前 4 个传感器的采样频率为 5120Hz，后 4 个传感器的采样频率为 25600Hz。

表 4-2　齿轮箱各级齿轮的齿数

Z_p	Z_s	Z_c	Z_{mi}	Z_{mo}	Z_{hi}	Z_{ho}
35	17	87	101	24	82	21

表 4-3　齿轮箱转轴转动频率和齿轮啮合频率　　　　　　　（单位：Hz）

f_c	f_s	f_i	f_h	f_{PS}	f_{IS}	f_{HSS}
0.234	1.43	6.04	23.6	20.4	144.9	495.3

振动监测的目的是通过各种信号分析方法来发现齿轮箱的潜在故障。图 4-8 所示为安装在齿轮箱箱体上的四路传感器的振动信号。从图中可知，传感器 3、4 和 5 的振动幅度在 $\pm10m/s^2$ 范围内，而由于传感器 6 对应部件的转动频率较高，其振动幅度接近 $\pm20m/s^2$。除了图 4-8b 中存在明显且规则的冲击成分，传感器 3、5 和 6 的信号以随机振动成分为主，仅通过观察这些时域信号难以提取隐藏的故障。

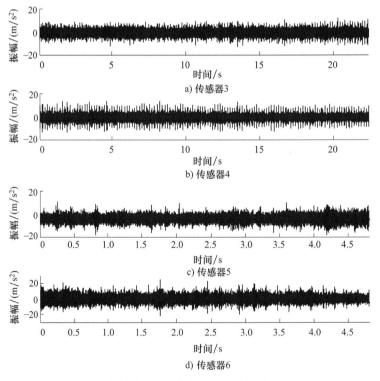

图 4-8　四路传感器的振动信号

传感器 4 安装在行星级齿圈的外部，可以直接反映出太阳轮、行星轮和齿圈的运行状态。图 4-9a 所示是传感器 4 在 22.4s 之内的振动信号，其中明显的周期冲击代表潜在的齿轮故障。图 4-9b 所示为 1s 内的短时间信号，图中显示冲击间隔为 0.168s，对应于表 4-3 中的

旋转频率 f_i，此频率成分表示中间轴上两个齿轮中的某一个处于故障状态。除此之外，在图 4-9 中难以发现其他故障信息。

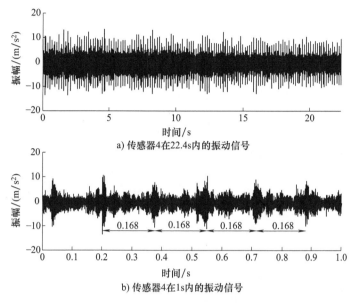

a) 传感器4在22.4s内的振动信号

b) 传感器4在1s内的振动信号

图 4-9　传感器 4 对应的振动信号

图 4-10a 所示为传感器 4 的振动信号所对应的功率谱密度，图中含有三个明显的振动能量带。设计三个四阶巴特沃斯带通滤波器对振动信号进行滤波，滤波器的截止频率分别为

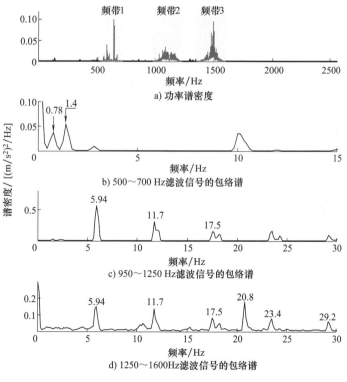

a) 功率谱密度

b) 500～700 Hz滤波信号的包络谱

c) 950～1250 Hz滤波信号的包络谱

d) 1250～1600Hz滤波信号的包络谱

图 4-10　振动信号的功率谱密度

［500Hz，700Hz］，［950Hz，1250Hz］和［1250Hz，1600Hz］。图 4-10b~d 所示是滤波后信号的包络谱。图 4-10b 中出现 0.78Hz 成分，代表三个行星轮的通过频率（行星架的转动频率是 0.234Hz，0.234Hz×3≈0.78Hz）；还存在 1.4Hz 频率成分，对应表 4-3 中太阳轴的旋转频率 f_s，说明太阳轴上定轴齿轮可能出现故障。在图 4-10c 中，存在旋转频率 5.94Hz（对应表 4-3 中的 f_i）及其谐波，该成分与图 4-9b 中的冲击时间间隔一致。结合包络谱中出现的频率 f_s 和 f_i，可以推断中间级的两个啮合齿轮均存在故障。在图 4-10d 中，除中间轴转动频率 5.94Hz 及其谐波外，还解调出行星轮系的啮合频率 20.8Hz，与式（4-17）中的调制过程相对应，从而提取出了行星轮系中可能存在的分布式故障。上述分析结果与图 4-11 齿轮箱拆解的结果吻合：中间级齿轮出现断齿故障，行星级齿轮出现分布式磨损。

a) 中间轴上小齿轮断裂　　　　　　b) 太阳轴大齿轮断齿

c) 太阳轮磨损　　　　　　d) 行星轮磨损　　　　　　e) 齿圈故障点

图 4-11　拆解的故障齿轮

3. 基于共振稀疏分解的行星部件故障特征提取

（1）调 Q 因子小波变换　调 Q 因子小波变换（tunable Q-factor wavelet transform, TQWT）是一种小波变换，其品质因数（Q 因子）可以自由调整。与恒 Q 小波变换不同，TQWT 可以通过调整 Q 因子将信号分解为具有任意共振特性的一系列序列。

TQWT 由具有低通伸缩因子 α 和高通伸缩因子 β 的多层双通道滤波器组迭代实现，如

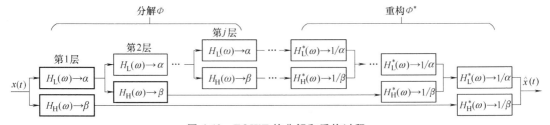

图 4-12　TQWT 的分解和重构过程

图 4-12 所示。伸缩因子由冗余因子 r 和品质因数 Q 确定为

$$\beta = \frac{2}{Q+1} \tag{4-20}$$

$$\alpha = 1 - \frac{\beta}{r} = 1 - \frac{2}{r(Q+1)} \tag{4-21}$$

利用伸缩因子 α 和 β，TQWT 分解的最大级 $J_{\max}$ 计算为

$$J_{\max} = \left\lfloor \frac{\log(\beta N/8)}{\log(1/\alpha)} \right\rfloor \tag{4-22}$$

式中，$\lfloor\ \rfloor$ 为负向圆整运算符；N 为数据点数。在第 j 层，TQWT 的等效频率响应函数为

$$H_{\mathrm{L}}^{(j)}(\omega) = \begin{cases} \prod_{i=0}^{j-1} H_{\mathrm{L}}\left(\dfrac{\omega}{\alpha^i}\right), & |\omega| \leqslant \alpha^j \pi \\ 0, & \text{其他} \end{cases} \tag{4-23}$$

$$H_{\mathrm{H}}^{(j)}(\omega) = \begin{cases} H_{\mathrm{H}}\left(\dfrac{\omega}{\alpha^{j-1}}\right) \prod_{i=0}^{j-2} H_{\mathrm{L}}\left(\dfrac{\omega}{\alpha^i}\right), & (1-\beta)\alpha^{j-1}\pi \leqslant |\omega| \leqslant \alpha^{j-1}\pi \\ 0, & \text{其他} \end{cases} \tag{4-24}$$

式中，H_{L} 和 H_{H} 分别是低通滤波器和高通滤波器的频率响应函数。H_{L} 和 H_{H} 分别表示为

$$H_{\mathrm{L}}(\omega) = \theta\left[\frac{\omega+(\beta-1)\pi}{\alpha+\beta-1}\right] \tag{4-25}$$

$$H_{\mathrm{H}}(\omega) = \theta\left[\frac{\alpha\pi-\omega}{\alpha+\beta-1}\right] \tag{4-26}$$

通常选择具有两个消失矩的 Daubechies 频率响应来构造上述滤波器组，如下：

$$\theta(\omega) = 0.5(1+\cos\omega)\sqrt{2-\cos\omega}, \quad |\omega| \leqslant \pi \tag{4-27}$$

另外，式（4-23）和式（4-24）应分别乘以伸缩因子 α^j 和 $\alpha^{j-1}\beta$，用以计算小波变换伸缩效应下第 j 层低通滤波器和高通滤波器的输出。

（2）形态成分分析 形态成分分析（morphological component analysis，MCA）通过使用多个过冗余字典将信号分解为具有不同形态的若干成分。来自故障状态下风电齿轮箱的振动信号 x 可以表示为

$$x = x_{\mathrm{H}} + x_{\mathrm{L}} + z \tag{4-28}$$

式中，x_{H} 表示具有高 Q 特性的齿轮副的正常啮合分量；x_{L} 表示由故障齿轮或轴承引起的具有低 Q 特性的脉冲信号；z 为噪声。

MCA 的目标是利用由最佳冗余向量 ω_{H} 和 ω_{L} 表示的两个过冗余字典 Φ_{H} 和 Φ_{L}，从 x 中分解出 x_{H} 和 x_{L}。在基于 TQWT 的稀疏表示中，Φ_{H} 和 Φ_{L} 是调 Q 小波变换，ω_{H} 和 ω_{L} 是不同 Q 因子下的 TQWT 小波系数。MCA 的优化目标可以写成

$$\{\omega_{\mathrm{H}}^{\mathrm{opt}}, \omega_{\mathrm{L}}^{\mathrm{opt}}\} = \arg\min_{\{\omega_{\mathrm{H}}, \omega_{\mathrm{L}}\}} \eta_{\mathrm{H}}\psi(\omega_{\mathrm{H}}) + \eta_{\mathrm{L}}\psi(\omega_{\mathrm{L}}) \tag{4-29}$$

约束条件：
$$\|x - \Phi_{\mathrm{H}}^{*}\omega_{\mathrm{H}} - \Phi_{\mathrm{L}}^{*}\omega_{\mathrm{L}}\|_2 \leqslant \zeta$$

式中，$\psi(.)$ 是惩罚函数；ζ 是噪声方差；Φ^{*} 是逆 TQWT，即重构过程。考虑到小波变换在不同品质因数之间的差异，引入两个正则化参数 η_{H} 和 η_{L} 来平衡每个分量的能量。如果 $\psi(u)$ 是 u 的绝对值，惩罚函数则表示 L_1 范数。L_1 范数是经典的凸函数，通常被用作稀疏

分解中的惩罚函数，但容易低估高振幅系数。表 4-4 所列多种非凸罚函数 $\psi(.)$（例如 log，rat 和 atan）可用于式（4-29），与 L_1 范数相比，它们在信号稀疏性方面有所改善。表 4-4 中的 γ 用于控制凸度。

表 4-4　L_1 范数和非凸罚函数

函数	abs	log	rat	atan
$\psi(u;\gamma)$	$\|u\|$	$\dfrac{1}{\gamma}\log(1+\gamma\|u\|)$	$\dfrac{\|u\|}{1+\gamma\|u\|/2}$	$\dfrac{2}{\gamma\sqrt{3}}\left[\arctan\left(\dfrac{1+2\gamma\|u\|}{\sqrt{3}}\right)-\dfrac{\pi}{6}\right]$
$\vartheta(u;\gamma)$	$\|u\|$	$\|u\|(1+\gamma\|u\|)$	$\|u\|\left(1+\dfrac{\gamma\|u\|}{2}\right)^2$	$\|u\|(1+\gamma\|u\|+\gamma^2 u^2)$

（3）非凸罚函数优化　由于非凸罚函数的求解较为困难，因此采用了 majorization-minimization（MM）方法以简化优化问题，进而可以通过多次迭代，用简单函数来近似原始解。

假设 $\psi(u)$ 是一个复杂的优化问题，为了逼近 $\psi(u)$ 的最优值，采用 majorization-minimization 进行优化求解的过程如下：

1）初始化（$u_0,\psi(u_0)$）。

2）在第 i 次迭代时，在点（$u_i,\psi(u_i)$）处找到上界函数 $\psi^M(u,u_i)$。

3）计算 $\psi^M(u,u_i)$ 的最优解，$u^{\mathrm{opt}}=\arg\min\psi^M(u,u_i)$。

4）令 $u_{i+1}=u^{\mathrm{opt}}$。

重复步骤 2）~4）直至收敛。

其中 $\psi^M(u,u_i)$ 是 $\psi(u)$ 在点（$u_i,\psi(u_i)$）处的上限函数，$\psi^M(u,u_i)$ 和 $\psi(u)$ 之间的关系如图 4-13 所示。

对于 u_i 处的非凸罚函数 $\psi(u;\gamma)$，上限函数 $\psi^M(u,u_i;\gamma)$ 表示为

$$\psi^M(u,u_i;\gamma)=\frac{u^2-u_i^2}{2\vartheta(u_i;\gamma)}+\psi(u_i;\gamma) \quad (4\text{-}30)$$

表 4-4 中列出了函数 $\vartheta(u;\gamma)$ 和 $\psi(u;\gamma)$。

（4）基于共振稀疏分解的算法框架　考虑到噪声成分，可以将式（4-29）中的 MCA 优化问题改写为：

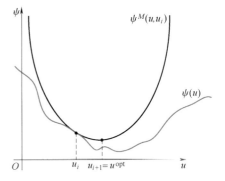

图 4-13　$\psi^M(u,u_i)$ 和 $\psi(u)$ 之间的关系

$$\{\omega_H^{\mathrm{opt}},\omega_L^{\mathrm{opt}}\}=\arg\min_{\{\omega_H,\omega_L\}}\eta_H\psi(\omega_H)+\eta_L\psi(\omega_L)+Y_{s(\zeta,I,0)}(z)$$

约束条件：$x-x_H-x_L-z=0$ (4-31)

式中，$Y_{s(\zeta,I,0)}(z)$ 表示 z 的示性函数：

$$Y_{s(\zeta,I,0)}(z)=\begin{cases}0,\|z\|_2\leqslant\zeta\\\infty,\|z\|_2>\zeta\end{cases} \quad (4\text{-}32)$$

ζ 是估计的噪声方差。式（4-31）是一个具有等式约束的问题，其增广拉格朗日形式为

$$L_{\omega_H,\omega_L,\lambda,z} = \arg \min_{\omega_H,\omega_L,\lambda,z} \eta_H \psi(\omega_H) + \eta_L \psi(\omega_L) + Y_{s(\zeta,I,0)}(z) +$$

$$\frac{\mu}{2}\|x-x_H-x_L-z\|_2^2 + \lambda^T(x-x_H-x_L-z) \tag{4-33}$$

式中，μ 是 L_2 范数的惩罚因子；λ 表示拉格朗日乘子。此处，将正则化参数 η_H、η_L 设置为

$$\eta_{H,j} = \theta_H \varphi_{H,j}, \eta_{L,j} = \theta_L \varphi_{L,j} \tag{4-34}$$

式中，$\varphi_{H,j}$，$\varphi_{L,j}$ 是指不同 Q 因子下 TQWT 第 j 层小波系数的 L_2 范数；θ_H 和 θ_L 是调整两个分量能量平衡的参数。

式（4-33）的无约束优化问题可通过交替方向乘子算法（alternating direction method of multipliers，ADMM）分解为四个子问题予以迭代求解，算法如下：

问题 1：$z^{(k+1)} = \arg \min_z Y_{s(\zeta,I,0)}(z) + \frac{\mu}{2}\|(x-\Phi_H^*\omega_H^{(k)}-\Phi_L^*\omega_L^{(k)}+d^{(k)})-z\|_2^2$

问题 2：$\omega_H^{(k+1)} = \arg \min_{\omega_H} \eta_H \psi(\omega_H) + \frac{\mu}{2}\|(x-\Phi_L^*\omega_L^{(k)}-z^{(k+1)}+d^{(k)})-\Phi_H^*\omega_H\|_2^2$

问题 3：$\omega_L^{(k+1)} = \arg \min_{\omega_L} \eta_L \psi(\omega_L) + \frac{\mu}{2}\|(x-\Phi_H^*\omega_H^{(k+1)}-z^{(k+1)}+d^{(k)})-\Phi_L^*\omega_L\|_2^2$

问题 4：$d^{(k+1)} = d^{(k)} + (x-\Phi_L^*\omega_L^{(k+1)}-\Phi_H^*\omega_H^{(k+1)}-z^{(k+1)})$

（5）特征提取流程　根据 TQWT 和非凸目标优化的原理，风电齿轮箱行星部件的故障诊断流程如图 4-14 所示。首先，采集风电机组齿轮箱齿圈外部的振动信号。然后，分别设置高 Q 和低 Q 小波变换的品质因数 Q_H 和 Q_L，冗余度 r_H 和 r_L，分解层数 J_H 和 J_L，设置正则化参数 η_H 和 η_L 及罚函数 $\psi(u;\gamma)$；估计信号噪声方差 ζ。之后通过迭代实现 ADMM 算法，直到算法收敛。基于共振稀疏分解的算法完成之后，得到高 Q 成分、低 Q 成分和噪声三个分量。再次，分别对高 Q 成分和低 Q 成分进行 TQWT 分解，生成一系列小波系数，每个系数被重构成相应的子带信号。进一步，对所有子带信号进行 Hilbert 解调分析，分别绘制高 Q 成分和低 Q 成分的归一化多尺度包络谱图（normalized multi-scale enveloping spectrogram，NMSES）。最后，将谱图中的不同频率成分与计算的故障特征频率进行比较，以识别风电齿轮箱的潜在故障。

对于重构的子带信号 $\hat{x}_i(t)$，$i=1$，2，$\cdots$，J_{max}，每个子带信号的 Hilbert 包络谱用 $\hat{X}_i(f)$ 表示，归一化的多尺度包络谱图定义为

$$NMSES = \left[\frac{\hat{X}_1(f)}{\max \hat{X}_1(f)}, \frac{\hat{X}_2(f)}{\max \hat{X}_2(f)}, \cdots, \frac{\hat{X}_i(f)}{\max \hat{X}_i(f)}, \cdots, \frac{\hat{X}_{J_{max}}(f)}{\max \hat{X}_{J_{max}}(f)}\right]^T \tag{4-35}$$

对各子带信号包络谱进行归一化处理，可以使各层子带中的微弱故障特征得以显现。由于齿轮或轴承故障通常会产生低 Q 特性的冲击振动，因此应优先分析低 Q 成分的 NMSES。

（6）风电机组齿轮箱的振动分析　测试采用 4.2.2 节中行星部件故障案例，所用的双馈风电机组的额定功率为 850kW，为定桨距机组，齿轮箱结构如图 3-10 所示，总传动比为 61.96。各齿轮的齿数见表 4-5。

测试过程中，风轮的转速为 26.2r/min（转动频率 0.438Hz）。计算各级啮合频率和各轴的旋转频率，见表 4-6。行星轴承的型号为 SKF 23134 CC/W33，带有 21 个滚动体。表 4-7 列出了包含行星轮、太阳轮、齿圈和行星轴承等行星部件的故障特征频率。

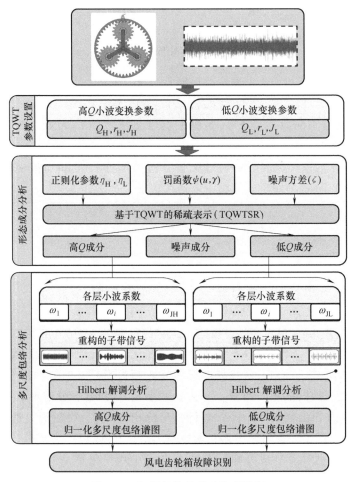

图 4-14　行星部件的故障诊断流程

表 4-5　风电齿轮箱中各齿轮的齿数

Z_r	Z_p	Z_s	Z_{mi}	Z_{mo}	Z_{hi}	Z_{ho}
96	37	21	65	18	77	25

表 4-6　风电齿轮箱各级啮合频率及各轴转动频率　　（单位：Hz）

f_{PS}	f_{IS}	f_{HSS}	f_c	f_p	f_s	f_i	f_h
42.07	158.7	678.8	0.438	1.137	2.441	8.816	27.15

表 4-7　行星部件的故障特征频率　　（单位：Hz）

$f_p^{(p)}$	$f_s^{(p)}$	$f_r^{(p)}$	$f_i^{(pb)}$	$f_o^{(pb)}$	$f_r^{(pb)}$	$f_c^{(pb)}$
1.137	6.009	1.315	13.98	11.02	9.255	0.5

对风电齿轮箱齿圈处的振动信号进行分析，采样频率为 5120Hz，采样时间为 25s，图 4-15 所示为振动信号及其频谱。图 4-15a 的时域图中存在异常冲击成分，图 4-15b 的频谱和图 4-15c 的局部频谱图可以看出明显的行星级啮合频率及多阶谐波，这意味着行星轮与太

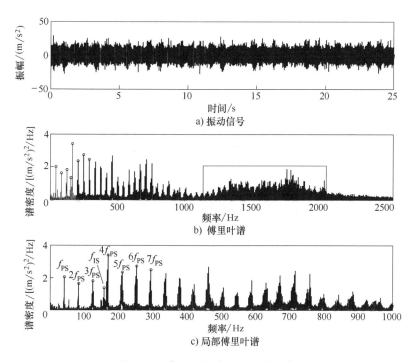

图 4-15　齿圈处振动信号及其频谱

阳轮或齿圈之间存在过大的齿侧间隙，从而激发了 1200~2000Hz 的振动能量。这种现象反映出行星级的轮齿表面出现严重磨损，导致齿轮箱出现共振。此外，中间级啮合频率虽然出现，但被行星级密集的啮合频率所掩盖。

采用基于共振稀疏分解的方法分析图 4-15a 中的信号。高 Q 因子 TQWT 的参数为：$Q_H = 16$，$r_H = 12$，$J_H = 300$。低 Q 因子 TQWT 的参数为：$Q_L = 1.5$，$r_L = 8$，$J_L = 40$。高 Q 成分和低 Q 成分的正则化参数设置为 $\eta_H = 1.56$ 和 $\eta_L = 2.21$，非凸罚函数为 "atan"，迭代次数为 300。图 4-16b~d 显示了原始振动信号经共振稀疏分解之后的三个子分量。在图 4-16b 中，高 Q 成分出现 0.76s（1.315Hz）的规则波动，该成分对应齿圈故障或行星轮的通过效应。图 4-16c 的低 Q 成分中出现了若干不规则的冲击，需要进一步分析。

图 4-16c 中的低 Q 分量分解为一系列小波系数，将每个系数重构为子带信号。低 Q 成分的归一化多尺度包络谱图如图 4-17 所示。图中可以看出，表示行星轮故障的 $f_p^{(p)}$ 出现，表示太阳轮故障的 $f_s^{(p)}$ 和 $2f_s^{(p)}$ 较为突出，这和故障太阳轮与三个行星轮的啮合过程一致。$f_s^{(p)}/3$ 特征说明故障太阳轮与单个行星轮的啮合振动较为突出，也属于太阳轮的故障特征。此外，由于太阳轴的旋转频率对故障太阳轮的调制，图 4-17 中还出现了 $(f_s^{(p)} - f_s)$ 和 $(2f_s^{(p)} - f_s)$ 等成分。上述故障特征表明，该风电齿轮箱的行星轮、太阳轮出现故障。$(f_r^{(pb)} - f_c)$ 为行星轴承滚动体的故障特征，表明行星架旋转对行星轴承故障具有调制作用。

图 4-18 示所示为低 Q 成分中第 20~32 层子带重构信号。在图 4-18a 的时域图中出现明显的冲击。图 4-18b 的包络谱中，$f_s^{(p)}$、$2f_s^{(p)}$、$3f_s^{(p)}$ 和 $(2f_s^{(p)} - f_s)$ 清晰可见，表示太阳轮出现故障。此外，表征行星轴承滚动体故障的特征频率 $(f_r^{(pb)} - f_c)$ 在图 4-18b 中也得以显现。

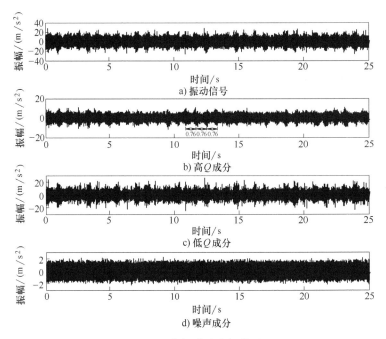

图 4-16 共振稀疏分解结果

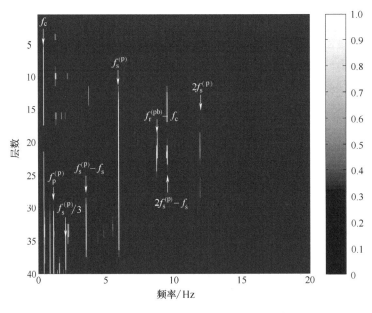

图 4-17 低 Q 成分的归一化多尺度包络谱图

注：图右侧竖条标尺表示归一化后的幅值大小，颜色越浅代表幅值越大。

低 Q 成分中第 30~40 层子带重构信号如图 4-19 所示。图 4-19a 的时域图中有强烈的冲击。在图 4-19b 的包络谱中，除 $f_\mathrm{s}^{(\mathrm{p})}$、$2f_\mathrm{s}^{(\mathrm{p})}$、$f_\mathrm{s}^{(\mathrm{p})}/3$ 和 $(f_\mathrm{s}^{(\mathrm{p})}-f_\mathrm{s})$ 等表征太阳轮故障的特征频率外，还解调出行星轮的故障特征频率 $f_\mathrm{p}^{(\mathrm{p})}$。

图 4-16b 中高 Q 成分的归一化多尺度包络谱图如图 4-20 所示，其中行星架的转动频率

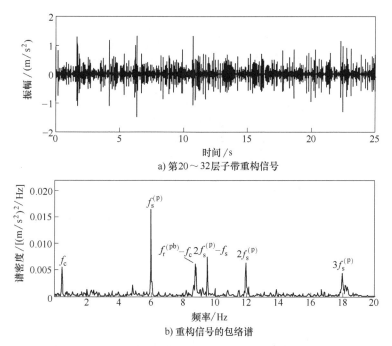

a) 第20～32层子带重构信号

b) 重构信号的包络谱

图4-18　低 Q 成分中第20~32层子带重构信号

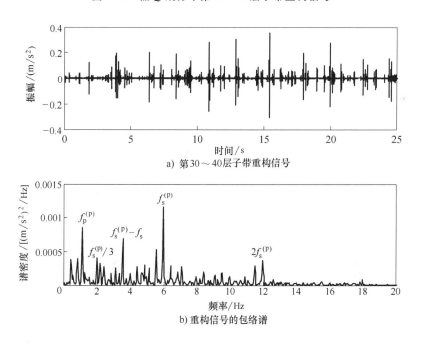

a) 第30～40层子带重构信号

b) 重构信号的包络谱

图4-19　低 Q 成分中第30~40层子带重构信号

f_c、齿圈的故障特征频率 $f_r^{(p)}$ 及其谐波表现明显。图 4-21 所示为高 Q 成分第 20~37 层子带重构信号，其中图 4-21b 的包络谱中出现了突出的齿圈故障特征及前三次谐波。值得注意的是，齿圈的故障特征频率与行星轮对加速度传感器的通过频率相同，考虑到图 4-15c 所示行星级的密集啮合频率及行星轮和太阳轮的分布故障特征，可推断齿圈也出现了分布式故障。

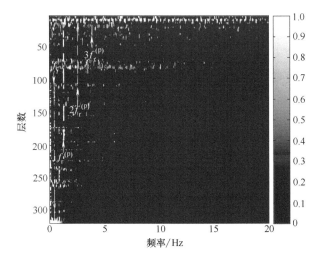

图 4-20　高 Q 成分的归一化多尺度包络谱图

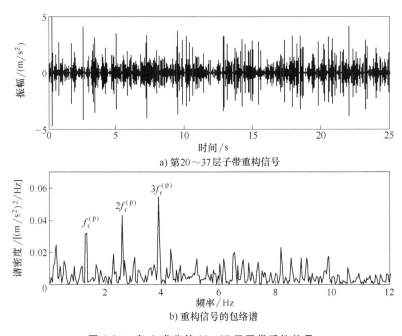

a) 第20～37层子带重构信号

b) 重构信号的包络谱

图 4-21　高 Q 成分第 20~37 层子带重构信号

将测试的风电齿轮箱进行拆解，如图 4-22 所示。图 4-22a 所示的齿圈存在磨损和挤压凹痕。图 4-22b 所示为具有密集凹坑的点蚀行星轮，对应图 4-17 和图 4-19 中的故障特征频率 $f_p^{(p)}$。图 4-22c 所示为齿面变形的太阳轮。行星轴承的滚动体点蚀如图 4-22d 所示，有明显的凹坑。行星部件的故障验证了信号分析的诊断结论。

对拆解的行星部件进行维修。行星轮、太阳轮和行星轴承的滚动体发生了严重故障，因此更换了这些部件，将齿圈的非工作表面变更为工作面实现其重复使用。维修后，再次对该齿轮箱进行测试，其振动信号和频谱如图 4-23 所示。图 4-23a 所示振幅小于图 4-15a 中的振幅。图 4-23b 和图 4-23c 所示频谱中的主要成分是高速级的啮合频率 f_{HSS}，行星级的啮合频率 f_{PS} 及其谐波仍然存在，但与图 4-15b 和图 4-15c 中的故障成分相比，行星级的振动能量

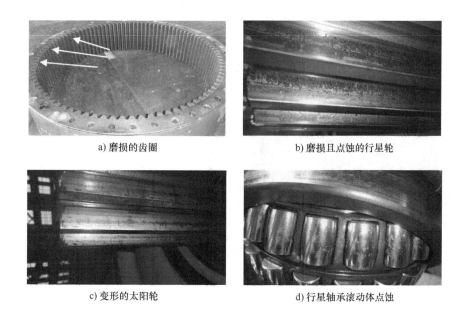

a) 磨损的齿圈　　　　　　　　　　b) 磨损且点蚀的行星轮

c) 变形的太阳轮　　　　　　　　　d) 行星轴承滚动体点蚀

图 4-22　拆解后的风电齿轮箱行星部件

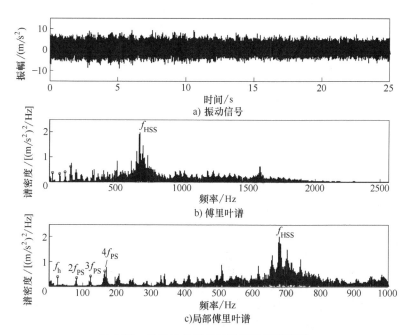

a) 振动信号

b) 傅里叶谱

c) 局部傅里叶谱

图 4-23　维修后齿圈处振动信号及其频谱

占比大幅度减少。

对修复后的齿轮箱振动信号进行共振稀疏分解。低 Q 成分的多尺度包络谱图如图 4-24a 所示，其中行星架的转动频率 f_c、齿圈的故障特征频率 $f_r^{(p)}$ 及其谐波均表现突出，行星轮、太阳轮和行星轴承的故障特征信息消失。在图 4-24b 的第 26~30 层子带重构信号中，存在图 4-24c 所示频率间隔为 $f_r^{(p)}$ 的周期性冲击成分。实际上，图 4-24b、c 中的振幅较小，难以引起进一步的损坏。图 4-24a 中 $f_r^{(p)}$ 突出的原因在于归一化计算，实际诊断时还应关注故障特

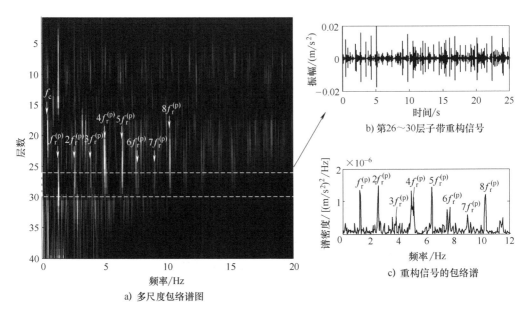

a) 多尺度包络谱图

b) 第26～30层子带重构信号

c) 重构信号的包络谱

图 4-24 维修后低 Q 成分的多尺度包络谱图及重构信号

征对应的振幅。由于风电齿轮箱刚刚进行了维修，经过一段时间磨合后，低 Q 成分中的微小冲击将会消失。

图 4-25a 所示为高 Q 成分的多尺度包络谱图，图中仍然可以观察到 $f_r^{(p)}$ 及其谐波。在图 4-25b 中的第 5～50 层子带重构信号中出现了图 4-25c 中频率间隔为 $f_r^{(p)}$ 的周期性成分。高 Q 成分中所解调的齿圈故障特征表明：更换方向后齿圈仍可能存在一定的齿廓误差，表现出分布式故障的特征，这类齿廓误差是不可避免且可接受的，即使全新的风电齿轮箱也可能存在。另外，图 4-25c 中的特征频率主要由行星轮的通过频率产生，展现为较为平缓的高 Q 振动形态。

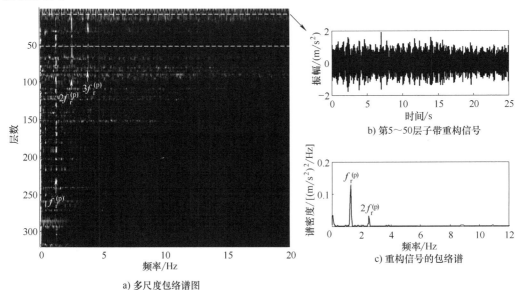

a) 多尺度包络谱图

b) 第5～50层子带重构信号

c) 重构信号的包络谱

图 4-25 维修后高 Q 成分的多尺度包络谱图及重构信号

4.2.3 行星轴承故障

风电齿轮箱中行星轴承的另一个常见故障是松动，包括行星轴承内圈与行星架之间或外圈与行星轮之间的松动。行星轴承的松动会形成接触部件磨损并导致行星轮的支承不稳定，从而对风电齿轮箱造成破坏性影响。图4-26所示是两个行星轴承外圈窜出与行星架发生碰磨的案例，轴承外圈窜出除导致行星轮受力不稳定之外，碰磨过程中还会形成大量的金属碎屑，破坏齿轮箱中的其他传动部件，堵塞冷却油滤芯等。

图4-26 行星轴承外圈窜出故障

为了避免行星轴承的松动，将行星轴承的结构从图4-27a改进到图4-27b，即去掉内圈和外圈，减少不可靠部件的数量。

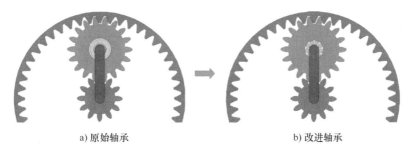

a) 原始轴承   b) 改进轴承

图4-27 不同结构行星轴承对比

4.3 风电齿轮箱典型故障特征提取

4.3.1 中间轴小齿轮崩齿故障

风电齿轮箱为增速齿轮箱，承担增速任务的小齿轮由于转动次数较多，容易出现疲劳剥落、崩齿、断齿等故障，中间轴小齿轮崩齿通常是在点蚀故障下轮齿抗弯强度减弱并承受瞬时冲击载荷所致，如图4-28所示。

当小齿轮点蚀或剥落故障继续扩展时，瞬间突变的冲击载荷会导致小齿轮出现崩齿故障。此种故障出现时，应尽快停机检查，避免故障进一步恶化。图4-29为图4-28所示中间轴小齿轮崩齿的振动分析结果。图 4-29a 中时域波形存在明显冲击成分，图 4-29b 频谱中存在明显的中间级啮合频率（166.6Hz）、高速级啮合频率（680.8Hz）及其倍频成分，属于正常的啮合振动。对图 4-29b 中 400~600Hz 的频带进行包络解调，解调后振动信号的包络谱如图 4-29c 所示，图中 f_i（7.24Hz）及其倍频非常明显，对应着中间轴的转动频率，该特征频率由该轴上的小齿轮故障引起。

图 4-28 中间轴小齿轮崩齿

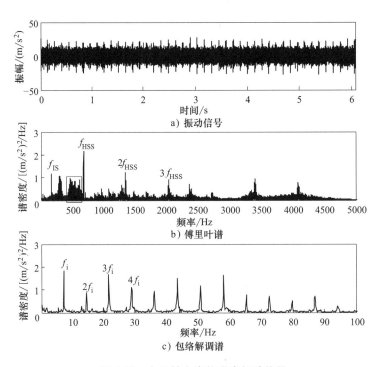

图 4-29 中间轴小齿轮崩齿振动信号

4.3.2 高速轴齿轮故障

风电齿轮箱高速轴通常采用齿轮轴的形式进行能量与转速的传递，由于转速较高、承受载荷的频次较高，高速轴齿轮容易出现故障。早期某些国产机组直接引进国外技术，未能完全消化吸收，机组停机控制策略落后，当机组触发转速超速故障时，风轮收桨但传动链仍在传递转矩时，高速制动盘未采取延时策略而是瞬间抱死，几乎全部冲击载荷直接传递到齿轮箱高速轴上，极易导致高速轴瞬间过载，齿轮崩齿。图 4-30 所示为某风电齿轮箱高速轴齿轮崩齿故障。

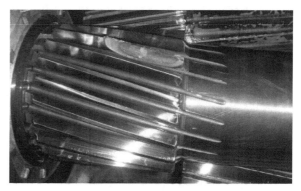

图 4-30　高速轴齿轮崩齿

导致高速轴齿轮崩齿的主要原因是高速轴齿轮齿面疲劳损伤、轮齿过载等。齿面疲劳损伤是在较大的循环接触应力作用下，轮齿表面或表层下产生疲劳裂纹并进一步扩展造成的齿面损伤。其表现为早期点蚀、破坏性点蚀、齿面压碎和齿面剥落等，特别是破坏性点蚀常出现在啮合线附近，随运行时间的延长点蚀不断扩展，最终使齿面严重损伤、磨损加剧最终导致齿轮崩齿。

当高速轴齿轮发生崩齿故障时，风电机组还能带故障运行一段时间，但应该及时发现并及早在机舱上更换高速轴，避免由高速轴齿轮崩齿产生对中间轴大齿轮齿面的啮合破坏。

图 4-31 所示为图 4-30 中高速轴齿轮崩齿状态下的振动信号及其频谱。图 4-31a 的振动信号中存在明显的周期性冲击，与图 4-31b 频谱中的边带成分对应，该边带频率为图 4-31c 通频包络谱中高速轴的转动频率（25.16Hz）及其谐波，说明高速轴齿轮出现严重故障。

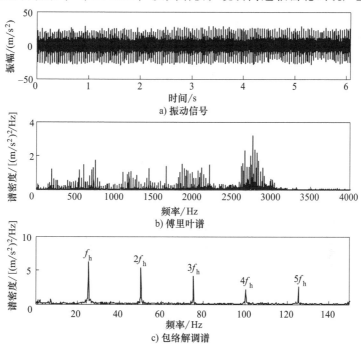

图 4-31　高速轴齿轮崩齿振动信号

4.3.3　齿轮、轴承复合故障

大型并网风电机组的齿轮箱均为多级齿轮啮合结构，由多个齿轮、转轴及支承轴承组成。在外部随机风激励及电网波动载荷的作用下，风电齿轮箱承受复杂的交变载荷。由于部件众多，在制造与装配过程中存在配合精度不合理、对中性欠缺等问题，导致齿轮箱中关键传动部件容易出现故障。齿轮箱各部件存在紧密的支承耦合关系，一旦某个部件出现故障，会引起其他部件的连锁性损毁，最终导致整个齿轮箱甚至传动链失效。

由于齿轮箱各部件的转速差异较大，产生的振动频率分布在较宽的频带。常规的包络解调分析在故障特征提取时，需要观察故障可能隐藏的频带，然后进行窄带滤波与包络解调，容易出现疏漏或者误判，微弱的故障特征往往被其他强烈的振动能量所掩盖，难以确定有效的滤波频带。

基于上述分析，在此提出结合倒频谱编辑与复小波变换（complex wavelet transform，CWT）的风电齿轮箱复合故障特征提取方法，运用复小波变换对齿轮箱振动信号进行多尺度包络解调，发现明显的故障特征频率；对明显故障特征频率在倒频谱中的突出成分进行编辑，获得编辑后隐含微弱故障的振动信号，进一步采用复小波变换处理编辑后的信号，获得显现微弱故障特征的多尺度包络谱图。

1. 复小波变换方法

复小波将基本小波 $\psi(t)$ 转换为复数形式表达，即复小波由实部和虚部两部分组成。本质上来讲，复小波变换具有良好的解析性质，其定义为

$$\psi(t) = \psi_R(t) + j\psi_I(t) = \psi_R(t) + jH(\psi_R(t)) \tag{4-36}$$

式中，$\psi_R(t)$ 为复小波实部；$\psi_I(t)$ 是复小波虚部，$\psi_I(t)$ 是 $\psi_R(t)$ 的 Hilbert 变换。

图 4-32 所示为三种常见的复小波及其功率谱，各复小波具有不同的形状，可以匹配振动信号中不同形式的故障成分，复小波的功率谱（图 4-32 右）具有带通滤波特点，同时由于其解析性质，复小波变换能够在对信号进行多尺度分解的同时，实现包络解调。

振动信号 $x(t)$ 的复小波变换为

$$wt_C(a,b) = wt_R(a,b) + jwt_I(a,b) \tag{4-37}$$

式中，

$$\begin{cases} wt_R(a,b) = \dfrac{1}{\sqrt{a}} \displaystyle\int_{-\infty}^{\infty} x(t)\psi_R^*\left(\dfrac{t-b}{a}\right) dt \\[3mm] wt_I(a,b) = \dfrac{1}{\sqrt{a}} \displaystyle\int_{-\infty}^{\infty} x(t)H\left(\psi_R^*\left(\dfrac{t-b}{a}\right)\right) dt \end{cases} \tag{4-38}$$

复小波变换的结果是解析的。根据解析结果 $wt_C(a, b)$ 的模，包络信号可表示为

$$\begin{aligned} e_{wt}(a,b) &= \|wt_C(a,b)\| \\ &= \sqrt{[wt_R(a,b)]^2 + [H(wt_R(a,b))]^2} \end{aligned} \tag{4-39}$$

至此，带通滤波和包络分析可以同时完成。进一步对复小波变换的结果进行傅里叶变换，可得信号的多尺度包络谱图：

$$\begin{aligned} E_{wt}(a,f) &= F(\|wt_C(a,b)\|) \\ &= \dfrac{1}{2\pi} \displaystyle\int_{-\infty}^{\infty} \|wt_C(a,b)\| e^{-j2\pi fb} db \end{aligned} \tag{4-40}$$

复小波分析方法能够根据振动信号和齿轮箱故障特点，变化小波基函数不同的尺度，进而匹配所有分布在不同频带的故障特征，同时由于复小波的解析性质，使其能够在滤波潜在

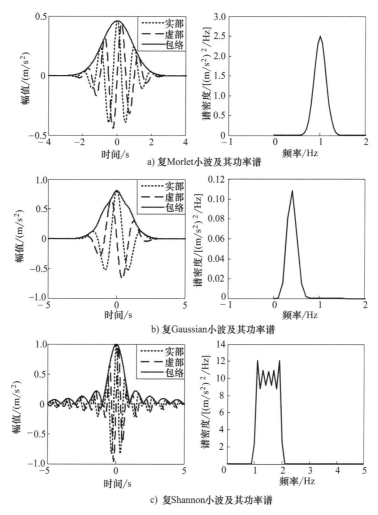

a) 复Morlet小波及其功率谱

b) 复Gaussian小波及其功率谱

c) 复Shannon小波及其功率谱

图4-32 三种常见的复小波及其功率谱

故障特征的同时，获得故障的调制信息，具有较高的计算效率。可以看出，风电齿轮箱多部件构成、宽频带振动与复合故障频发的运行过程与复小波变换的应用特点具有良好的匹配关系。

2. 倒频谱编辑

在风电齿轮箱复合故障的诊断中，轴承故障特征通常被振动能量较大的齿轮故障掩盖。运用倒频谱编辑可以对已知明显的齿轮故障特征频率在倒频域内进行编辑（删除），削弱已知明显的特征信息，凸显微弱故障特征。

倒频谱编辑的过程如下：

1）首先计算信号 $x(t)$ 的傅里叶谱 $X(f)$ 的幅值和相位信息，记为 $A(f)$ 和 $\phi(f)$，傅里叶谱 $X(f)$ 可表示为

$$X(f) = A(f) e^{j\phi(f)} \tag{4-41}$$

2）保存相位信息 $\phi(f)$，对幅值 $A(f)$ 的对数进行傅里叶逆变换，得到

$$C(q) = F^{-1}(\log A(f)) \tag{4-42}$$

3）对式（4-42）进行编辑，去除已知明显的齿轮故障特征，得到编辑后的倒频谱 $C_e(q)$。

4）对 $C_e(q)$ 进行傅里叶变换，并结合原来相位信息 $\phi(f)$，得到编辑后的信号傅里叶谱：

$$X_e(f) = \exp\left(F(C_e(q)) + \mathrm{j}\phi(f)\right) \tag{4-43}$$

5）对式（4-43）进行傅里叶逆变换，得到编辑后的振动信号。

3. 倒频谱编辑与复小波变换结合的故障特征提取

风电齿轮箱复合故障特征提取的流程如图 4-33 所示。首先分析振动信号，找出明显的齿轮故障特征，按照前述的倒频谱编辑方法进行编辑，在倒频谱去除齿轮故障特征对应的突出成分，结合保留的相位信息重构振动信号；将重构后的信号进行复小波变换，获得对应的多尺度包络谱图，观察不同尺度下的切片，获得齿轮箱中轴承的微弱故障特征。

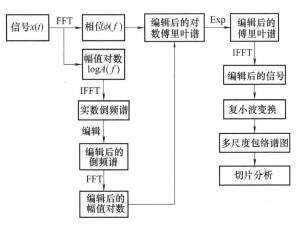

图 4-33　复合故障特征提取的流程

4. 测试分析

被测试的机组为双馈风电机组，额定功率为 1.5MW，其传动链结构如图 2-4a 所示，发电机额定转速为 1800r/min，齿轮箱为一级行星+两级平行结构，总传动比为 98.26，测试时风轮的转动频率为 0.3Hz。

被测试机组齿轮箱中各级齿轮齿数见表 4-8。

表 4-8　齿轮箱各级齿轮齿数

Z_p	Z_s	Z_r	Z_{mi}	Z_{mo}	Z_{hi}	Z_{ho}
45	22	113	89	22	95	24

齿轮箱中各轴转动频率、啮合频率及相应的倒频率见表 4-9。

表 4-9　齿轮箱中各轴转动频率、啮合频率及其倒频率　　　　（单位：Hz）

参数	f_{PS}	f_{IS}	f_{HSS}	f_c	f_s	f_i	f_h
频率/Hz	34.4	165.8	716	0.3	1.87	7.54	29.83
倒频率/s	0.029	0.006	0.0014	3.28	0.5348	0.1326	0.0335

本案例重点关注高速轴后轴承与高速级齿轮故障的耦合关系，分别计算了支承高速轴的轴承中保持架（$f_c^{(b)}$）、滚动体（$f_r^{(b)}$）、外圈（$f_o^{(b)}$）及内圈（$f_i^{(b)}$）的故障特征频率，见表 4-10。

表 4-10　风电齿轮箱高速轴轴承故障特征频率　　　　（单位：Hz）

部件	$f_c^{(b)}$	$f_r^{(b)}$	$f_o^{(b)}$	$f_i^{(b)}$
高速轴前轴承	12.8	103.8	243.4	322.2
高速轴后轴承	12	74.3	168.5	249

风电齿轮箱实际运行时，风轮的转速比中间轴和高速轴的转速低很多，因此在进行振动测试时，针对不同的部件采用不同的采样频率。

测试机组的传动链共安装 8 个传感器，分别监测主轴轴承、齿轮箱及发电机轴承的运行状态，如图 2-4a 所示，前 4 个传感器对应的采样频率为 5120Hz，后 4 个传感器的采样频率为 25600Hz。

图 4-34 所示为齿轮箱上传感器 3~6 的振动信号，各通道的振幅较大，尤其是传感器 5、6 的振幅接近 100m/s²，显然超过标准值。该风电机组齿轮箱 8 个月前的振动信号如图 4-35 所示，振幅都在 ±5m/s² 范围内。图 4-34 中过大的振幅表示目前该风电齿轮箱可能存在故障。

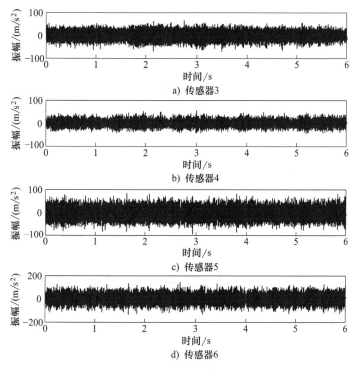

图 4-34 传感器 3~6 通道的振动信号

图 4-36 所示为传感器 6 的振动信号及其功率谱密度。由图 4-36b 中可以看出，由于高速轴和中间轴转速较高，高速级啮合频率 f_{HSS}（716.8Hz）及其三倍谐波频率占据主要的振动能量，该频率由齿轮箱正常的啮合振动所致。

除此之外，在椭圆处包括的两个频带 200~500Hz 和 2300~2700Hz 存在较明显的振动成分，潜在的故障特征可能蕴含在这两个频带中。

设计四阶巴特沃斯带通滤波器对上述两个频带进行窄带滤波，滤波后的信号经过 Hilbert 变换之后，其包络谱如图 4-37 所示。在图 4-37a 中，存在 7.5Hz 及其谐波成分，对应着中间轴的转动频率 f_i。图 4-37b 中，存在 29.83Hz 及其谐波成分，对应高速轴的转动频率 f_h。两个非常明显的转动频率表明齿轮箱中间轴和高速轴上的齿轮副（即高速级）存在较为严重的故障。值得注意的是，高速轴转动频率的二阶（59.83Hz）和三阶谐波（89.67Hz）也出现在图 4-37a 中，但是高速轴转动频率（29.83Hz）与中间轴转动频率的四次谐波

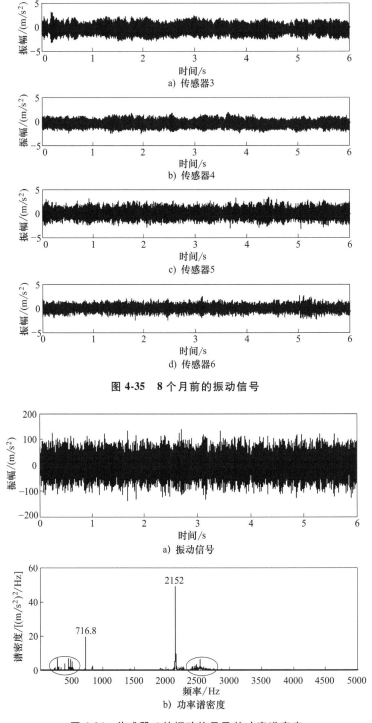

图 4-35　8 个月前的振动信号

图 4-36　传感器 6 的振动信号及其功率谱密度

（30Hz）几乎重叠，难以区分。

　　为精确区分上述接近的两个故障特征频率，传感器 6 的振动信号转换为倒频谱，如图 4-38 所示。

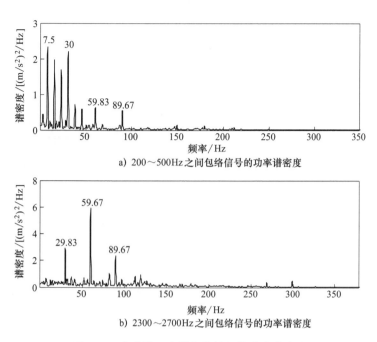

a) 200～500Hz之间包络信号的功率谱密度

b) 2300～2700Hz之间包络信号的功率谱密度

图 4-37 传感器 6 窄带包络信号的功率谱密度

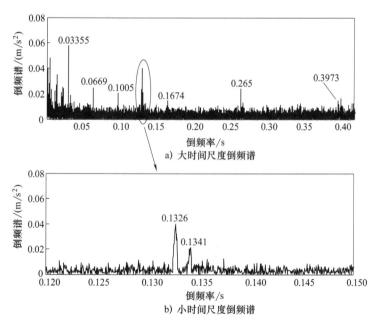

a) 大时间尺度倒频谱

b) 小时间尺度倒频谱

图 4-38 传感器 6 振动信号的倒频谱

由于倒频谱能够计算功率谱中各谐波的平均值，高速轴转动频率及其谐波对应的倒频率（0.1326s，0.265s，0.3973s），中间轴转动频率及其谐波对应的倒频率（0.03355s，0.0669s，0.1005s，0.1341s，0.1674s）能够被成功识别出来。

图 4-38b 显示了 0.120～0.150s 的信号倒频谱，0.1326s（30Hz）和 0.1341s（29.83Hz）能够被精确地区分。

上述基于包络解调和倒频谱的分析方法能够成功提取出高速轴和中间轴的转动频率成分，除此之外，并没有发现其他故障特征频率。接下来对传感器6采集的振动信号进行复小波分析，所采用的小波函数为四阶高斯复小波，尺度范围为13~60，尺度步长为0.25。

经高斯复小波变换后的多尺度包络谱图如图4-39所示，左边椭圆（尺度在23~38）内
存在清晰的 7.5Hz 及其谐波，对应着中间轴的转动频率。从整体看，图中还存在表征高速轴转动频率的29.8Hz 及其谐波，表明高速级齿轮副存在严重故障，该结论与解调分析及倒频谱分析的结论一致。

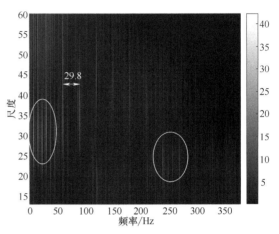

图 4-39　复小波变换之后的多尺度包络谱图

右侧椭圆包含的范围内存在较多的频率成分，难以辨别具体故障特征频率，将图4-39在尺度42.75和20处进行切片，结果如图4-40和图4-41所示，可以发现29.8Hz 一直存在12次谐波。同时，两图中均存在 249Hz 的特征频率，该频率表征高速轴后轴承的内圈故障特征。

基于非线性碰磨原理，轴承跑圈会导致振动信号中出现 10 倍甚至更高的转动频率谐波，又由于内圈故障特征频率的出现，可以推断高速轴后轴承内圈与高速轴之间出现打滑，并且轴承内圈存在故障。

与图4-40和图4-41所示的复小波分析结果相比较，传统的包络解调方法只发现了高速轴和中间轴的转动频率及其谐波，没有发现其他故障特征，说明传统方法在发现严重齿轮故障掩盖下的微弱轴承故障能力不足，主要原因在于轴承故障特征并没有出现在受关注的振动频带中。而复小波变换由于多尺度涵盖所有窄带频带的特点，能够以不同尺度对所有频带进行滤波并包络解调，进而发现隐藏的微弱故障。

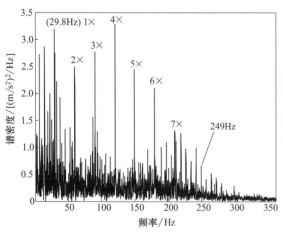

图 4-40　尺度 42.75 处的切片

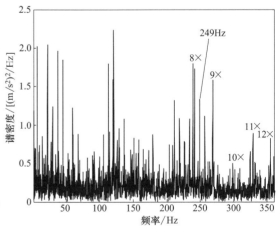

图 4-41　尺度 20 处的切片

进一步对原始信号进行倒频谱编辑，在倒频谱中去掉故障特征明显的高速轴与中间轴转动频率成分，将倒频谱编辑之后的重构信号进行复小波变换，其多尺度包络谱图如图4-42所示。

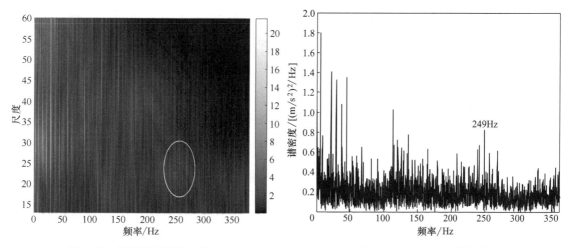

图 4-42 倒频谱编辑结合复小
波变换的多尺度包络谱图

图 4-43 尺度 20 处的切片

在图 4-42 中椭圆所包括的位置，249Hz 与周边频率成分相比较为清晰，尺度 20 处的切片如图 4-43 所示。可以看到 249Hz 的特征成分更为明显，说明在已知齿轮故障特征时，倒频谱编辑能够在一定程度上消除齿轮故障所致振动对轴承故障的掩盖，在此基础上，基于复小波变换的多尺度包络谱图能够较为清晰地提取轴承微弱故障。

拆解后的高速级齿轮副如图 4-44 所示。图 4-44a 所示为中间轴上的大齿轮，可以看到靠近端面处出现多个断齿，图 4-44b 所示的高速轴齿轮也出现断齿现象，两图中的齿轮故障分别与 7.5Hz 和 29.8Hz 的故障特征频率相对应，高速级齿轮副的严重故障得到验证。

a) 中间轴大齿轮

b) 高速轴齿轮

图 4-44 中间级齿轮断齿

拆解后的高速轴后轴承如图 4-45 所示。高速轴后轴承（靠近发电机侧）内圈出现明显的贯穿性裂纹，该故障与图 4-41 和图 4-43 中 249Hz 的诊断结果完全吻合。将轴承内圈拆卸之后，高速轴与轴承配合的部分出现严重的磨损痕迹，如图 4-45b 所示，表明高速轴与内圈之间存在长期的打滑现象，该现象与图 4-40 和图 4-41 中高达 10 余阶的高速轴转动频率谐波吻合。

5. 故障机理分析

由振动信号分析结果可知，所测试的风电齿轮箱高速级齿轮副及其支承轴承出现了严重故障，因而需要对故障机理进行分析，进而指导该类结构齿轮箱的设计、制造、安装调试及

a) 高速轴后轴承内圈　　　　　　　　　　b) 高速轴磨损

图 4-45　高速轴轴承故障

后期运维。

　　本案例中，高速轴轴承失效是高速级齿轮副故障的根本原因。如图 4-46a 所示，健康状态下，高速轴上的齿轮与中间轴上的大齿轮啮合良好，一旦高速轴后轴承出现故障，其支承刚度会下降，高速轴发生倾斜，如图 4-46b 所示。原本由整个轮齿宽度所承担的转矩只能由部分齿宽来承担，高速级齿轮副很容易过载并折断。高速轴轴承失效，有两种可能的情况：第一种情况是在安装时，高速轴与发电机轴存在不对中，进而在运转时对高速轴后轴承产生较大的径向附加载荷，轴承内圈在过大载荷作用下容易率先产生裂纹，此种情况也可能是由高速轴与轴承内圈配合过紧所致，破裂的轴承内圈其抱紧力不足，导致高速轴与内圈出现相对滑动；第二种情况是装配时高速轴与轴承内圈配合过盈量不够，轴承内圈松动在先，高速轴与内圈的相对磨损使得内圈越来越薄，进而产生破裂。第一种失效过程的可能性更大，在进行高速轴的轴承装配与对中工作时需要引起足够的重视，同时及时监测早期轴承故障，对于避免后续故障恶化至关重要。

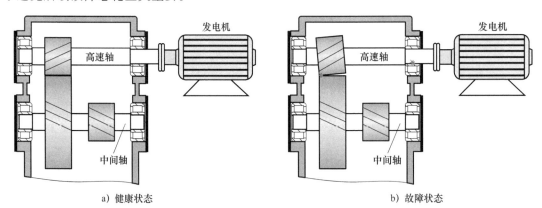

a) 健康状态　　　　　　　　　　　　　　　b) 故障状态

图 4-46　齿轮、轴承复合故障机理分析

4.4　发电机轴承故障特征描述与提取

4.4.1　轴承润滑不良

　　润滑不良是风力发电机轴承失效的重要诱因。从振动分析的角度来看，润滑不良会引起

某种接触刚度和油膜刚度下接触副的共振。通常，在 2000~5000Hz 的傅里叶谱中，本底噪声较为明显，并伴随着轴承的某些故障特征频率，如旋转频率、内圈通过频率、外圈通过频率或滚动体通过频率等。图 4-47 所示为两个发电机轴承润滑不良的情况。在图 4-47a 和图 4-47d 所示的振动波形中，存在接触副由于调制而产生的随机高频共振周期性波动。因此，噪声是图 4-47b 和图 4-47e 所示傅里叶谱中的主要成分。图 4-47c 和图 4-47f 所示是共振频带（椭圆所包括）的包络谱，图中解调出发电机轴的旋转频率。与轴承松动中的剧烈冲击相比，润滑不良时解调的发电机轴的旋转频率谐波较少，由此可以推断发电机转子的偏心或轻微不平衡会调制轴承润滑不足所引起的接触副高频噪声，本底噪声是发电机轴承润滑不良的突出特点。

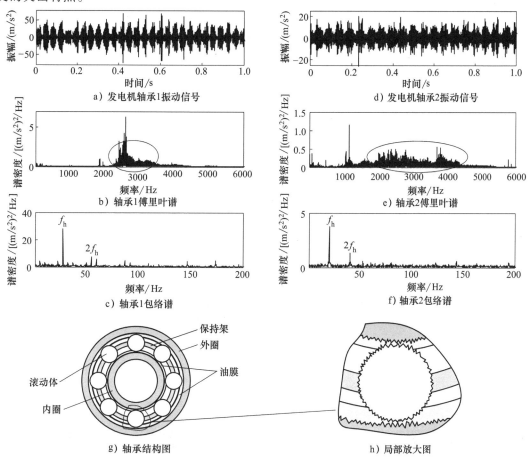

图 4-47 发电机轴承润滑不良案例

图 4-47h 是图 4-47g 的局部放大视图，在润滑不良的情况下，滚动体与内圈或外圈之间的油膜可被微观粗糙表面刺穿，因此接触副的摩擦是难以避免的。由于不同摩擦位置的油膜刚度是随机的，因此激励的共振频率也不是固定的，占据了很宽的振动频带，如图 4-47b 和图 4-47e 所示。

4.4.2 轴承电腐蚀故障

风电机组发电机轴承采用滚动轴承，主要失效形式为电腐蚀、跑圈、润滑不良、磨损、剥落等，其中电腐蚀为发电机轴承常见的典型故障。图 4-48 所示为发电机轴承外圈电腐蚀故障。

电腐蚀是发电机上的轴电流击穿较薄的轴承油膜层产生电火花，使轴承内圈、外圈或滚动体表面出现局部熔融或凹凸的现象。在电腐蚀初期，发电机轴承内部会产生高温，逐步熔化轴承表面微小区域，使滚动体与滚道间产生异常磨损，

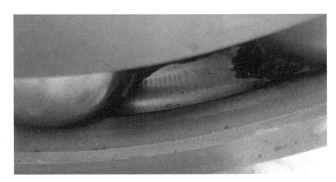

图 4-48　发电机轴承外圈电腐蚀

导致轴承各部件之间游隙过大，运行时振动和噪声非常明显。当故障逐步恶化时，电腐蚀发展为轴承内外圈呈现明显"搓板纹"，轴承长期异常高温运行，会使内部润滑脂变质，出现润滑不良的现象，进一步加剧了轴承运行时的振动和噪声，最终导致轴承失效。

发电机轴承电腐蚀故障一般发生在夏天温度高、机舱内通风散热条件不佳的时间，其故障恶化周期较短，通常在几个月内就会导致轴承失效，如果不及时更换轴承，可能会造成轴承与发电机轴黏连抱死，导致发电机转子扫腔，甚至整个发电机报废。

轴承发生电腐蚀是一个故障逐渐演化的过程，一般通过振动监测能够捕捉并识别出轴承的异常工作状态。图 4-49a 所示为图 4-48 所示发电机轴承电腐蚀故障对应的振动信号，图 4-49b 所示为相应的频谱，在图中 $1000 \sim 4000\mathrm{Hz}$ 存在明显的等间隔振动谐波，频率成分为图 4-49c 中的 $94.41\mathrm{Hz}$，该频率成分为发电机轴承外圈故障特征，对应轴承外圈电腐蚀故障。

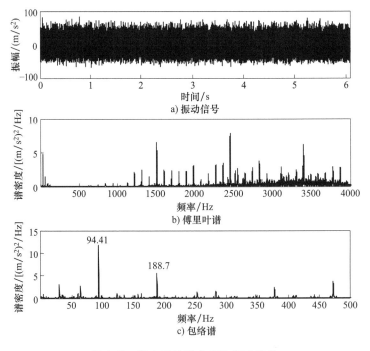

图 4-49　发电机轴承电腐蚀振动信号

4.4.3 轴承打滑跑圈故障

轴承跑圈（也称松动打滑）是风电机组传动链较为普遍的现象，特别是齿轮箱高速轴上的轴承或承受径向载荷较轻的发电机轴承。轴承打滑涉及复杂的动力学行为，会引起配合部件摩擦磨损、过热等问题，容易对机组形成二次伤害。图 4-50 所示是一台 2MW 风力发电机非驱动端轴承外圈松动的振动信号。图 4-50a 的时间信号中，发电机轴的每次旋转都产生一个突变冲击，表示每次转动期间，轴承外圈与轴承座形成一次碰磨。

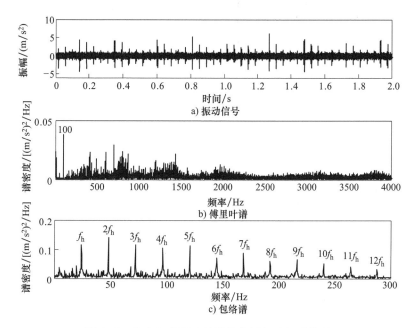

图 4-50 发电机非驱动端轴承外圈松动振动信号

图 4-50b 所示为松动轴承振动信号的频谱，除 100Hz 的电磁干扰外，振动能量几乎覆盖了所有频带，表明轴承松动激发的共振成分范围很宽。包络谱如图 4-50c 所示，图中，发电机轴的转动频率延伸超过 10 阶谐波，符合轴承松动的故障特征。拆解后发现发电机轴承外圈有明显擦伤，如图 4-51 所示。

4.4.4 发电机轴承保持架故障

风力发电机轴承保持架故障通常比较微弱，容易被忽视，但保持架故障所引起的连锁影响很大，需要引起足够的重视。保持架

图 4-51 发电机轴承外圈松动擦伤

故障若不及时发现，可能会导致保持架破损，滚动体无法在滚道内保持相对位置，最后聚集在滚道下方，使得轴承卡死，发电机扫膛，造成严重后果。

图 4-52a 所示为保持架故障时发电机轴承的振动信号，可以看到，其振动幅值较小，在 $\pm 10 \text{m/s}^2$ 左右波动，很难判断其存在故障。图 4-52b、c 所示为振动信号的线性谱和对数谱，

可以看到，在 3000Hz 附近出现波峰，并伴随 100Hz 的电磁振动，此现象并不能说明轴承存在故障，但可能会掩盖故障信息。认真观察 4000~6000Hz 的频带，发现存在相对凸起的波峰成分，将其进行包络解调，包络谱如图 4-52d 所示，可以看到清晰的 11.8Hz 及其倍频成分，对应着轴承的保持架故障。拆解结果说明该轴承保持架确实存在问题，并进行了更换。

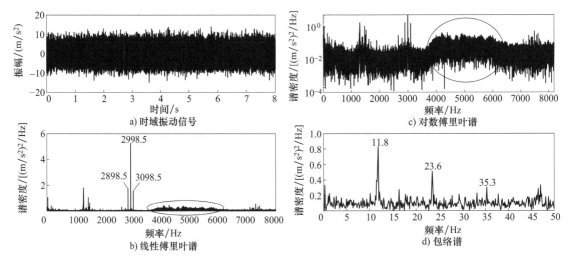

图 4-52　发电机轴承保持架故障信号

4.4.5　电磁振动下发电机轴承故障

风电机组传动链工作环境恶劣，运行过程中存在较多的背景噪声，包括机舱晃动、电磁振动等干扰源，影响了基于振动监测的故障特征提取与故障诊断的准确性。

机械传动中的齿轮和轴承具有对称结构，健康零部件的振动信号具有一阶循环平稳特性。一旦齿轮或轴承发生故障，其振动信号中就会出现调制成分，故障信号的二阶矩具有周期性，呈现出二阶循环平稳特性。因此，二阶循环平稳分析（second cyclostationary，CS2）是一种解调旋转机械故障特征的有效工具。本节运用循环平稳分析提取电磁振动干扰下的发电机轴承故障。

1. 电磁振动机理

电磁振动（electromagnetic vibration，EV）是发电机定子交变变形所引起的一种固有振动现象。风电机组安装在几十米甚至上百米高空，为减轻发电机重量，一般设计的双馈发电机定子径向较薄，刚度较小。在此情况下，当定子绕组通以相位差为 120° 的三相电流 i_A、i_B 和 i_C 时，所形成的磁场会使发电机定子形变，产生电磁振动，图 4-53a 所示为相位差为 120° 的三相交变电流，图中的 b、c、d、e 时刻分别对应着图 4-53b、c、d、e 所示的定子变形状态。三相绕组对称布置于定子的六个槽中，图中 AX 表示 A 相，BY 表示 B 相，CZ 表示 C 相。当对应图 4-53a 中电流为正时，A、B 和 C 的方向为输入方向；否则，A、B 和 C 为输出方向。

在图 4-53a 中 b 时刻，$i_A = 0$，$i_B < 0$，$i_C > 0$，与之对应的定子绕组三相电流方向如图 4-53b 所示。根据电磁学理论，定子绕组电流形成一个从 N 到 S 极的磁场，两个磁极相互吸引。如果空心定子刚度不足，就会产生变形，图 4-53b 中实线椭圆为变形后的定子轮廓，虚

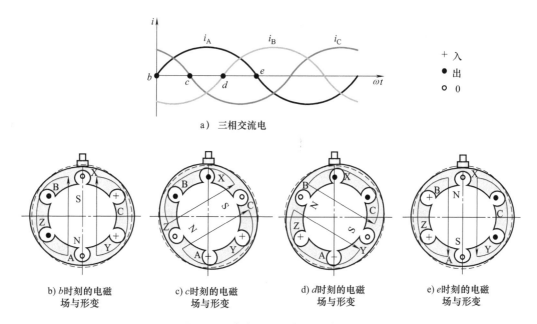

a) 三相交流电

b) b时刻的电磁
场与形变

c) c时刻的电磁
场与形变

d) d时刻的电磁
场与形变

e) e时刻的电磁
场与形变

图 4-53　发电机定子电磁振动机理

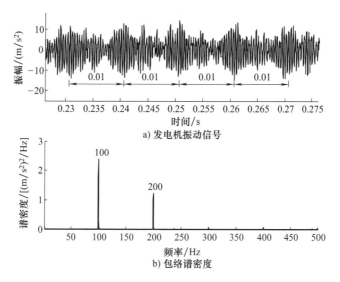

a) 发电机振动信号

b) 包络谱密度

图 4-54　某风电机组发电机电磁振动

线为变形前定子标准外圆。随着三相电流变化到 c、d 和 e 时刻，磁场和定子变形分别如图 4-53c、d、e 所示。在图 4-53b 到图 4-53e 的半个交流电周期内，磁场旋转 180°，而定子变形为一个周期，定子变形频率是交流电频率的两倍。

尽管风速与风电机组的风轮转速是变化的，但由于定子绕组始终与电网连接，定子绕组的交流电频率总是等于电网的频率 50Hz，所以电磁振动的频率是 100Hz。对实际发电机的多极定子也可以得出同样的结论。

图 4-54a 所示为某风电机组发电机轴承的实测振动信号，图中出现清晰的周期性间隔，间隔周期为 0.01s，表明此发电机出现电磁振动，高频振动信号被电磁振动所调制。

图 4-54b 所示是对应的包络谱，图中含有突出的 100Hz 和 200Hz 的电磁振动成分。

2. 循环平稳原理

如果振动信号 $x(t)$ 的统计特性是周期的，那么 $x(t)$ 具有循环平稳性。以循环周期为 T 的 n 阶瞬时矩 $M_{nx}(t,\tau_1,\cdots,\tau_{n-1}) = E\{x(t)x(t-\tau_1)\cdots x(t-\tau_{n-1})\}$ 为例，它在循环频域中的傅里叶级数为

$$M_{nx}(t,\tau_1,\cdots,\tau_{n-1}) = \sum_{\alpha} M_{nx}^{\alpha}(\tau_1,\cdots,\tau_{n-1}) \, \mathrm{e}^{\mathrm{j}2\pi\alpha t} \tag{4-44}$$

式中，α 为循环频率；τ_1，$\cdots$，τ_{n-1} 为时间延迟；$M_{nx}^{\alpha}(\tau_1,\cdots,\tau_{n-1})$ 是 n 阶循环矩，不同阶次的循环矩如式（4-45）~式（4-48）所示：

$$M_{1x}^{\alpha} = \lim_{T\to\infty} \frac{1}{T} \int_{-T/2}^{T/2} M_{1x}(t) \, \mathrm{e}^{-\mathrm{j}2\pi\alpha t} \mathrm{d}t \tag{4-45}$$

$$M_{2x}^{\alpha}(\tau) = \lim_{T\to\infty} \frac{1}{T} \int_{-T/2}^{T/2} M_{2x}(t,\tau) \, \mathrm{e}^{-\mathrm{j}2\pi\alpha t} \mathrm{d}t \tag{4-46}$$

$$M_{3x}^{\alpha}(\tau_1,\tau_2) = \lim_{T\to\infty} \frac{1}{T} \int_{-T/2}^{T/2} M_{3x}(t,\tau_1,\tau_2) \, \mathrm{e}^{-\mathrm{j}2\pi\alpha t} \mathrm{d}t \tag{4-47}$$

$$M_{4x}^{\alpha}(\tau_1,\tau_2,\tau_3) = \lim_{T\to\infty} \frac{1}{T} \int_{-T/2}^{T/2} M_{4x}(t,\tau_1,\tau_2,\tau_3) \, \mathrm{e}^{-\mathrm{j}2\pi\alpha t} \mathrm{d}t \tag{4-48}$$

振动信号的二阶瞬时矩也被称为瞬时自相关函数，其表达式是对称的，如式（4-49）所示：

$$M_{2x}(t,\tau) = R_x(t,\tau) = E\left\{ x\left(t+\frac{\tau}{2}\right) x^*\left(t-\frac{\tau}{2}\right) \right\} \tag{4-49}$$

式中，τ 是时间延迟；x^* 是 x 的复共轭；$R_x(t,\tau)$ 为瞬时自相关函数。根据傅里叶级数理论，$R_x(t,\tau)$ 可表示为

$$R_x(t,\tau) = \sum_{m=-\infty}^{\infty} R_x^{\alpha}(\tau) \mathrm{e}^{\mathrm{j}2\pi mt/T} = \sum_{m=-\infty}^{\infty} R_x^{\alpha}(\tau) \mathrm{e}^{\mathrm{j}2\pi t\alpha} \tag{4-50}$$

式中，$\alpha = m/T$ 是循环频率，$R_x^{\alpha}(\tau)$ 为循环自相关函数，同时它也是周期函数 $R_x(t,\tau)$ 的傅里叶系数。$R_x^{\alpha}(\tau)$ 可表示为

$$R_x^{\alpha}(\tau) = \frac{1}{T} \int_{-T/2}^{T/2} R_x(t,\tau) \mathrm{e}^{-\mathrm{j}2\pi\alpha t} \mathrm{d}t \tag{4-51}$$

实际上，循环周期 T 不是确定的。因此，当 T 趋近无穷时，循环自相关函数是关于循环频率的连续函数，即

$$\begin{aligned} R_x^{\alpha}(\tau) &= \lim_{T\to\infty} \frac{1}{T} \int_{-T/2}^{T/2} x\left(t+\frac{\tau}{2}\right) x^*\left(t-\frac{\tau}{2}\right) \mathrm{e}^{-\mathrm{j}2\pi\alpha t} \mathrm{d}t \\ &= \left\langle x\left(t+\frac{\tau}{2}\right) x^*\left(t-\frac{\tau}{2}\right) \mathrm{e}^{-\mathrm{j}2\pi\alpha t} \right\rangle_t \end{aligned} \tag{4-52}$$

式中，$\langle\,\rangle_t$ 表示内积；* 表示共轭运算。循环自相关函数经过傅里叶变换后为循环谱密度，其表达式为

$$S_x^{\alpha}(f) = \int_{-\infty}^{\infty} R_x^{\alpha}(\tau) \mathrm{e}^{-\mathrm{j}2\pi f\tau} \mathrm{d}\tau \tag{4-53}$$

进一步，循环自相关函数 $R_x^{\alpha}(\tau)$ 可以表示为

$$R_x^\alpha(\tau) = \left\langle \left[x\left(t + \frac{\tau}{2}\right) \mathrm{e}^{-\mathrm{j}\pi\alpha\left(t+\frac{\tau}{2}\right)} \right] \left[x\left(t - \frac{\tau}{2}\right) \mathrm{e}^{\mathrm{j}\pi\alpha\left(t-\frac{\tau}{2}\right)} \right]^* \right\rangle_t \tag{4-54}$$

进行变量定义：

$$\begin{cases} u(t) = x(t)\,\mathrm{e}^{-\mathrm{j}\pi\alpha t} \\ v(t) = x(t)\,\mathrm{e}^{\mathrm{j}\pi\alpha t} \end{cases} \tag{4-55}$$

将式（4-55）代入式（4-54），得

$$\begin{aligned} R_x^\alpha(\tau) &= \left\langle u\left(t + \frac{\tau}{2}\right) v^*\left(t - \frac{\tau}{2}\right) \right\rangle_t \\ &= \lim_{T\to\infty} \frac{1}{T} \int_{-T/2}^{T/2} u\left(t + \frac{\tau}{2}\right) v^*\left(t - \frac{\tau}{2}\right) \mathrm{d}t \end{aligned} \tag{4-56}$$

式中，$R_x^\alpha(\tau)$ 是 $u(t)$ 和 $v(t)$ 的互相关函数。另一个相似的定义，具有对称结构的 $u(\tau)$ 和 $v(\tau)$ 的卷积表示为

$$u(\tau) * v(\tau) = \lim_{T\to\infty} \frac{1}{T} \int_{-T/2}^{T/2} u\left(t + \frac{\tau}{2}\right) v^*\left(\frac{\tau}{2} - t\right) \mathrm{d}t \tag{4-57}$$

$u(\tau)$ 和 $v(-\tau)$ 的卷积为

$$\begin{aligned} u(\tau) * v(-\tau) &= \lim_{T\to\infty} \frac{1}{T} \int_{-T/2}^{T/2} u\left(t + \frac{\tau}{2}\right) v^*\left(-\left(\frac{\tau}{2} - t\right)\right) \mathrm{d}t \\ &= \lim_{T\to\infty} \frac{1}{T} \int_{-T/2}^{T/2} u\left(t + \frac{\tau}{2}\right) v^*\left(t - \frac{\tau}{2}\right) \mathrm{d}t \end{aligned} \tag{4-58}$$

对比式（4-56）和式（4-58）可知，$R_x^\alpha(\tau)$ 等于 $u(\tau)$ 和 $v(-\tau)$ 的卷积。根据时域卷积等价于频域相乘理论，循环谱密度 $S_x^\alpha(f)$ 的表达式为

$$S_x^\alpha(f) = \lim_{T\to\infty} \frac{E\{U_T(f) \cdot V_T^*(f)\}}{T} \tag{4-59}$$

式中，E 为数学期望运算，其他变量为

$$\begin{cases} U_T(f) = F\{u(t)\} = X_T\left(f + \frac{\alpha}{2}\right) \\ V_T(f) = F\{v(t)\} = X_T\left(f - \frac{\alpha}{2}\right) \end{cases} \tag{4-60}$$

式中，F 表示傅里叶变换。$X_T(f)$ 是 $x(t)$ 在时间区间 T 内的傅里叶变换，有

$$X_T(f) = \int_T x(t)\,\mathrm{e}^{-\mathrm{j}2\pi ft}\,\mathrm{d}t \tag{4-61}$$

循环相干函数（cyclic coherence function，CCF）可以表达为

$$C_x^\alpha(f) = \frac{E\{U_T(f) \cdot V_T^*(f)\}}{\sqrt{E\{\,|U_T(f)|^2\} \cdot E\{\,|V_T(f)|^2\}}} \tag{4-62}$$

式中，$C_x^\alpha(f)$ 中表示频谱 $X_T(f)$ 在频率 $f+\alpha/2$ 和 $f-\alpha/2$ 处的相关性。由循环相干函数的定义可知，$C_x^\alpha(f)$ 可以增强故障特征在循环频率处的幅值而抑制干扰噪声在循环频率处的幅值。因此，CCF 比循环谱密度更适合具有二阶循环平稳性的故障轴承特征提取。

对于发电机轴承的故障诊断，利用循环比例系数表征故障特征的显著程度，其定义为故障特征与干扰信息（电磁振动、转动频率等）的比值，即

$$C_{r}(f)=\frac{\max\left(C_{x}^{\alpha_{F}\pm\Delta\alpha_{F}}(f)\right)}{\max\left(C_{x}^{\alpha_{E}\pm\Delta\alpha_{E}}(f)\right)} \tag{4-63}$$

式中，α_F 是故障特征的理论循环频率；α_E 是干扰源的理论循环频率。两个变量 $\Delta\alpha_F$ 和 $\Delta\alpha_E$ 用来补偿实际和理论循环频率之间的误差。基于式（4-63），用来显示故障特征的最优切片频率为

$$f_{o}=\underset{f}{\operatorname{argmax}}\left(C_{r}(f)\right) \tag{4-64}$$

在实际应用中，频率分辨率 Δf 应足够大以提高 CCF 的计算效率，而循环频率分辨率 $\Delta\alpha$ 应足够小以保证计算与分析精度。

3. 测试分析

本案例的测试数据来自额定功率为 2MW 的风电机组，振动数据由 SKF 手持式振动采集器在发电机的驱动端与非驱动端测点测得，如图 4-55 所示。所采用的加速度传感器的灵敏度为 100mV/g，采样频率为 25600Hz。测试时，风电机组发电机的转速为 1662r/min（转动频率 $f_r=27.7$Hz），风速为 14m/s。

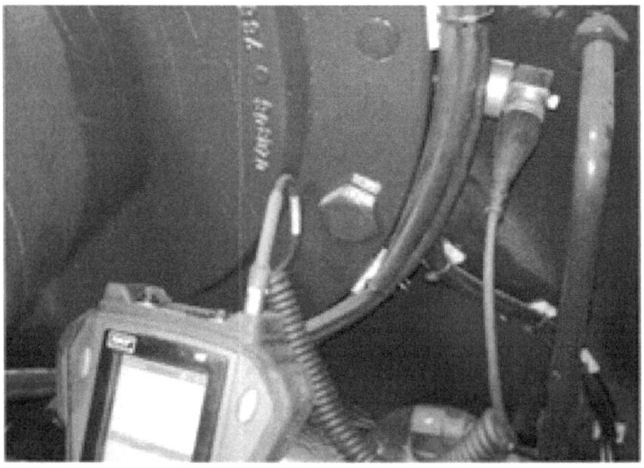

a) 驱动端

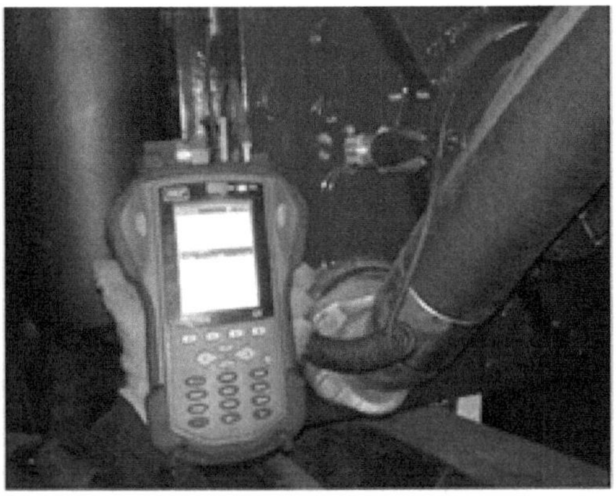

b) 非驱动端

图 4-55　风电机组发电机的测试系统

发电机两端轴承的故障特征频率见表 4-11。

表 4-11　发电机两端轴承故障特征频率　（单位：Hz）

$f_c^{(b)}$	$f_r^{(b)}$	$f_o^{(b)}$	$f_i^{(b)}$
11.05	65.6	99.4	149.8

图 4-56a 所示为发电机驱动端的时域振动信号，其振幅接近 $\pm500\text{m/s}^2$，远远超出 VDI 3834 的振动标准。图 4-56b 所示为非驱动端的时域信号，其振幅小于图 4-56a 所示信号，但仍处于较高的振动水平。图 4-56a 所示信号过大的振幅表明发电机驱动端存在异常振动，相比之下，7 个月前发电机驱动端和非驱动端振动信号的振幅明显较低，如图 4-56c、d 所示。图 4-56a 所示除振幅过大外，并没有更多的故障信息。

接下来对图 4-57a 所示驱动端振动信号进行傅里叶变换，其线性功率谱和对数功率谱分别如图 4-57b、c 所示，功率谱中的振动能量主要集中在 1200~2500Hz 和 6700~7800Hz 两个频带。

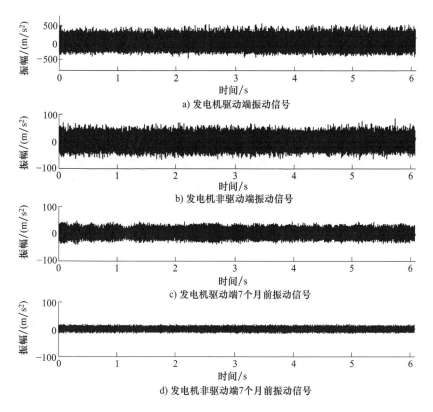

图 4-56　发电机轴承振动信号

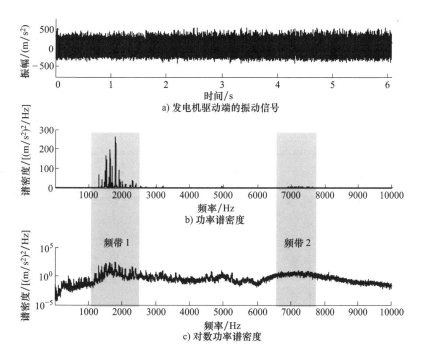

图 4-57　发电机驱动端振动信号及其功率谱

一般情况下，轴承裂纹或齿轮断齿等故障信息主要隐藏在振动能量较大的频带中，如图4-57中的频带1和频带2。采用带通滤波结合Hilbert变换对上述频带进行解调分析，设计两个四阶巴特沃斯带通滤波器对振动信号进行滤波。图4-58和图4-59所示分别为频带1和频带2对应的包络信号和包络谱。在图4-58b和图4-59b中有明显的代表电磁振动的100Hz及其谐波成分。图4-59b还有清晰的发电机转子旋转频率27.73Hz及其二倍谐波55.47Hz。

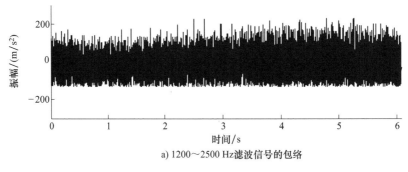

a) 1200～2500 Hz滤波信号的包络

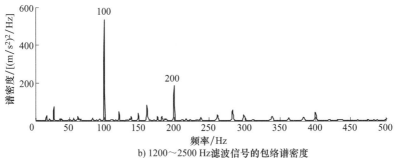

b) 1200～2500 Hz滤波信号的包络谱密度

图 4-58　频带 1 的包络信号及包络谱密度

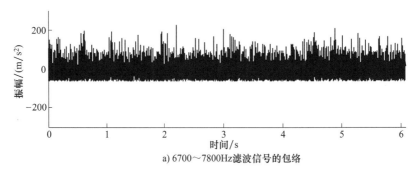

a) 6700～7800Hz滤波信号的包络

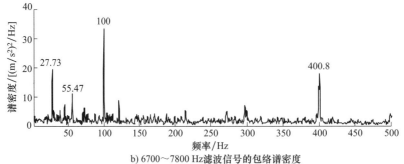

b) 6700～7800 Hz滤波信号的包络谱密度

图 4-59　频带 2 的包络信号及包络谱密度

以上结果表明，传统的解调分析没有发现重要的故障特征，因为能量较大的电磁振动可能掩盖了发电机轴承故障特征。

接下来采用二阶循环平稳分析方法处理图 4-57a 所示的振动信号，其循环相干函数如图 4-60 所示。在循环相干函数中除 100Hz 以及谐波成分和发电机转子转动频率 27Hz 外，还包括表 4-11 中的轴承内圈故障特征频率 149.8Hz。

根据式（4-63）和式（4-64），用于切片分析的频率选为 9500Hz。频率 f = 600Hz，f = 9500Hz 处的循环相干函数切

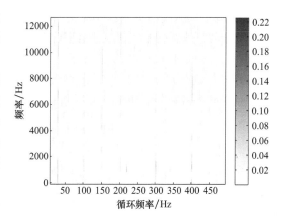

图 4-60　振动信号的循环相干函数

片分别如图 4-61a、b 所示，图中可以发现发电机转动频率 27.63Hz 和轴承内圈故障特征频率 149Hz。

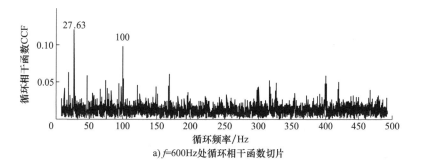

a) f=600Hz处循环相干函数切片

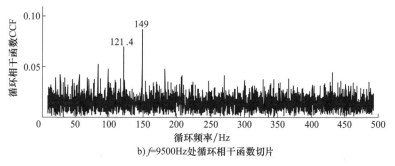

b) f=9500Hz处循环相干函数切片

图 4-61　循环相干函数切片

图 4-61b 所示还有一组频率成分 121.4Hz 和 149Hz，两者间隔为 27.6Hz。根据轴承故障振动机理，当轴承内圈出现故障时，滚动体会与故障部位发生碰撞产生以内圈故障特征周期为间隔的周期性冲击。同时，当内圈故障点进入和离开负荷区时，周期性振动冲击会被转轴的旋转频率所调制。上述调制过程与图 4-61b 中的故障特征频率相符，说明该发电机轴承内圈存在故障。

图 4-62 所示为振动信号的循环谱密度，图中含有轴承内圈故障特征频率 149Hz 和发电机转动频率 27.6Hz，但是这些故障成分被电磁振动 100Hz 及其谐波所掩盖，与图 4-61b 相

比，图 4-62 中的故障特征不够明显。

7 个月前，该发电机处于健康运行状态，同一测点位置，即发电机驱动端的振动信号如图 4-56c 所示，对该信号进行二阶循环平稳分析，其循环相干函数如图 4-63 所示。图 4-64 所示为该循环相干函数在 $f = 2000Hz$ 和 $f = 9500Hz$ 处的切片，切片中存在明显的 100Hz 及其谐波，并没有任何轴承的故障特征频率，说明该发电机在 7 个月前就存在较强程度的电磁振动。

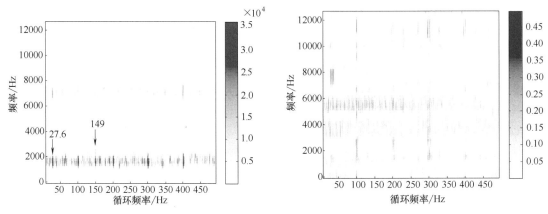

图 4-62　振动信号的循环谱密度　　　　图 4-63　7 个月前振动信号的循环相干函数

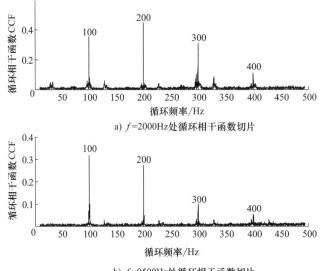

a) $f = 2000Hz$ 处循环相干函数切片

b) $f = 9500Hz$ 处循环相干函数切片

图 4-64　7 个月前循环相干函数的切片

对比图 4-60 所示故障状态下的循环相干函数和图 4-63 所示健康状态下的循环相干函数，可以发现循环相干分析能够很好地匹配发电机轴承故障状态下二阶循环平稳特性，成功提取出隐藏在电磁振动干扰下的轴承故障特征。

发电机驱动端轴承拆解之后的内圈如图 4-65 所示，内圈滚道表面存在搓板状条纹，属于典型的电腐蚀故障，验证了上述诊断结论。

更换发电机轴承后再次进行振动测试，其振动信号及循环相干函数如图 4-66 所示，振动信号振幅较低。循环相干函数切片如图 4-67 所示，切片中仍然存在发电机的转动频率与

图 4-65　损坏的发电机轴承内圈

电磁振动频率，但是轴承的内圈故障特征频率已经消失。可以看到，电磁振动是该发电机的固有属性，成为轴承故障特征提取的重要干扰源，更换轴承并不能消除该振动。

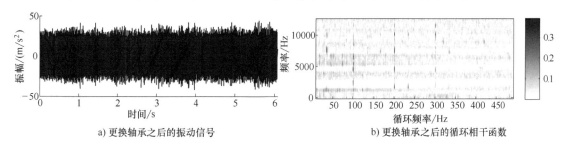

a) 更换轴承之后的振动信号　　　　b) 更换轴承之后的循环相干函数

图 4-66　轴承更换之后的振动信号及循环相干函数

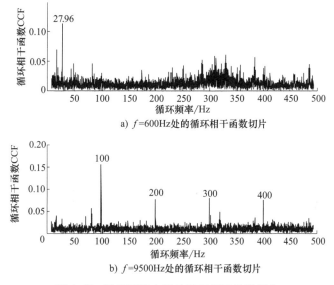

a) f=600Hz处的循环相干函数切片

b) f=9500Hz处的循环相干函数切片

图 4-67　轴承更换之后的循环相干函数切片

4.5　自适应故障特征提取

传统包络解调方法尽管能够对齿轮箱中的潜在故障进行诊断，但带通滤波器的设计需要人工干预，缺乏智能性。在风电机组状态监测与故障诊断中，振动信号采样频率高，风电机组数量众多，大量实时采集的振动信号需要快速处理，因此，自适应的特征提取方法是提高风电机组故障诊断效率的关键。

4.5.1 自适应特征提取方法

1. 经验模态分解

经验模态分解（empirical mode decomposition，EMD）是有效处理非平稳、非线性振动信号的时频工具，它能够将一个信号分解成一系列的本征模态函数（Intrinsic mode function，IMF），所有 IMF 可以是线性或非线性的，每个 IMF 必须满足以下两个条件：

1）信号极值点（极大值或极小值）数目和过零点数目相等或最多相差一个。

2）局部极大值构成的上包络线和局部极小值构成的下包络线平均值为零。

EMD 的算法流程可以表示为：

1）找出原信号 $x(t)$ 的所有极大值点和极小值点，将其用三次样条函数分别拟合为原序列的上、下包络线，并计算出包络的均值 $m(t)$。

2）$x(t)$ 减去 $m(t)$ 后，得到信号 $h_1(t)$ 为

$$h_1(t) = x(t) - m(t) \tag{4-65}$$

如果 $h_1(t)$ 不能满足上述 IMF 的两个条件，它将被视为一个类似于 $x(t)$ 的原始信号，接着重复步骤 1）和 2），直到 $h_1(t)$ 满足 IMF 的条件，可以记为

$$c_1(t) = h_1(t) \tag{4-66}$$

3）$x(t)$ 减去 $c_1(t)$ 后，剩余项 $r_1(t)$ 可以表示为

$$r_1(t) = x(t) - c_1(t) \tag{4-67}$$

4）将 $r_1(t)$ 作为原信号 $x(t)$，重复上述步骤得到第二、三以及 n 阶 IMF 分量 $c_2(t)$，$c_3(t)$，$\cdots$，$c_n(t)$。最后一项 $r_n(t)$ 称为余项。原信号 $x(t)$ 可以被分解为一系列 IMF 分量和一个余项，即

$$x(t) = \sum_{i=1}^{n} c_i(t) + r_n(t) \tag{4-68}$$

然后对每个 IMF 分量进行 Hilbert 变换，结果为

$$\hat{c}_i(t) = \frac{1}{\pi} \int_{-\infty}^{\infty} \frac{c_i(\tau)}{t-\tau} d\tau \tag{4-69}$$

每个本征模态函数 $c_i(t)$ 的解析形式为

$$z_i(t) = c_i(t) + j \cdot \hat{c}_i(t) = a_i(t) e^{j\phi_i(t)} \tag{4-70}$$

其中 $c_i(t)$ 的包络为

$$a_i(t) = \sqrt{c_i(t)^2 + \hat{c}_i(t)^2} \tag{4-71}$$

相位可表示为

$$\phi_i(t) = \arctan \frac{\hat{c}_i(t)}{c_i(t)} \tag{4-72}$$

每个 IMF 的瞬时频率可以表示为

$$\omega_i(t) = \frac{d\phi_i(t)}{dt} \tag{4-73}$$

2. 经验小波变换

理论的缺失是 EMD 的主要弱点，即 EMD 分解出的 IMF 难以获得物理解释。鉴于此，Gilles 提出了经验小波变换（empirical wavelet transform，EWT），该方法具有自适应性和可解释性。它能够根据信号的自身特点将信号的傅里叶谱分割成不重叠的频带，进而设计一系列带通滤波器对信号进行处理。下面介绍两种用于傅里叶谱分割的方法。

（1）基于局部极大值的频谱划分　频谱划分的目的是找到带通滤波器的边界频率（截止频率）。首先将频谱中所有的局部极大值点列出来，若某一点的幅值同时大于邻近的左右两点的幅值，则这样的点被称为局部极大值点。将所有局部极大值点的幅值按降序排列。假定共找到 M 个局部极大值点并按降序排列好，要求对频谱分割的段数为 N，此时 N 为人为设定的频带数。进一步按表 4-12 确定最终的频谱分割原则。

表 4-12　基于局部极大值的频谱划分标准

如果 $M+1 \geqslant N$	说明该频谱中含有足够多的局部极大值,此时只保留前 $N-1$ 个局部极大值点
如果 $M+1 < N$	信号中含有比预期要少的模态分量,此时所有的局部极大值点被用于频谱分割,$N=M+1$

按照表 4-12 确定所需的若干个局部极大值点之后，将相邻两个局部极大值点之间的中值点作为带通滤波器的截止频率，如图 4-68 所示，"o"表示得到的局部极大值点，ω_1，ω_2，$\cdots$，ω_n 为计算的中值点，也是进行带通滤波器设计的边界点。

因此，整个归一化的频带范围 $[0, \pi]$ 被分割为 N 个连续的频带，每个频带的截止频率用 ω_n 表示（其中，$\omega_0 = 0$，$\omega_N = \pi$），一共得到 $N+1$ 个边界点。

基于局部极大值的频谱分割方法，其原理较为简单，但缺点也非常明显：分割算法及分割效果取决于人为设定的参数 N。如图 4-68 所示含有四组调幅成分的频谱，设定不同的 N 其分割效果差异较大，图中虚线为频谱分割线，实线是设计的带通滤波器。可以看到，只有当 $N=5$ 时，四组调幅成分才能被准确地分离（图 4-68b），当 $N=4$ 或 $N=6$ 时，分割的结果存在频率混叠或过分分割的情况。

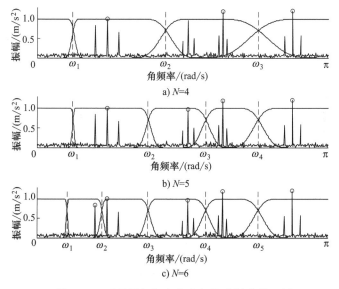

a) $N=4$

b) $N=5$

c) $N=6$

图 4-68　采用局部极大值进行频谱划分的示例

很显然，基于局部极大值的频谱分割方法并不是真正自适应的。

（2）基于尺度空间的频谱划分　对于离散函数 $f(m)$，其尺度空间 $L(m,t)$ 定义为

$$L(m,t) = \sum_{n=-P}^{n=P} f(m-n)g(n;t) \tag{4-74}$$

式中，$g(n;t)$ 为核函数，通常用高斯核函数 $(1/\sqrt{2\pi t})\exp[-n^2/(2t)]$ 表示，其中，t 是尺度参数；n 是离散函数 $f(m)$ 在参量 m 维度的移动步长；P 为移动步长的最大值，其值越大，计算误差越小，通常 $P=C\sqrt{t}+1$，$3<C<6$。

振动信号的频谱 $X(\omega)$ 是离散的，根据式（4-74）可计算得到的尺度空间为 $L(\omega,t)$。为了在频谱所得的尺度空间中寻找有意义的模态分量，定义如下流程：

首先在频谱中寻找所有的局部极小值点，某一点的幅值同时小于邻近的左右两点的幅值，则这样的点被称为局部极小值点。在尺度空间 $L(\omega,t)$ 中，随着尺度参数 t 的增长，局部极小值点的数量减少（这里，尺度参数用尺度步长替代，尺度步长 $s=\sqrt{t/t_0}$，$s=1,2,\cdots$，s_{max}，$\sqrt{t_0}=0.5$，$s_{max}=2\omega_{max}$）；接下来假定所寻找到的局部极小值点的数量为 N_0，随着尺度步长的变化，每一个初始局部极小值点 $(s=1)$ 会生成一条直线，该直线可用 $C_i(i\in[1,N_0])$ 表示，直线的长度用 L_i 表示，如图 4-69a 中的虚线所示。如果尺度直线的长度 L_i 超过阈值 T，对应的局部极小值点 ω_i 被保留作为频谱分割的边界。很明显，此时阈值 T 对于决定保留哪些边界点至关重要。

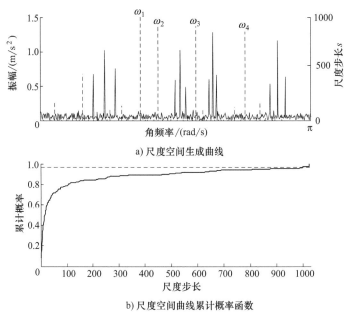

a）尺度空间生成曲线

b）尺度空间曲线累计概率函数

图 4-69　基于尺度空间的频谱分割方法

为设计合理的阈值，采用经验法则对尺度直线的长度 $\{L_i\}(i\in[1,N_0])$ 进行处理：计算所有 L_i 的累计概率分布函数 P_{L_i}，如图 4-69b 所示，很显然，P_{L_i} 是尺度步长的函数，可以写为

$$P_{L_i}(s) = \frac{N_0[L_i<s]}{N_0} \tag{4-75}$$

式中，N_0 是初始极小值点的数量，$N_0[L_i<s]$ 表示尺度直线中长度小于当前尺度步长的数量。为了保障频谱分割具有实际意义，至少应该在 N_0 个尺度直线中保留一个，即 P_{L_i} 应该满足 $P_{L_i}(s)\geqslant 1-1/N_0$，因此阈值 T 可以确定为

$$T=\min\{s\,|\,P_{L_i}(s)\geqslant 1-1/N_0\} \tag{4-76}$$

所有尺度直线中长度超过式（4-76）中 T 的将被保留，其余的被舍弃。最终，被保留的频带边界为 ω_n（$n=1,2,\cdots,N-1$），频谱能够被分割为 N 段。很明显，基于尺度空间的频谱分割方法是无参数化的，由该方法所设计的经验小波称为无参经验小波。

（3）经验小波的设计与变换

1）经验尺度函数和经验小波函数。获得频谱的分割边界 ω_1，ω_2，$\cdots$，ω_n 之后，需要设计相应的滤波器组进行振动信号的分解，为了描述所设计的滤波器，根据所有滤波器中上升沿和下降沿的数量重新命名分割边界。

如图 4-70 所示，共有 5 个滤波器包含 8 个边沿，各边沿从 1~8 编号，命名边沿对应的频带。如果第 n 个滤波器的下降沿与第 $n+1$ 个滤波器的上升沿重叠，则它们的频带宽度是相同的，共同分享同一个中心频率，因此，频谱的分割边界也按照上升沿和下降沿的数量重新命名。

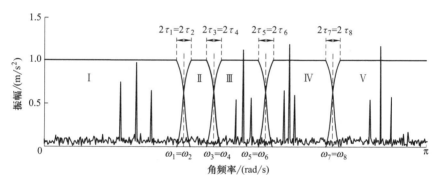

图 4-70 经验尺度函数和经验小波函数

基于图 4-70 的定义，包含一个经验尺度函数 $\hat{\phi}_1(\omega)$ 和一系列经验小波函数 $\hat{\psi}_n(\omega)$ 且具有紧支性质的小波滤波器组可以构建为

$$\hat{\phi}_1(\omega)=\begin{cases} 1, & \text{若 }|\omega|\leqslant\omega_1-\tau_1 \\ \cos\left[\dfrac{\pi}{2}\beta\left(\dfrac{1}{2\tau_1}(|\omega|-\omega_1+\tau_1)\right)\right], & \text{若 }\omega_1-\tau_1\leqslant|\omega|\leqslant\omega_1+\tau_1 \\ 0, & \text{其他} \end{cases} \tag{4-77}$$

$$\hat{\psi}_n(\omega)=\begin{cases} 1, & \text{若 }\omega_n+\tau_n\leqslant|\omega|\leqslant\omega_{n+1}-\tau_{n+1} \\ \cos\left[\dfrac{\pi}{2}\beta\left(\dfrac{1}{2\tau_{n+1}}(|\omega|-\omega_{n+1}+\tau_{n+1})\right)\right], & \text{若 }\omega_{n+1}-\tau_{n+1}\leqslant|\omega|\leqslant\omega_{n+1}+\tau_{n+1} \\ \sin\left[\dfrac{\pi}{2}\beta\left(\dfrac{1}{2\tau_n}(|\omega|-\omega_n+\tau_n)\right)\right], & \text{若 }\omega_n-\tau_n\leqslant|\omega|\leqslant\omega_n+\tau_n \\ 0, & \text{其他} \end{cases} \tag{4-78}$$

式中，ω_n 是第 n 个边沿的中心频率；ω_{n+1} 是第 $n+1$ 个边沿对应的中心频率；τ_n 是上述边沿的半频宽度；上标^表示 $\hat{\phi}_1(\omega)$ 和 $\hat{\psi}_n(\omega)$ 分别是时域函数 $\phi_1(t)$ 和 $\psi_n(t)$ 的傅里叶变换；

$\beta(x)$ 是定义在范围为 $[0,1]$ 中的任意函数，用来构造 Meyer 小波，$\beta(x)$ 的具体表达式为

$$\beta(x) = \begin{cases} 0, & \text{若 } x \leq 0 \\ x^4(35-84x+70x^2-20x^3), & \text{若 } x \in [0,1] \\ 1, & \text{若 } x \geq 1 \end{cases} \quad (4\text{-}79)$$

2）经验小波变换流程。经验小波变换流程与传统小波变换类似，对于振动信号 $x(t)$，其经验小波函数的细节系数为 $W_x^\varepsilon(n,t)$，其尺度函数的细节系数为 $W_x^\varepsilon(0,t)$，分别定义如下：

$$W_x^\varepsilon(n,t) = \int x(\tau)\overline{\psi_n(\tau-t)}\,\mathrm{d}\tau = (\hat{x}(\omega)\overline{\hat{\psi}_n(\omega)})^\vee \quad (4\text{-}80)$$

$$W_x^\varepsilon(0,t) = \int x(\tau)\overline{\phi_1(\tau-t)}\,\mathrm{d}\tau = (\hat{x}(\omega)\overline{\hat{\phi}_1(\omega)})^\vee \quad (4\text{-}81)$$

式中，上标^表示傅里叶变换；v表示傅里叶逆变换；-表示共轭运算符。基于上述细节系数，信号可以被重构为

$$x(t) = W_x^\varepsilon(0,t)*\phi_1(t) + \sum_{n=1}^{N-1} W_x^\varepsilon(n,t)*\psi_n(t)$$
$$= \left(\hat{W}_x^\varepsilon(0,\omega)\hat{\phi}_1(\omega) + \sum_{n=1}^{N-1}\hat{W}_x^\varepsilon(n,\omega)\hat{\psi}_n(\omega)\right)^\vee \quad (4\text{-}82)$$

式中，$W_x^\varepsilon(0,\omega)$ 和 $W_x^\varepsilon(n,\omega)$ 分别是细节系数 $W_x^\varepsilon(0,t)$ 和 $W_x^\varepsilon(n,t)$ 的傅里叶变换。经过经验小波变换后，得到的模态分量（empirical modes，EMs）如下：

$$x_0(t) = W_x^\varepsilon(0,t)*\phi_1(t) \quad (4\text{-}83)$$
$$x_n(t) = W_x^\varepsilon(n,t)*\psi_n(t) \quad (4\text{-}84)$$

4.5.2　基于经验模态分解的齿轮故障特征提取

某风电场维修人员在日常巡检时发现某风电齿轮箱运行噪声较大，因此在该机组上开展振动测试。测试机组额定功率为 600kW，所采用的压电加速度传感器动态响应频率为 $0.1\sim10000Hz$，灵敏度为 $500mV/g$。安装 4 个传感器在齿轮箱表面监测齿轮与轴承的运行状态，传感器 1 安装在齿轮箱前部（后主轴承位置），传感器 2 位于齿圈外侧，传感器 3 在中间轴附近的筋板上，传感器 4 位于高速轴后端，如图 4-71 所示，采样频率为 16384Hz。

该齿轮箱为一级行星+两级平行结构，总传动比为 56.56，各齿轮齿数见表 4-13，测试时风轮转动频率为 0.447Hz。

表 4-13　风电齿轮箱中各齿轮齿数

Z_p	Z_s	Z_r	Z_{mi}	Z_{mo}	Z_{hi}	Z_{ho}
43	21	117	68	20	54	21

齿轮箱中各轴转动频率及各级齿轮啮合频率见表 4-14。

表 4-14　齿轮箱中各轴转动频率及各级齿轮啮合频率

f_{PS}	f_{IS}	f_{HSS}	f_c	f_s	f_i	f_h
52.3	196.4	530.3	0.447	2.9	9.8	25.3

a) 传感器1和2　　　　　　　　　　b) 传感器3和4

c) 数据采集系统　　　　　　　　　　d) 数据分析

图 4-71　600kW 风电齿轮箱振动测试

4 路传感器的振动信号如图 4-72 所示。传感器 1 安装在齿轮箱输入端的外侧，由于转速较低，其振幅较其他 3 路传感器要小。4 路振动信号呈现明显的随机成分，难以直观辨识有效的故障信息。进一步将振动信号转换为功率谱，其中，传感器 2 振动信号的功率谱密度如图 4-73a 所示，图 4-73b 为振动信号的功率谱密度，图 4-73c 为振动信号的对数功率谱密度。图中出现中间级的啮合频率 f_{IS}（195Hz）及其谐波，说明该齿轮箱中间级的振动能量较大，其他级啮合频率，如行星级和高速级并不突出。图 4-73 的功率谱密度中出现较为明显的调制边带，如图中椭圆所包括。

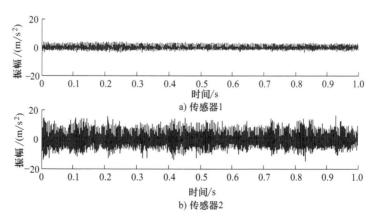

a) 传感器1

b) 传感器2

图 4-72　4 路传感器的振动信号

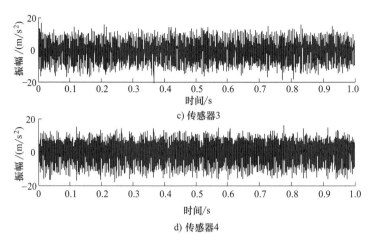

c) 传感器3

d) 传感器4

图 4-72　4 路传感器的振动信号（续）

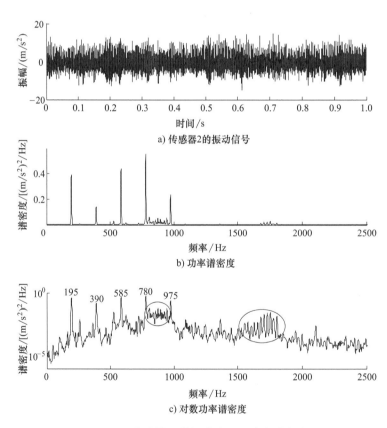

a) 传感器2的振动信号

b) 功率谱密度

c) 对数功率谱密度

图 4-73　传感器 2 的振动信号及功率谱密度

　　针对图 4-73c 中的调制频带，设计 2 个六阶巴特沃斯带通滤波器分别对信号进行滤波，两个滤波器的截止频率分别为 1500～1800Hz 和 820～972Hz，对滤波后的信号进行 Hilbert 变换，对应的包络信号及其功率谱密度如图 4-74 和图 4-75 所示。

　　图 4-74b 出现 25.3Hz 及其谐波成分，对应高速轴的转动频率，表明高速轴上的齿轮可

能存在故障。图 4-75b 出现 9.8Hz 及其谐波，对应着中间轴的转动频率，表明中间轴上某齿轮存在故障，又由于高速轴转动频率成分较为明显，可推断中间轴上与高速齿轮啮合的齿轮存在故障。

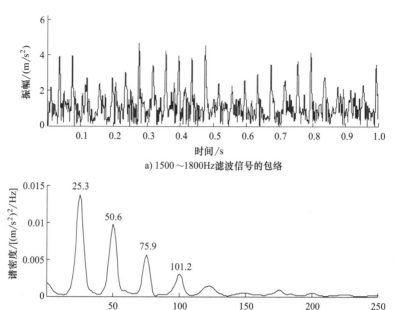

a) 1500～1800Hz滤波信号的包络

b) 1500～1800Hz滤波信号的包络谱密度

图 4-74　1500~1800Hz 包络信号及包络谱密度

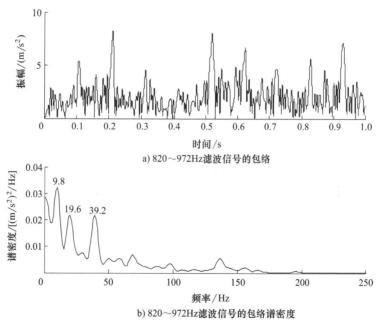

a) 820～972Hz滤波信号的包络

b) 820～972Hz滤波信号的包络谱密度

图 4-75　820~972Hz 包络信号及包络谱密度

上述包络解调方法需要人工观察调制频带，并设计滤波器，无法做到自适应的故障特征提取。在无须考虑调制频带的情况下，对传感器 2 的振动信号进行 EMD 分解，其前 4 个本征模态函数及其包络谱分别如图 4-76 和图 4-77 所示。由图 4-77 可知，IMF1 中出现清楚的 25.3Hz 及其谐波，IMF2 中出现 9.8Hz，分别对应高速轴的转动频率和中间轴的转动频率成分。EMD 分解获得了与包络解调同样的分析效果，但是 EMD 不需要设计带通滤波器，具有较好的自适应性。

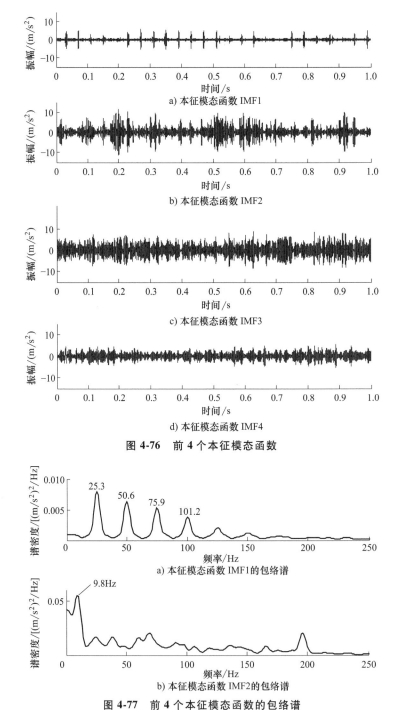

图 4-76　前 4 个本征模态函数

图 4-77　前 4 个本征模态函数的包络谱

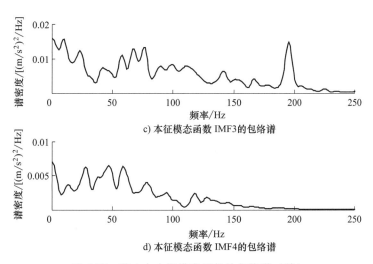

c) 本征模态函数 IMF3 的包络谱

d) 本征模态函数 IMF4 的包络谱

图 4-77　前 4 个本征模态函数的包络谱（续）

为了避免测试过程中的偶然性，在约 1h 之内每隔 1min 测试 1 组振动数据，共得到 57 组数据，每组数据的持续时间为 1s。分别对 57 组数据进行 EMD 分解，来自传感器 2 的第一个本征模态函数包络谱的瀑布图如图 4-78 所示。图中呈现清晰的高速轴转动频率及其谐波成分，印证了高速轴齿轮存在故障的推断。图 4-78 中，特征频率对应的幅值存在一定的波动，其主要原因是 1h 之内，风速发生变化，风电机组吸收的风能及承受的载荷也相应变化。尽管风速发生变化，但由于测试的机组是定桨距机组，其关键部件的转动频率并未有太多改变，高速轴转动频率依然维持在 25.3Hz。

作为对比，对 57 组信号进行包络解调分析，所选滤波频带为 1500~1800Hz，解调后的包络谱瀑布图如图 4-79 所示。在前 15 组测试时，风速为 8.5~10.7m/s，而后 42 组测试中，风速为 5.5~6.3m/s。前 15 组测试中，较大的风速所激发的振动能量可能偏离 1500~1800Hz 的调制频带，导致该频带的解调效果并不理想，没有发现明显的高速轴转动频率成分。后 42 组测试中，较低的风速能够激发 1500~1800Hz 中的振动能量，因而获得较为清楚的解调结果。对比结果表明，包络解调结果对调制频带的选择较为敏感，若频带选择不合理，其潜在故障成分容易被忽视。而 EMD 方法无须关注敏感频带，可以利用数据自身波动规律发现故障调制成分。

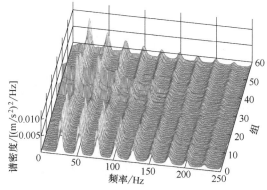

图 4-78　57 组信号中第一个本征模态函数包络谱的瀑布图

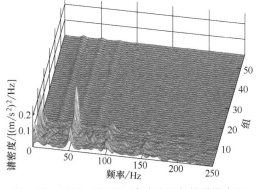

图 4-79　1500~1800Hz 滤波信号包络谱瀑布图

利用 EMD 方法对图 4-72 中的 4 路传感器信号进行振动分析，每个传感器的第一个 IMF 及其包络谱如图 4-80 所示。传感器 1 由于距离高速级啮合齿轮较远，在图 4-80b 的包络谱中，并未发现高速轴转动频率及其谐波，传感器 2、3、4 的第一个 IMF 中均出现 25.3Hz 及其谐波，如图 4-80d、f、h 所示。

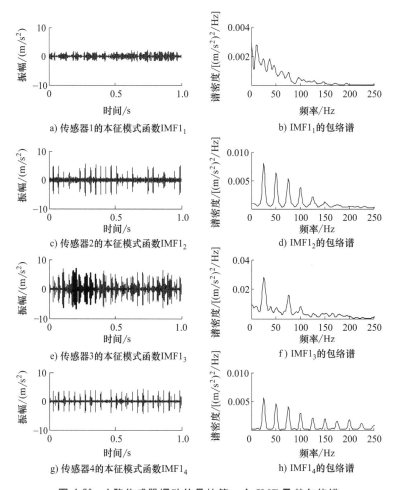

a) 传感器1的本征模式函数IMF1₁

b) IMF1₁的包络谱

c) 传感器2的本征模式函数IMF1₂

d) IMF1₂的包络谱

e) 传感器3的本征模式函数IMF1₃

f) IMF1₃的包络谱

g) 传感器4的本征模式函数IMF1₄

h) IMF1₄的包络谱

图 4-80 4 路传感器振动信号的第一个 IMF 及其包络谱

传感器 3 尽管距离高速级较近，但其故障特征并不如传感器 2 明显，其原因是传感器 3 安装在齿轮箱的加强筋位置，该位置对高速级啮合振动及齿轮故障下高速轴转动冲击不够敏感。传感器 2 尽管离高速级有一定距离，但由于振动能量的传递，依然能有效地拾取高速级齿轮的故障特征。

透过齿轮箱的窥视孔，可以发现该齿轮箱高速级的两个齿轮存在明显的疲劳点蚀，如图 4-81 所示，验证了以上的诊断结论。

图 4-81 齿轮箱高速级齿轮点蚀

4.5.3　基于经验小波变换的轴承故障特征提取

某 1.5 MW 风电机组发电机轴承存在故障，导致轴承温度短时间内急剧提升。故障轴承位于发电机驱动端。振动测试采样频率为 25600Hz，测试过程中发电机转动频率为 30.5Hz。发电机驱动端轴承的故障特征频率列于表 4-15。

表 4-15　发电机驱动端轴承的故障特征频率　　　　　　　　（单位：Hz）

$f_c^{(b)}$	$f_r^{(b)}$	$f_o^{(b)}$	$f_i^{(b)}$
12.16	72.29	109.50	165.01

发电机驱动端轴承的振动信号如图 4-82 所示，振幅在 ±20m/s² 范围内，不超过风电机组的振动标准。仅通过振动波形难以判断轴承是否存在缺陷。

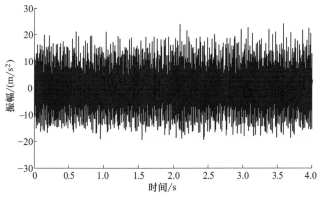

图 4-82　发电机驱动端轴承的振动信号

利用 4.5.1 节的无参数经验小波变换对图 4-82 所示的振动信号进行处理。利用尺度空间进行频谱分割的结果如图 4-83 所示。图中，在没有预先设定参数的情况下，频谱被自动分成 71 个连续的部分。

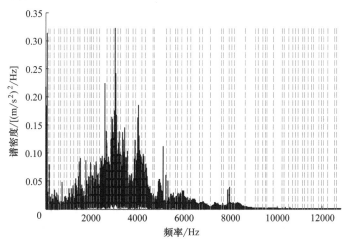

图 4-83　振动信号的频谱分割

分别计算 71 个模态分量的裕度因子并按降序排列。图 4-84 列出了裕度因子最大的前 5 个模态分量，每个分量都出现了不同规律的冲击特征。对于图 4-85a 中具有最大裕度因子的模态分量，采用 Hilbert 变换解调处理，包络谱如图 4-85c 所示。

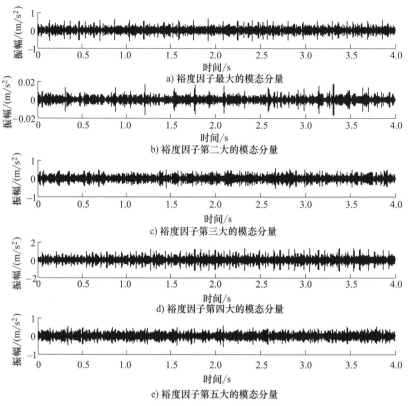

a) 裕度因子最大的模态分量

b) 裕度因子第二大的模态分量

c) 裕度因子第三大的模态分量

d) 裕度因子第四大的模态分量

e) 裕度因子第五大的模态分量

图 4-84　裕度因子最大的前 5 个模态分量

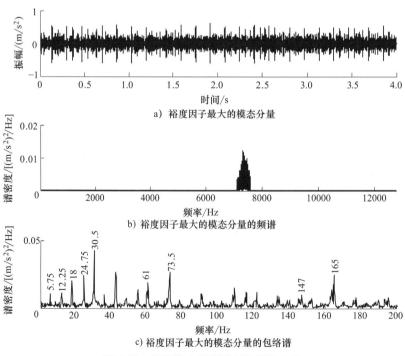

a) 裕度因子最大的模态分量

b) 裕度因子最大的模态分量的频谱

c) 裕度因子最大的模态分量的包络谱

图 4-85　具有最大裕度因子的模态分量

图 4-85b 所示是具有最大裕度因子的模态分量的频谱，它占据了一个较窄的频带，说明结合裕度因子的无参数经验小波变换具有较好的选带性能。分析图 4-85c 所示的包络谱可以看出，频率为 165Hz、73.5Hz、12.25Hz 的幅值明显，分别对应于表 4-15 中的轴承内圈特征频率、滚动体特征频率和保持架特征频率。转动频率 f_r（30.5Hz）及其二次谐波在图 4-85c 中也较为突出。根据这些频率，可以推断出发电机驱动端轴承的内圈、滚动体和保持架出现了故障。

风电场的反馈证实了被测轴承和发电机的严重故障。本次振动测试的 24 天后，该轴承温度突然升高，轴承完全损坏，导致机组停机。严重损坏的轴承拆卸后的滚动体、内圈、保持架如图 4-86a、b、c 所示。实际上，在 24 天前的振动测试中，通过无参数经验小波变换结合裕度因子最大的方法已经发现所有的故障特征，如果当时采取适当的预防措施，可以避免严重的故障后果。

a) 滚动体压痕

b) 内圈裂纹

c) 保持架破损

图 4-86 发电机驱动端轴承故障

观察失效轴承的拆解结果，可以推导出如图 4-87 所示的轴承失效机理。首先，由于润滑不良（图 4-83 中频谱出现密集的本底噪声），重负荷区域内的内圈容易产生疲劳剥落，并使得滚动体变得粗糙，如图 4-87a 所示。随后，风电机组的连续运行加剧了上述缺陷，导致内圈产生较深的凹槽，如图 4-87b 所示。再次，内圈剥落的凹槽限制了滚动体的转动，对保持架形成较大的力矩，如图 4-87c 所示。最后，过载的力矩破坏保持架，部分滚动体落入轴承底部，如图 4-87d 所示。根据失效机理，选择优良的润滑脂，及时检查轴承的润滑状态，监测轴承振动状态，是防止风电机组轴承失效的有效措施。

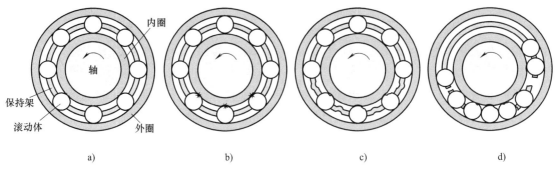

图 4-87　发电机驱动端轴承失效机理

4.6　风轮不平衡故障特征提取

风电机组在运行过程中，风轮不平衡是其常见故障之一，会造成机舱晃动加剧，导致主轴承磨损，甚至危及塔筒安全。导致风轮不平衡的原因有很多，包括原始的叶片设计与安装不平衡、叶片覆冰、叶片裂纹破损或变桨故障等。

叶片覆冰或破损会影响其气动性能，破损叶片与其他叶片的受力不一致，造成风轮不平衡。如图 4-88 所示，风轮平衡与不平衡状态下的振动状态：若三个叶片完好，气动性能达到平衡，由于风切变、重力载荷及经过塔筒时的塔影效应等因素的影响，每个叶片在转动一圈时会对主轴形成一次振动，即风轮旋转一周，出现三次振动；若某个叶片出现裂纹，其气动不平衡所诱发的风轮不平衡将随风轮旋转呈严格周期变化，以图 4-88a 所示带裂纹叶片经过塔筒时作为初始时刻，假设此时振幅最大，则当裂纹叶片顺时针转过 $4\pi/3$ 时（如图 4-88b 所示），风轮的振动相位也变化了 $4\pi/3$，如图 4-88c 所示。由此，当风轮旋转一周，故障叶片会诱发一次风轮不平衡振动。

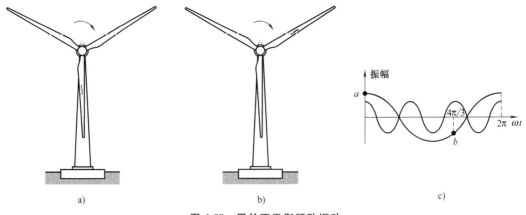

图 4-88　风轮不平衡所致振动

采用在传动链中前主轴承部署振动传感器的方式进行风轮不平衡测试，方案如图 2-4a 中传感器①的位置，振动测点①位于主轴承上方，采样频率为 5120Hz。图 4-89 所示为传感器①不同时期的振动信号，每次测试间隔约六个月。图 4-89a 表示风轮不平衡发生前的状态，图 4-89b 表示风轮不平衡状态，图 4-89c、d 表示叶片维修之后的状态。

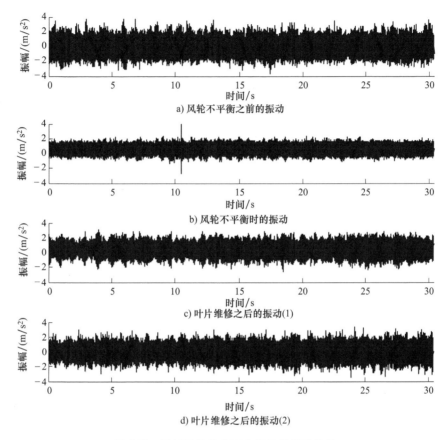

图 4-89　不同风轮状态下主轴承的振动信号

从图 4-89 中可以看出，振动信号在不同时期略有不同，但振幅都在 ±4m/s² 的范围内，它们都具有随机信号的特征，没有显著的周期分量和故障冲击成分，同时振动的幅度大小接近，仅通过观察振动波形很难判断故障。

为了进一步识别故障特征，利用 4.3.3 节复小波变换对原始振动信号进行多尺度包络分析，得到图 4-90 的包络谱图。采用四阶复高斯小波，尺度范围为 10～25，步长为 0.25。图 4-90b 中出现明显的 0.362Hz 及其谐波，该成分为风轮转动频率，可以表征叶片故障下的风轮不平衡。其他时期的多尺度包络谱图中未见风轮转动频率。

图 4-91 所示为尺度为 15 的包络谱图切片。对比四种状态下的包络谱切片，可以看到图 4-91b 中 0.362Hz 及其谐波明显，其他时期的包络谱切片中仅出现风轮转动频率的三次谐波。

图 4-90b 和图 4-91b 中出现的风轮转动频率及其谐波表明风轮在第二次测试时存在不平衡。第二次测试时观察叶片外观，发现其中一片叶片存在裂纹，如图 4-92 所示。由此可见，本案例中叶片裂纹是造成风轮不平衡的重要原因。经过维修，风轮不平衡特征消失，分别如图 4-90c、d 和图 4-91c、d 所示。

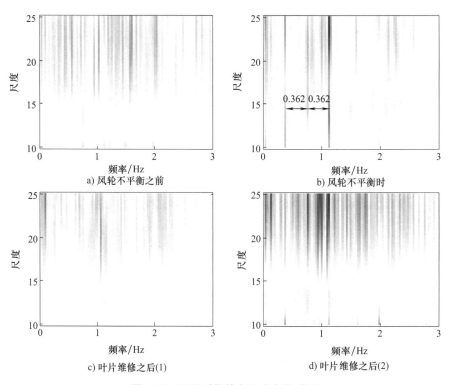

图 4-90　不同时期的多尺度包络谱图

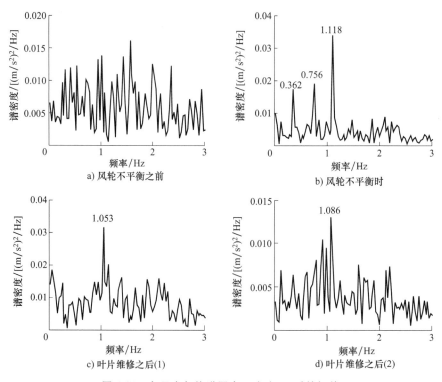

图 4-91　多尺度包络谱图在尺度为 15 时的切片

图 4-92　风电机组叶片上的裂纹

第 **5** 章 ▶▶

风电机组群智能故障诊断

风电装机容量高速增长的同时给故障诊断工作带来了较大的挑战，运维人员希望能够快速地从几十台甚至上百台的风电设备群中找出故障机组，及时采取措施，降低故障造成的损失。由于失效模式多样，部件众多，获得完备故障类别的振动数据进行风电机组智能故障诊断存在较大难度。目前，风电机组在线振动监测系统基本不具备智能化故障诊断的功能，仍然依靠人工对每台机组采集到的振动信号进行时域、频域及时频分析，并给出诊断结论。显然，大规模风电场中依赖人工对每台机组进行分析诊断这一工作量非常庞大，容易出现误诊断、漏诊断等问题。在此背景下，本章以风电机组传动链为研究对象，在经典模式识别方法的基础上，提出基于无监督学习的风电机组群的智能诊断方法，以提高风电机组故障诊断的效率和准确性。

5.1 智能故障诊断基础

5.1.1 有监督学习的模式识别原理

有监督学习的模式识别方法也可以称为基于有导师（教师）学习的模式识别，这种方法的学习是通过第三方的介入——利用"导师"对某一模型进行"指导训练"，之后该模型接受并且记忆"导师"所指导的内容。这类过程可以比喻成一个人从出生开始在成长过程中，通过父母和学校老师等每日的教育、本人平日所阅读的书籍资料等途径获得知识，不断充实自己。这里面的"人"就是所谓的"训练模型"，而父母、老师的教导和书籍中的内容就是所说的"已知类别的训练样本"，之所以称为"已知类别的"是因为这些知识都是具有明确信息的，而人的学习过程则被称为"训练"。简单地表述有监督学习的模式识别就是训练模型通过对一组已知类别的样本数据的训练学习，使其达到所要求的性能，实现对未知事物的分类识别。综上所述，一个基于有监督学习的模式识别方法具备的三个要素：已知类别信息的样本、训练模型和训练。

将有监督学习的模式识别方法应用在智能故障诊断中，如图 5-1 所示。首先获取已知故障类别的训练样本，然后利用某一训练模型对训练样本进行训练和学习，通过训练学习，在训练样本的分布空间中找到能将不同类别的训练样本有效分开的分类界限，形成分类器，最后利用分类器确定未知类别样本归属于哪一类。

有监督学习的模式识别方法多种多样，包括 BP（backpropagation）神经网络、支持向量机、隐马尔可夫模型等，其中 BP 神经网络方法应用最为广泛，同时也是深度学习模型的基

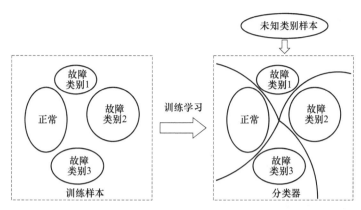

图 5-1　有监督学习的模式识别方法故障诊断示意图

础。以下利用 BP 神经网络介绍基于有监督学习的模式识别方法的工作原理。

　　BP 神经网络是一种多层前向型神经网络，以一个基本的神经元为例，模型如图 5-2 所示。假设某一训练样本集合 $P = \{P_1, P_2, \cdots, P_n\}$，其中某一个样本对应的特征矢量为 $P_i = [p_i^{(1)}, p_i^{(2)}, \cdots, p_i^{(d)}]$，样本对应的类别标签为 T_i。神经元接受样本 P_i，并且每个样本的特征值和神经元依靠权值 w_i 连接，输入样本 P_i 和权值 w_i 通过内积计算，然后利用偏置 b 改变内积结果，最后将结果利用激活函数 f 计算得到神经元的输出 a，即 $a = f(w_i \cdot P_i + b)$。BP 神经网络的训练过程是不断改变连接权值 w_i 和阈值 b，使 P_i 对应的神经网络的输出 a 与该样本的类别标签 T_i 之间的均方误差即训练误差最小，因此，BP 神经网络的训练过程实际上是求解权值 w_i 和阈值 b 的过程。利用训练好的神经网络对未知类别的样本进行模式分类，主要依据未知样本对应的网络输出值与哪个类别标签值接近则归属到哪一类中。

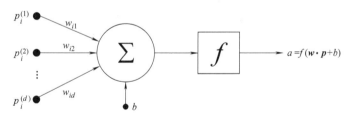

图 5-2　神经元模型

　　根据上述介绍可以看出，如果将 BP 神经网络用于故障诊断，则需要经过两个阶段的工作：①神经网络的离线学习；②训练好的神经网络用于在线设备的状态监测和诊断。在第一个过程中，首先需要收集各类故障的样本信号，然后对样本信号进行信号处理分析并提取特征值作为 BP 神经网络模型训练的输入，并且将各个故障类型进行二进制编码作为目标值，最后对已知类别的样本进行学习，直到计算出最小的训练误差，这个过程称为离线学习。神经网络模型经过训练后便可投入在线监测中，从在线运行的设备中提取并计算信号样本特征值，然后输入训练好的神经网络进行分类，根据神经网络的输出值给出相应的诊断结果。BP 神经网络用于故障诊断的具体过程如图 5-3 所示。

　　在实际的故障诊断中，收集各种故障类型的样本数据是一个十分耗时、耗力的过程。一般情况下，为了能够获得所有故障类型的样本数据，通过试验台模拟仿真各种故障，并提取仿真的故障数据作为样本，但是仿真数据并没有考虑到运行设备所处的外部环境，因此这种

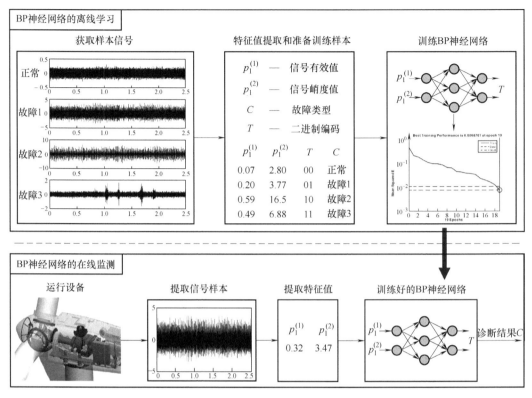

图 5-3　基于神经网络的故障诊断过程

试验数据样本的通用性较差，利用试验数据训练的模型很难用于实际诊断。如果从现场运行设备中收集涵盖所有故障类型的数据则存在较大难度，以风电机组齿轮箱为例，从整体上看可以分为齿轮故障、轴承故障、轴故障等，再进一步细化，各个部件都有不同的故障类型、故障位置和故障程度，所获得的样本难以涵盖所有类型的故障。由于有监督学习的模式识别方法受到已知类别训练样本的指导，这种方法只能识别训练样本中已知故障类别，如果对未知故障类别的样本进行分类识别，则会被分类到已知故障类别中，导致错误诊断。图 5-4 所示为在训练样本不全的情况下基于有监督学习的模式识别示意图。假设从某个设备上收集到

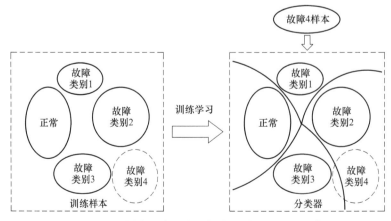

图 5-4　训练样本不全时有监督学习的模式识别示意图

4 类样本，分别为正常、故障 1、故障 2 和故障 3，利用基于有监督学习的模式识别方法对这 4 类样本进行训练学习得到训练好的分类器。但是实际上，该设备还有故障 4 的存在，由于训练样本中缺少故障 4 的样本，训练得到的分类器模型没有将故障 4 考虑在内，只能实现对训练样本中所含有的类别进行正确区分，如果分类测试时出现故障 4 的样本，则分类器只能给出错误的分类结果。

5.1.2　无监督学习的模式识别原理

无监督学习的模式识别方法主要用于处理无标签的数据，即没有明确类别信息的数据，无监督学习的分类过程没有监督和指导，其分类原则主要是借助某种算法以及数据之间的类似原则进行分类，所以数据的分类结果并没有具体类别信息，但是通过数据的分类结果却可以反映出这些数据的内在关联、分布结构或者潜在的类别规则。用来表述样本与样本之间相似度最为简单的方法是利用样本与样本的距离来描述，分类时主要根据样本矢量之间的距离测度进行判断，尽量将距离近的分到一类中，距离远的分到不同的类中。基于无监督学习的模式识别方法分类示意图如图 5-5 所示。

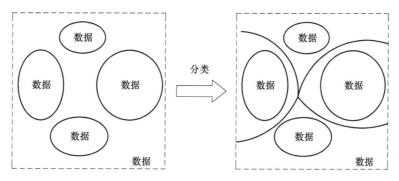

图 5-5　无监督学习的模式识别方法分类示意图

无监督学习的模式识别方法也有很多种，其中自组织特征映射（self organization map，SOM）神经网络是其中的一种经典方法。下面主要以 SOM 神经网络为例，介绍基于无监督学习的模式识别方法的工作原理。

SOM 神经网络结构如图 5-6 所示，为两层结构：输入层和竞争层。SOM 网络把输入变成离散的一维或二维形式在竞争层上展示出来，所展示的结果即为分类结果，竞争层即为输出层。

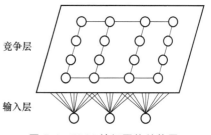

图 5-6　SOM 神经网络结构图

SOM 神经网络的学习算法过程如下：

1）初始化输入、输出神经元的数量和二者之间的连接权值。

2）输入某一样本 X。

3）计算 X 与各个输出神经元 j 之间的欧氏距离 d_j，即

$$d_j = \|X - W_j\| = \sqrt{\sum_{i=1}^{N} \left[x_i(t) - w_{ij}(t) \right]^2} \tag{5-1}$$

式中，$w_{ij}(t)$ 为输出和输入神经元之间的权值；N 为特征的维度。从所有神经元中选出获胜神经元 k，满足 $d_k = \min(d_j)$。

4）修正获胜神经元的权值，即

$$w_{ik}(t+1) = w_{ik}(t) + \eta(t)\left[x_i(t) - w_{ik}(t)\right] \tag{5-2}$$

式中，$i = 1，2，\cdots，N$；步长 $\eta(t) = 1/t$。

5）计算输出 o_k，即

$$o_k = f(\min\|X - W_j\|) \tag{5-3}$$

式中，$f(\cdot)$ 为非线性函数。

6）输入新的样本，并回到步骤3）。

5.1.3 两种模式识别方法的比较

通过对以上两种模式识别方法的分析讨论可以看出：

1）基于有监督学习的模式识别方法通过利用已知类别的训练样本的离线训练，实现在线样本的识别分类，可以给出具体的分类信息，即属于哪一确定的类别中；而基于无监督学习的模式识别方法只是按照相似性原则对样本进行划分。

2）由于基于有监督学习的模式识别方法受到训练样本的约束，无法识别训练样本中没有包含的类别样本。

3）虽然基于无监督学习的模式识别方法无法像有监督学习的模式识别方法那样给出明确的分类信息，但是能够根据一定的相似度算法自适应地挖掘大量数据内部的分布特性，反映出数据之间的异同。

5.2 基于自适应共振神经网络的风电机组趋势分析

当前很多基于模式识别方法的故障诊断多依赖有监督学习的模式识别方法，例如支持向量机、BP 神经网络等，这些方法需要对大量的已知故障类别样本进行预先训练，然后再去分析未知信息标签的样本，造成工作与训练不统一，而且训练好的神经网络只能正确识别训练样本中的故障类型。但是在实际故障诊断中，很难获取不仅完备而且具有良好通用性的故障样本。以风电齿轮箱为例，齿轮故障的发展规律是一种从正常到失效缓慢退化的过程，由于设备机械结构以及运行环境的限制，齿轮箱的一些状态变化程度（例如齿轮磨损、裂纹等）不容易直接观测，因此难以获取与故障状态完全对应的振动样本，使得基于有监督学习的模式识别方法难以开展有效的应用。作为一种无监督学习的模式识别方法，自适应共振神经网络源于 Grossberg 提出的自适应共振理论（adaptive resonance theory，ART）。Carpenter 和 Grossberg 提出的 ART-1 模型，只能处理二进制的输入，在实际应用中存在一定的局限性。随后，他们在 ART-1 模型结构的基础上进行了改进，提出了 ART-2 网络结构，使之适用于二进制和任意模拟信号的输入。

5.2.1 ART-2 神经网络结构

ART-2 神经网络结构简图如图 5-7 所示，主要包括两部分：注意子系统和定向子系统。注意子系统由虚线方框部分 F_1 和 F_2 构成，其中 F_1 为特征表示场，也称为比较层；F_2 为记忆类别表示场，也称为识别层。图 5-7 中三角部分 R 为定向子系统，是该神经网络的复位系统。F_1 层由 n 组神经元构成，每组神经元又包含多个神经元，用来接收外界输入到 F_1 层中的 n 维状态向量，同时进行处理计算并短期记忆；F_2 层由 m 个神经元构成，每个神经元代表一种模式类别。权值向量链接在 F_1 和 F_2 之间。F_1 层的 n 组神经元从外界接收 n 维输入模式 $(x_1, x_2, \cdots, x_n)$，经过 F_1 层内部处理后送到 F_2 层，再提交给 F_2 层中的 m 个神经元，最后 F_2 层向外界输出结果 $(y_1, y_2, \cdots, y_m)$，选择输出值最大的神经元获胜并激活，然后对与其连接的权向量进行修正。当输入向量与反馈向量相似度低于警戒门限时，定向子系统控制 F_2 层，抑制 F_2 的激活神经元，重新对获胜神经元进行选择并测试其相似度，直到达到要求后停止。

5.2.2　ART-2 神经网络学习算法

ART-2 神经网络拓扑示意图如图 5-8 所示，描述了 F_1 层第 i 组神经元和 F_2 层第 j 个神经元之间的连接结构和学习过程。F_1 层由三层神经元构成，其中实心神经元表示求输入向量的模并给予抑制激励，空心神经元的功能是给予兴奋激励。

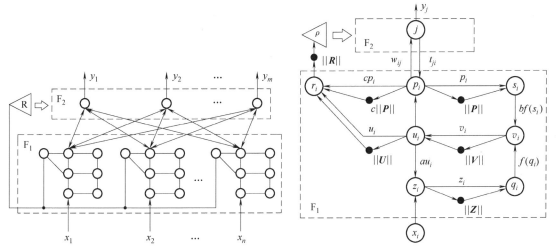

图 5-7　ART-2 神经网络结构简图　　　　图 5-8　ART-2 神经网络拓扑示意图

结合图 5-8，ART-2 神经网络的主要学习过程如下：

1. F_1 层的计算

输入 x_i 由 F_1 底层进入，F_2 层的反馈输入 $g(y_j)$ 由 F_1 顶层进入，F_1 的每一层神经元的运算方程为

$$z_i = x_i + au_i \tag{5-4}$$

$$q_i = z_i / (e + \|\boldsymbol{Z}\|) \tag{5-5}$$

$$v_i = f(q_i) + bf(s_i) \tag{5-6}$$

$$u_i = v_i / (e + \|\boldsymbol{V}\|) \tag{5-7}$$

$$s_i = p_i / (e + \|\boldsymbol{P}\|) \tag{5-8}$$

$$p_i = u_i + \sum_{j=1}^{m} g(y_j) t_{ji} \tag{5-9}$$

式（5-4）～式（5-8）中，$\boldsymbol{Z} = (z_1, z_2, \cdots, z_n)$，$\boldsymbol{P} = (p_1, p_2, \cdots, p_n)$，$\boldsymbol{V} = (v_1, v_2, \cdots, v_n)$，$a$ 和 b 为正反馈系数，e 为很小的正实数（$e \ll 1$）。式（5-9）中等号右边第二项是 F_2 层对神经元 p_i 的输入，t_{ji} 是 F_2 层第 j 个神经元指向 F_1 层 p_i 的连接权值。$f(x)$ 为

$$f(x) = \begin{cases} 2\theta x^2/(x^2 + \theta^2), & 0 \leq x \leq \theta \\ x, & x \geq \theta \end{cases} \tag{5-10}$$

式中，θ 为抗噪系数，$\theta = 1/\sqrt{n}$。

2. F_2 层确定获胜神经元

F_1 顶层的 p_i 神经元的输出进入到 F_2 层的神经元中，第 j 个神经元的输入为

$$T_j = \sum_{i=1}^{n} p_i w_{ij}, \quad j = 1, 2, \cdots, m \tag{5-11}$$

式中，w_{ij} 是 F_1 层 p_i 指向 F_2 层第 j 个神经元的连接权值。F_2 层神经元的激活通过式（5-12）来选择：

$$T_{j^*} = \max\{T_j\}, \quad j = 1, 2, \cdots, m \tag{5-12}$$

式中，j^* 为激活的神经元。当 j^* 神经元激活时，其他神经元处于抑制状态，这时 F_2 层的反馈 $g(y_j)$ 为

$$g(y_j) = \begin{cases} d, & j = j^* \\ 0, & j \neq j^* \end{cases} \tag{5-13}$$

根据式（5-13），式（5-9）可简化为

$$p_i = \begin{cases} u_i + d t_{ji}, & j = j^* \\ u_i, & j \neq j^* \end{cases} \tag{5-14}$$

3. 定向子系统判断是否对 F_2 层重置

从式（5-4）～式（5-9）可知，向量 $\boldsymbol{U} = (u_1, u_2, \cdots, u_n)$ 中包含输入向量 $\boldsymbol{X} = (x_1, x_2, \cdots, x_n)$ 的特征，向量 $\boldsymbol{P} = (p_1, p_2, \cdots, p_n)$ 中包含了 F_2 层的反馈特征，定向子系统比较向量 $\boldsymbol{U}$ 与 $\boldsymbol{P}$ 的相似度来确定是否对 F_2 重置。相似度 $\|\boldsymbol{R}\|$ 的计算公式为

$$\|\boldsymbol{R}\| = \left\| \frac{u_i + c p_i}{e + \|\boldsymbol{U}\| + \|c\boldsymbol{P}\|} \right\| \tag{5-15}$$

式中，c 为权重系数。$\|\boldsymbol{R}\|$ 值越大，表明向量 $\boldsymbol{U}$ 与 $\boldsymbol{P}$ 的相似度越高。设警戒值为 ρ，$0 < \rho < 1$，当 $\|\boldsymbol{R}\| > \rho$ 时，满足相似度要求，不需要重置，直接进入下一步对连接权值进行调整；否则，撤销 F_2 的激活神经元，与此同时，在 F_2 层中重新选取并且激活一个获胜神经元，回到步骤 1，重新计算，如此反复直到相似度满足要求。

4. F_1 与 F_2 层之间权值调整

确定满足相似度要求后，获胜神经元 j^* 对应的权值 w_{ij^*} 和 t_{j^*i} 会进行一次调整并记忆调整后的权值用于下一次的模式迭代，迭代算法见式（5-16）和式（5-17）：

$$w_{ij^*}(k+1) = w_{ij^*}(k) + d(1-d)\left[\frac{u_i(k)}{1-d} - w_{ij^*}(k)\right] \tag{5-16}$$

$$t_{j^*i}(k+1) = t_{j^*i}(k) + d(1-d)\left[\frac{u_i(k)}{1-d} - t_{j^*i}(k)\right] \tag{5-17}$$

综合上述分析，ART-2 神经网络的算法流程如图 5-9 所示。

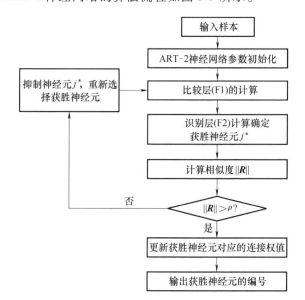

图 5-9　ART-2 神经网络算法流程图

对 ART-2 神经网络的参数进行如下设计：

1）m 和 n：m 为 ART-2 神经网络能够存储的最大类别数，为了防止出现记忆容量不足的情况，一般选择 m 值大于预计的类别总数，可以选择 m 值与输入样本数量相同；n 为输入向量的维数，n 的值要与输入向量的维数相符合。

2）e 值的选择要远远小于 1，主要作用是防止在计算过程中出现分母为零的状况，此处设置 $e = 10^{-8}$。

3）正反馈系数 a 和 b、学习速率 d、抗噪系数 θ 和权重系数 c：为了能够获得稳定的分类结果，参考文献并通过大量的试验，设置 $a = 10$，$b = 10$，$c = 0.1$，$d = 0.9$，$\theta = 1/\sqrt{n} = 0.354$。

4）从 F_1 层到 F_2 层的权值 w_{ij} 初始化为

$$w_{ij} = \frac{1}{(1-d)\sqrt{n}} \tag{5-18}$$

由于第一次计算不存在从 F_2 层到 F_1 层的反馈，所以从 F_2 层到 F_1 层的权值初始化为 $t_{ji} = 0$，$i = 1, 2, \cdots, n$，$j = 1, 2, \cdots, m$。

5）F_1 层神经元初始化。第一次计算各个神经元没有记忆数值，因此 z_i、q_i、v_i、u_i、s_i 和 p_i 初始化为 0，$i = 1, 2, \cdots, n$。

6）警戒值 ρ 的选取对分类效果有一定的影响，警戒值越大，对相似度 $\|\boldsymbol{R}\|$ 的要求就越高，分类就越细致。如果警戒值过低，可能会导致不同类样本被分在一起；反之，会导致同一类的样本被划分成不同类别。因此，需要确定合适的警戒值。

此处采用聚类的类内距离准则函数来确定警戒值 ρ。设某一含有 N 个样本的集合 $\{\boldsymbol{x}_1,$ $\boldsymbol{x}_2, \cdots, \boldsymbol{x}_N\}$，在某个警戒值 ρ 下被划分为 c 类，集合表示为 $\{\boldsymbol{x}_i^{(j)}; j = 1, 2, \cdots, c; i = 1, 2, \cdots,$ $n_j\}$，其中 j 代表类别，i 代表第 j 类包含的样本序号，n_j 为分到第 j 类的样本数量，类内距离准则函数 J_w 定义为

$$J_w = \sum_{j=1}^{c} \sum_{i=1}^{n_j} \| \boldsymbol{x}_i^{(j)} - \boldsymbol{m}_j \|^2 \qquad (5\text{-}19)$$

式中，$\boldsymbol{m}_j$ 为第 j 类中所有样本的均值矢量，即

$$\boldsymbol{m}_j = \frac{1}{n_j} \sum_{i=1}^{n_j} \boldsymbol{x}_i^{(j)} \qquad (5\text{-}20)$$

式（5-19）计算了各样本到其被指定的类的类心距离平方和。选择警戒值的目标是使 J_w 取得最小，因为如果 J_w 越大，说明个别样本的分类比较分散，聚类不理想，需要重新选择警戒值。因此，警戒值 ρ 的选取应使 J_w 最小，这样才能保证获得好的聚类效果。

5.2.3 基于 ART-2 神经网络的发电机轴承健康趋势分析

本案例中研究对象为某风电场 1.5MW 双馈风电机组，齿轮箱采用两级行星+一级平行结构的传动方案，传动链布局和齿轮箱结构如图 2-4b 所示。发电机额定转速为 1750r/min。该机组于 2014 年 11 月 13 日安装了振动监测系统，2015 年 1 月 21 日该机组的发电机驱动端轴承出现严重故障。信号采样频率为 8192Hz。振动监测系统记录下了从 2014 年 11 月 13 日至 2015 年 1 月 20 日的振动信号，从每天记录的振动信号中提取正常发电状态下的发电机驱动端径向振动信号，总共获得 69 个样本信号，每个样本信号时长 2s。

对每个样本信号进行三层小波分解并计算各个频带的相对小波包能量 $\varepsilon_1, \varepsilon_2, \cdots, \varepsilon_8$ 作为样本信号特征值。然后利用 ART-2 神经网络对 69 个样本进行无监督分类，相关参数设置如下：$m = 69$，$n = 8$，$e = 10^{-8}$，$a = 10$，$b = 10$，$c = 0.1$，$d = 0.9$，$\theta = 1/\sqrt{n} = 0.354$，$w_{ij} = 1/\sqrt{n}$ $(1-d)$，$t_{ji} = 0$，$i = 1, 2, \cdots, n$，$j = 1, 2, \cdots, m$。

1. 2014 年 11 月信号样本分析

分析 2014 年 11 月 13 日至 2014 年 11 月 30 日期间的 18 个信号样本，利用 ART-2 神经网络对样本分类，根据式（5-19）可以获得警戒值 ρ 与类内距离准则函数 J_w 的关系，设定警戒值 ρ 选取范围为 0.8 ~ 0.999，结果如图 5-10 所示。从图中可以看出，当警戒值 ρ 在 0.8 ~ 0.974 之间选取时 J_w 值最小，这时聚类效果最好。

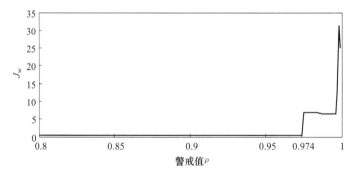

图 5-10 警戒值 ρ 与 J_w 之间的关系（1）

选择 $\rho = 0.96$，11 月信号样本的分类结果如图 5-11 所示。从图中可以看出，11 月 13 日至 11 月 23 日期间的信号样本都归为一类，以 11 月 13 日的样本信号为例，对该样本进行时域、频谱分析，如图 5-12a、b 所示。从时域图（图 5-12a）中可以看出，振动信号中没有明显的冲击成分，频谱图（图 5-12b）中不含有明显的边带调制成分，对时域信号做 Hilbert 包

络处理后再做傅里叶变换得到的包络谱图（图5-12c）中也没有明显突出的频率成分，表明信号中没有明显的调制现象，此时的发电机驱动端轴承处于正常运行状态，因此11月13日至11月23日期间轴承一直正常运行。但是从11月24日开始，出现了新的分类结果，11月24日至11月30日期间的样本都分在了第2类，表明轴承的运行状态发生了变化。以11月24日的样本信号为例，对该样本进行时域、频谱分析，如图5-12d、e所示。与11月13日的样本信号对比可以看出，11月24日的时域信号中含有很明显的周期冲击成分，在频谱的800~1400Hz范围内出现非常明显的调制边带。对该频段信号进行带通滤波，滤波后对信号进行包络分析，最后做包络谱如图5-12f所示。可以看出，包络谱中在发电机转子转动频率21Hz及其倍频处有突出峰值，说明发电机驱动端轴承可能存在故障点。因此，11月24日样本信号分到了第2类中。

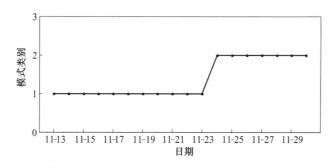

图5-11　2014年11月样本分类结果（$\rho = 0.96$）

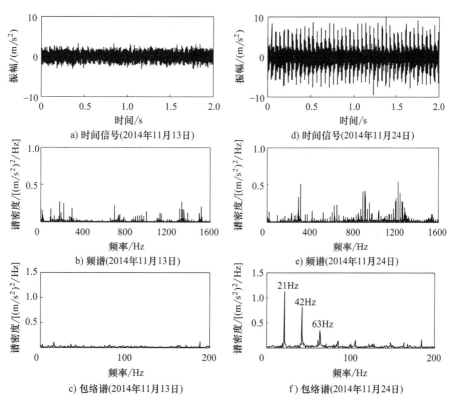

图5-12　2014年11月信号时域、频域和包络谱分析

2. 2014 年 11 月 13 日至 2014 年 12 月 31 日信号样本分析

分析该机组 2014 年 11 月 13 日至 2014 年 12 月 31 日运行过程的 49 个信号样本分类情况，利用 ART-2 神经网络对样本分类，根据式（5-19）可以获得警戒值 ρ 与类内距离准则函数 J_w 的关系，设定警戒值 ρ 选取范围为 $0.8 \sim 0.999$，结果如图 5-13 所示。从图中可以看出，当警戒值 $\rho = 0.974$ 时 J_w 值最小，这时聚类效果最好。

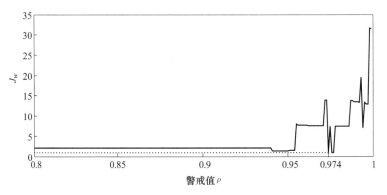

图 5-13　警戒值 ρ 与 J_w 之间的关系（2）

此处，选择 $\rho = 0.974$，2014 年 11 月和 12 月两个月的信号样本的分类结果如图 5-14 所示。从图中可以看出，12 月 3 日到 12 月 31 日这段时间内的样本分类出现了第 3 类和第 4 类，表明运行状态又发生了变化。结合之前对 11 月的分类结果分析，可以说明 12 月发电机驱动端的故障点越来越严重。

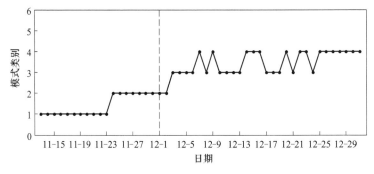

图 5-14　2014 年 11 月和 12 月样本分类结果（$\rho = 0.974$）

以 12 月 5 日的样本信号为例，对该样本进行时域、频谱分析，如图 5-15a、b 所示。从时域图（图 5-15a）中可以看出，冲击成分仍然十分明显，在频谱图（图 5-15b）中可以看到，频率范围 $600 \sim 1000$Hz 有明显的调制边带，对该段信号进行带通滤波，并且做滤波后信号的包络谱，如图 5-15c 所示。可以看出，包络谱中在发电机转子转动频率 28.5Hz 及其二倍频、三倍频处有突出峰值，甚至四倍频、五倍频和六倍频处的峰值也较为突出。由于频谱图中转动频率成分及其倍频成分并不突出，表明转子不存在安装偏差问题，所以推测发电机驱动端的轴承出现了故障，如此密集的以转动频率为周期的调制现象可能由轴承打滑引起。

3. 2014 年 11 月至 2015 年 1 月 21 日信号样本分析

分析该机组出现事故之前整个运行过程的 69 个信号样本分类情况，利用 ART-2 神经网络对样本分类，根据式（5-19）可以获得警戒值 ρ 与类内距离准则函数 J_w 的关系，设定警

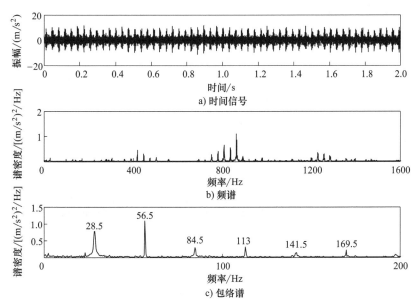

图 5-15　2014 年 12 月 5 日信号时域、频域和包络谱分析

戒值 ρ 选取范围为 0.8~0.999，结果如图 5-16 所示。从图中可以看出，当警戒值 ρ = 0.974 时 J_w 值最小，这时聚类效果最好。

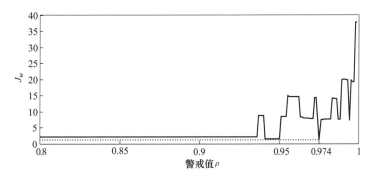

图 5-16　警戒值 ρ 与 J_w 之间的关系（3）

此处，选择 ρ = 0.974，该机组出现事故之前整个运行过程的 69 个信号样本分类结果如图 5-17 所示。从图中可以看出，2015 年 1 月 1 日到 1 月 20 日这段时间内的样本分类又出现

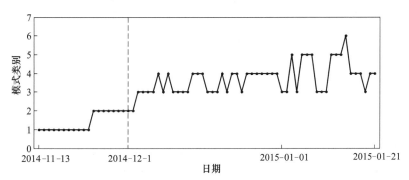

图 5-17　出现事故之前运行过程的样本分类结果（ρ = 0.974）

了新的类别，即第 5 类和第 6 类，表明这一阶段发电机驱动端轴承的运行状态又发生了变换，根据之前对 11 月至 12 月数据的分析，可以判断此时的轴承故障已经变得很严重。由于风电场没有进行停机维护，机组保持此状态继续运行，最后导致事故发生。

以 2015 年 1 月 14 日的样本信号为例，对该样本进行时域、频谱分析，如图 5-18a、b 所示。从时域图（图 5-18a）中可以看出，此时的振动信号仍然具有十分明显的冲击成分，在频谱图（图 5-18b）中可以看到，频率范围 1000~1400Hz 有明显的调制边带，对该段信号进行带通滤波，并且做滤波后信号的包络谱，如图 5-18c 所示。在包络谱中仍然可以看到发电机转子转动频率 21.5Hz 及其二倍频、三倍频处有非常明显的突出峰值。

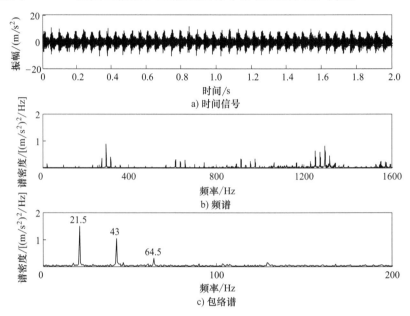

图 5-18   2015 年 1 月 14 日信号时域、频域和包络谱分析

通过以上分析可以看出，利用 ART-2 神经网络方法对风电机组发电机轴承的数据样本进行无监督分类，可以表征运行状态的变化，利用分类结果给出的状态变化信息能够掌握设备的运行状况。

5.3   结合 ART-2 神经网络和 C-均值聚类的机组群智能诊断

5.3.1   ART-2 神经网络算法存在的问题

由 5.2 节分析可知，样本的分类结果主要是先根据式（5-11）和式（5-12）确定获胜神经元，然后根据式（5-15）计算相似度，最后将计算的相似度与警戒值相比较，如果满足警戒值相似度条件，则这个样本会被分类在获胜神经元所属类别中。事实上，确定获胜神经元的方法属于"硬竞争"的方式，选取结果是唯一的，即它只激活了输出值最大的神经元，而将输出值为第二大或者第三大的神经元给予抑制，但是输出值低于最大值的神经元也可能满足警戒值的测试，如果样本的模式特征相近，这种"硬竞争"选择方式可能会导致分类结果出现错误。为便于理解，图 5-19 给出一个图例进行说明。以 ART-2 神经网络为基础的故障诊断方案中，将已知的正常类别样本集和未知类别样本集相结合并利用 ART-2 神经网络进行分类，假设未知类别中含有一个故障样本 S，该样本的特征分布和已知正常类别的样本集特征分布相近，在确定激活神经元时，故障样本 S 可能激活了正常样本集对应的神经元并且满足警戒值相似度条件，这样故障样本 S 被直接划分在正常样本集中，然而故障样本对应的神经元也可能满足故障样本集警戒值相似度条件，但是由于"硬竞争"方式没有被激活，从而导致错误的分类。

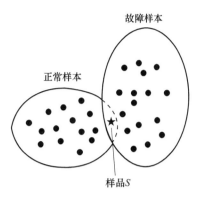

图 5-19　ART-2 神经网络分类示意图

5.3.2　C-均值聚类算法

C-均值聚类算法的基本步骤：首先初始化类别个数 l 和每个类的初始聚类中心，然后根据最小距离准则将各样本分配到某一类中，最后调整各样本的类别和聚类中心。定义某个特征矢量集为 $X = \{ x^{(1)}, x^{(2)}, \cdots, x^{(m)} \}$，其中 m 为样本个数，某一个特征矢量表示为 $x^{(k)} = [x_1^{(k)}, x_2^{(k)}, \cdots, x_n^{(k)}]$，其中 n 为样本特征值的维度，$k = 1, 2, \cdots, m$。C-均值聚类算法的具体计算流程如下：

1）初始化类别个数 l 和每个类的初始聚类中心 $z^{(1)}, z^{(2)}, \cdots, z^{(l)}$。

2）计算样本 $x^{(k)}$ 与第 j 类的聚类中心 $z^{(j)}$ 的欧氏距离 $d_j (j = 1, 2, \cdots, l)$，即

$$d_j = \| x^{(k)} - z^{(j)} \| \tag{5-21}$$

3）根据下面的最小距离准则对样本 $x^{(k)}$ 进行归类：如果满足 $D_{j^t} = \min \{ d_j \}$，$j = 1, 2, \cdots, l$，则有 $x^{(k)} \in$ 第 j^t 类。

4）更改第 j^t 类的聚类中心，如式（5-22）所示。然后返回步骤 2），并进行下一个样本的分类。

$$z^{(j^t)} = \frac{1}{N_{j^t}} \sum_{x^{(k)} \in j^t} x^{(k)} \tag{5-22}$$

式中，N_{j^t} 为第 j^t 类中所含样本的数量。

5）当 m 个样本完成分类时，根据式（5-23）计算各样本到其判属类别中心的距离的二次方之和 J_w，即

$$J_w = \sum_{j=1}^{c} \sum_{x^{(k)} \in j} \| x^{(k)} - z^{(j)} \|^2 \tag{5-23}$$

如果 J_w 为最小值，停止分类，否则返回步骤 1），重新初始化 l 值和初始聚类中心。

5.3.3　结合 ART-2 神经网络和 C-均值聚类的分类算法

本章将 C-均值聚类算法引入 ART-2 神经网络中，对 ART-2 神经网络原有的"硬竞争"分类结果进行修正，提高分类准确度。具体计算步骤如下：

1）初始化 ART-2 神经网络警戒值 ρ 并利用 ART-2 神经网络对所有样本进行分类，从而获得所分类的类别个数 l，C-均值聚类算法的初始聚类中心 $z^{(j)}$ 初始化为每一类中所有样本的均值矢量，$j = 1, 2, \cdots, l$。

2）根据式（5-21），计算样本 $x^{(k)}$ 与每个初始聚类中心 $z^{(j)}$ 的欧氏距离。

3）重新判别样本 $x^{(k)}$ 的类别，判别准则即为 C-均值聚类算法的最小距离准则，同时更新类别的聚类中心。

4）所有样本的类别重新判别结束后，计算 J_w 并观察是否达到最小值，如果不是最小值，则返回步骤1），重新初始化 ART-2 神经网络警戒值 ρ，并重复后面步骤的计算。若 J_w 达最小值则输出结果。

5.3.4 风电机组设备群故障诊断

为了能够从大量风电设备群中快速找出故障机组，综合上述理论分析，提出了结合 ART-2 神经网络和 C-均值聚类的风电齿轮箱故障诊断方法，实施的具体步骤为：①分别从正常机组和待诊断机组齿轮箱上采集样本信号并组成样本集；②计算每个样本的相对小波包能量作为样本特征值；③利用 5.3.3 节的方法对数据进行分类，输出最终诊断结果。简要流程如图 5-20 所示。

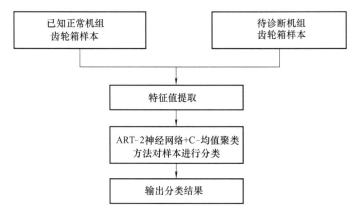

图 5-20 风电齿轮箱故障诊断流程

以某风电场 1.5MW 双馈风电机组为研究对象，齿轮箱传动结构为一级行星轮+两级平行齿轮，风电机组风轮额定转速为 15.35r/min，传动链及齿轮箱结构如图 2-4a 所示。该风电场中有 2 台机组齿轮箱曾出现中间级小齿轮裂纹和高速级小齿轮点蚀故障，从这 2 台故障机组中提取发生故障时的振动信号，机组编号为 7 号和 8 号。另外，从风电场选择 6 台齿轮箱正常运行的机组，分别编号为 1~6 号。所分析的振动信号来自齿轮箱高速轴轴承座（如图 2-4a 中传感器⑥），采样频率为 8192Hz。选取风轮转速接近额定转速下的振动信号样本，每台机组测得 40 个样本，共获得 320 个样本。定义已知机组为 1~4 号机组，待诊断机组为 5~8 号，8 台机组状态信息见表 5-1。

表 5-1 8 台机组状态信息

分组	机组编号	状态	分组	机组编号	状态
已知	1 号	正常	待诊断	5 号	正常
	2 号	正常		6 号	正常
	3 号	正常		7 号	中间级小齿轮裂纹故障
	4 号	正常		8 号	高速级小齿轮点蚀故障

将 8 台机组的 320 个齿轮箱振动信号样本构成待分类的样本集合，利用小波包变换对每个样本信号进行三层小波包分解，并计算每个信号样本的小波包能量特征值，最后构成 320×8 的样本特征矩阵。

为了方便观测 320 个样本的空间分布情况，利用主成分分析方法（principal component analysis，PCA）对原始特征矩阵空间进行降维处理，降维处理后可以得到每个主成分的贡献率，见表 5-2。根据文献，选择累积贡献率大于 85% 的主成分构造特征空间。根据表 5-2 的结果可以看出，第一、第二和第三主成分的累积贡献率超过了 85%，因此选用前三个主成分构造特征空间，即将原始八维特征空间降为三维。

表 5-2　主成分所对应的贡献率

主成分	第一	第二	第三	第四
贡献率	51.23%	31.35%	11.02%	3.27%

8 台机组的 320 个样本对应的原始特征空间经过降维后，样本空间分布如图 5-21 所示。可以看出，1~4 号机组样本分布比较集中，5、6 号机组样本的空间分布与 1~4 号样本相似，7 号和 8 号机组的样本分布都比较集中，7 号机组样本分布距离 1~4 号样本较近，而 8 号机组样本分布距离 1~4 号机组较远。

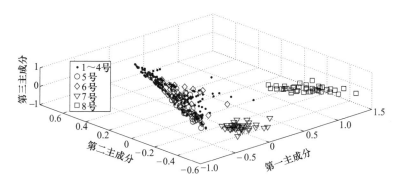

图 5-21　样本经过 PCA 处理后的分布情况

设计 ART-2 神经网络，ART-2 神经网络的参数设置如下：$m = 320$，$n = 8$，$e = 10^{-8}$，$a = 10$，$b = 10$，$c = 0.1$，$d = 0.9$，$\theta = 1/\sqrt{n} = 0.354$，$w_{ij} = 1/\sqrt{n}(1-d)$，$t_{ji} = 0$，$i = 1, 2, \cdots, n$，$j = 1, 2, \cdots, m$。

警戒值 ρ 的选取范围设定为 0.8~0.999，分别利用 5.3.3 节提出的方法和原始 ART-2 神经网络对 8 台机组的样本进行分类，通过选取不同的警戒值 ρ 获得警戒值 ρ 与 J_w 的关系，如图 5-22 所示。可以看出，利用 C-均值聚类与 ART-2 神经网络相结合的方法对 8 台机组样本分类时，要使 J_w 值最小，警戒值 ρ 需要在 0.951~0.953 之间选择；而利用 ART-2 神经网络对 8 台机组样本进行分类时，警戒值 ρ 的选择范围为 0.936~0.948 才能获得最小的 J_w 值。

根据上述分析，利用 C-均值聚类与 ART-2 神经网络相结合的方法时选择警戒值 $\rho = 0.951$，而利用原始 ART-2 神经网络分类时选择警戒值 $\rho = 0.94$，用累计直方图来表示每台机组样本的分类情况。两种方法的分类结果分别如图 5-23a、b 所示。从图 5-23a 中可以看出，利用 C-均值聚类与 ART-2 神经网络相结合的方法将 320 个样本分为 5 个类别，健康机组（1~4 号机组）的样本被分在第一类、第二类和第三类中。观察 4 台待诊断机组样本的

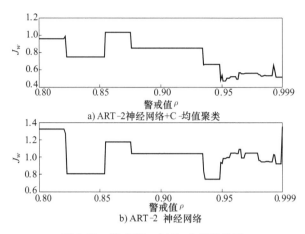

a) ART-2神经网络+C-均值聚类

b) ART-2 神经网络

图 5-22 警戒值 ρ 与 J_w 之间的关系

分类情况，5 号和 6 号机组的齿轮箱样本被分在正常样本所属类别中，表明 5 号和 6 号机组齿轮箱的状态与 1~4 号机组齿轮箱相同，属于正常状态。另外 2 台待诊断机组 7 号和 8 号的齿轮箱样本分类出现不同的情况，这 2 台机组的样本分别划分在第四类和第五类中，与 1~4 号机组齿轮箱样本分类结果不同，表明 7 号和 8 号机组的状态不同于 1~4 号机组，存在故障。上述分析结果与实际情况相符。利用原始的 ART-2 神经网络对 8 台机组样本的分类结果如图 5-23b 所示。从图中可以看出，作为健康机组，3 号、4 号机组中部分样本被分到第四类。待诊断机组中，5 号和 6 号作为健康机组也有部分样本被分为第四类，而 7 号故

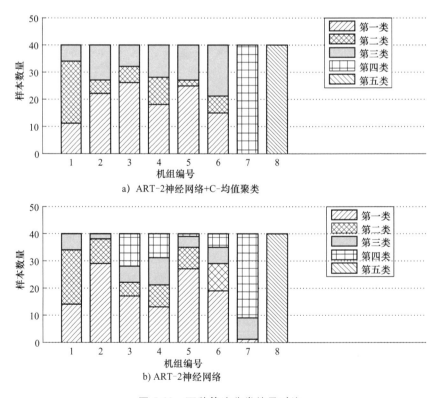

a) ART-2神经网络+C-均值聚类

b) ART-2神经网络

图 5-23 两种算法分类结果对比

障机组大部分属于第四类，但仍然有部分样本被分为第一类和第三类。这一情况与 PCA 中，7 号机组样本与 1~4 号机组接近的情况相吻合，导致分类时出现错误。8 号机组的样本分布比较集中而且距离 1~4 号机组样本较远，因此 8 号故障机组能够被正确识别。在仅利用 ART-2 神经网络进行分类时，激活神经元的"硬竞争"选择方式导致特征相近的样本激活相同的神经元，而输出值低于最大值的神经元被忽略，从而产生错误分类。

5.4　基于模糊核聚类的风电机组故障诊断

5.4.1　模糊核聚类算法

1. 模糊集合概念

在普通集合论中，通常描述的情况是这样：一个元素要么属于一个集合，要么不属于这个集合，这两种情况只能存在一种。定义某一论域 U 和该论域下的三个子集 A、B 和 C，即 $A \subset U$，$B \subset U$，$C \subset U$，论域 U 中的某一个元素 x，即 $x \in U$，如图 5-24 所示。以元素 x 和集合 A 为例：如果 x 属于 A，表示为 $x \in A$，否则表示成 $x \notin A$。利用特征函数来描述，可以定义如下映射：

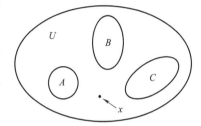

图 5-24　集合示意图

$$C_A : U \rightarrow \{0, 1\} \tag{5-24}$$

对于 $\forall x \in U$，令特征函数：

$$C_A(x) = \begin{cases} 0, x \notin A \\ 1, x \in A \end{cases} \tag{5-25}$$

式中，$C_A(x)$ 在某一元素 x_0 上的取值 $C_A(x_0)$ 称为元素 x_0 对集合 A 的隶属度。

对于其他集合 B 和 C，同样可以建立这种映射关系式。任意一个集合都有唯一的特征函数，同时任意特征函数都能唯一地确定一个集合，集合 A 可由它的特征函数 $C_A(x)$ 唯一地确定，A 是由隶属度等于 1 的元素组成的。显然，这里元素的归属是明确的，这种划分方法也可以称为"硬划分"。

上述关系可以推广到一般形式，定义有限观测样本集 $X = \{x_1, x_2, \cdots, x_n\}$，其中某一样本 $x_k = [x_k^{(1)}, x_k^{(2)}, \cdots, x_k^{(d)}]$，$k = 1, 2, \cdots, n$，$n$ 为样本个数，d 为特征空间维数。将样本集 X 划分为 c 个非空子集 $X_1, X_2, \cdots, X_c$，用隶属度函数 μ_{ik} 来表示样本 x_k 与各个子集 X_i 之间的关系，$i = 1, 2, \cdots, c$，对于某一集合 X_i 可表示为

$$X_i = \{x_k \mid \mu_{ik} = 1, \forall i, k; \sum_{i=1}^{c} \mu_{ik} = 1, \forall k; 0 < \sum_{k=1}^{n} \mu_{ik} < n, \forall i\} \tag{5-26}$$

如果将普通集合论中特征函数的取值范围由 $\{0,1\}$ 推广到闭区间 $[0,1]$，可以得到模糊集的定义。相对于域 U 上的一个集合 A，对任意 $x \in U$，指定一个数 $\mu_A(x) \in [0,1]$，用来表示 x 属于集合 A 的程度，即有映射：

$$\mu_A(x) : U \rightarrow [0,1]$$
$$x \rightarrow \mu_A(x) \tag{5-27}$$

由 $\mu_A(x)$ 所确定的集合 A 称为 U 上的一个模糊集（模糊子集），函数 $\mu_A(x)$ 称为模糊

集 A 的隶属函数。对一具体 $x_0 \in U$，值 $\mu_A(x_0)$ 称为 x_0 对 A 的隶属度。

根据上述定义，可以看出一个模糊集是由其隶属函数刻画，隶属函数 $\mu_A(x)$ 唯一地确定一个模糊集。$\mu_A(x)$ 的值越接近 1，表示 x 属于 A 的程度越高；$\mu_A(x)$ 的值越接近 0，表示 x 属于 A 的程度越低。

2. 模糊聚类基本算法

定义含有 n 个样本、特征空间维数为 d 的集合 $X=\{x_1,x_2,\cdots,x_n\}$，其中某一样本表示为 $x_j=[x_j^{(1)},x_j^{(2)},\cdots,x_j^{(d)}]$，$j=1,2,\cdots,n$。欲将这个样本集合分成 c 类，利用隶属度 μ_{ij} 来表示分类结果，$i=1,2,\cdots,c$，μ_{ij} 表示样本 x_j 属于第 i 类的程度，并且隶属度 μ_{ij} 满足以下条件：

1）$\mu_{ij} \in [0,1]$。

2）$0 < \sum_{j=1}^{n} \mu_{ij} < n$，$\forall i$，即任意一类都不是确定的空集，而且也不是全集 X。

3）$\sum_{i=1}^{c} \mu_{ij} = 1$，$\forall j$，即样本集合 X 中的每一个样本 x_j 属于各个类别程度总和为 1。

模糊聚类算法在迭代寻优过程中，不断更新各个类别的中心以及隶属度 μ_{ij} 的值，直到接近下列函数的最小值：

$$J_m(U,Z) = \sum_{j=1}^{n} \sum_{i=1}^{c} \mu_{ij}^m \|x_j - z_i\|^2 \tag{5-28}$$

式中，U 为隶属度矩阵，$U=(\mu_{ij})_{c \times n}$；$Z=\{z_1,z_2,\cdots,z_c\}$，是所有类心的集合；$z_i$ 为第 i 类的类心；m 为加权指数，$m \in [1,\infty)$。

式（5-28）的约束条件为 $\sum_{i=1}^{c} \mu_{ij} = 1$，$\forall j$，运用拉格朗日乘数法，可以得到无约束的准则函数：

$$F = \sum_{j=1}^{n} \sum_{i=1}^{c} \mu_{ij}^m \|x_j - z_i\|^2 - \sum_{j=1}^{n} \lambda_j \left(\sum_{i=1}^{c} \mu_{ij} - 1 \right) \tag{5-29}$$

式（5-29）取得极小值的必要条件是

$$\frac{\partial F}{\partial \mu_{ij}} = m\mu_{ij}^{m-1} \|x_j - z_i\|^2 - \lambda_j = 0 \tag{5-30}$$

$$\frac{\partial F}{\partial \lambda_j} = -\left(\sum_{i=1}^{c} \mu_{ij} - 1 \right) = 0 \tag{5-31}$$

由式（5-30）可得

$$\mu_{ij} = \left(\frac{\lambda_j}{m\|x_j - z_i\|^2} \right)^{\frac{1}{m-1}} \tag{5-32}$$

式（5-32）代入式（5-31）可得

$$\sum_{i=1}^{c} \mu_{ij} = \left(\frac{\lambda_j}{m} \right)^{\frac{1}{m-1}} \sum_{i=1}^{c} \left(\frac{1}{\|x_j - z_i\|^2} \right)^{\frac{1}{m-1}} = 1 \tag{5-33}$$

结合式（5-32）可得

$$\mu_{ij} = \cfrac{1}{\sum\limits_{k=1}^{c} \left(\cfrac{\|x_j - z_i\|^2}{\|x_j - z_k\|^2} \right)^{\frac{1}{m-1}}} \tag{5-34}$$

同理可以得到类心 z_i 的更新公式，令

$$\frac{\partial J_m(U,V)}{\partial z_i} = 0 \tag{5-35}$$

可以得到

$$z_i = \cfrac{\sum\limits_{j=1}^{n} \mu_{ij}^m x_j}{\sum\limits_{j=1}^{n} \mu_{ij}^m} \tag{5-36}$$

最后根据样本 x_j 对每个类的隶属度 μ_{ij} 确定所属类别，如果有 $u_{i^*j} = \max\limits_{i=1,2,\cdots,c} \{\mu_{ij}\}$，则判定 x_j 属于第 i^* 类。

3. 核函数基本概念

为了使聚类算法更加适合各种模式分布结构，改善复杂数据集的聚类性能，可以通过建立某种非线性映射，利用这种映射关系将原始样本特征空间进行适当的空间转换，之后在新的特征空间中进行模糊聚类计算。

定义某一特征空间集合 $X = \{x_1, x_2, \cdots, x_n\}$，特征空间中某一样本表示为 $x_j = [x_j^{(1)}, x_j^{(2)}, \cdots, x_j^{(d)}]$，$n$ 为样本个数，d 为特征空间 X 的维数，$j = 1, 2, \cdots, n$。定义非线性映射 Φ，通过非线性映射将特征空间 X 转换到新的高维特征空间 F，表示形式为

$$\Phi : x_j \in X \rightarrow \Phi(x_j) \in F \tag{5-37}$$

空间 X 中的样本通过式（5-37）关系的映射，可以得到 $\Phi(x_1), \Phi(x_2), \cdots, \Phi(x_n)$。定义核函数 K，在特征空间 F 中用内积形式表示为

$$K(x_i, x_j) = \langle \Phi(x_i), \Phi(x_j) \rangle \tag{5-38}$$

设核函数 $K(x,y)$ 在 $[a,b] \times [a,b]$ 空间上连续对称，$g(x)$ 为一平方可积函数，核函数 $K(x,y)$ 可以用如下形式表示：

$$K(x,y) = \sum_{i=1}^{d_F} \lambda_i \Phi_i(x) \Phi_i(y) \tag{5-39}$$

式中，λ_i 为特征值，$\lambda_i > 0$，$\Phi_i(x)$ 是针对原始特征空间向高维空间中第 i 维的转换。如果式（5-39）收敛，即满足以下条件：

$$\int_a^b \int_a^b K(x,y) g(x) g(y) \mathrm{d}x \mathrm{d}y \geq 0 \tag{5-40}$$

则非线性映射 $\Phi(x)$ 可以用如下形式表达：

$$\Phi(x) = (\sqrt{\lambda_1} \Phi_1(x), \sqrt{\lambda_2} \Phi_2(x), \cdots, \sqrt{\lambda_{d_F}} \Phi_{d_F}(x)) \tag{5-41}$$

式中，d_F 为高维特征空间 F 中的维数。式（5-41）的变换过程称为 Mercer 核定理，式（5-40）称为 Mercer 核条件。

根据上述推导，在计算中如果直接利用非线性映射 $\Phi(x)$ 将样本映射到高维空间，则存在需要确定非线性映射函数的形式、参数与特征空间维数等问题。采用核函数后可以避免

这些问题，引入核函数之后，在高维特征空间 $\boldsymbol{F}$ 中的内积计算可以变换为原始特征空间 $\boldsymbol{X}$ 中的核函数的计算，即只要选取的核函数满足 Mercer 定理，核函数的特征分解都可以用特征空间的内积形式表示，即

$$K(\boldsymbol{x},\boldsymbol{y}) = \langle \boldsymbol{\Phi}(\boldsymbol{x}), \boldsymbol{\Phi}(\boldsymbol{y}) \rangle \tag{5-42}$$

这样只需要构造适当的核函数即可，并且对于一个函数，只要满足 Mercer 定理，就可以被选做核函数。常用的核函数主要有以下几种：

1）线性核函数：

$$K(\boldsymbol{x},\boldsymbol{y}) = \boldsymbol{x}^{\mathrm{T}}\boldsymbol{y} \tag{5-43}$$

2）多项式核函数：

$$K(\boldsymbol{x},\boldsymbol{y}) = [a(\boldsymbol{x}^{\mathrm{T}}\boldsymbol{y})+b]^p \tag{5-44}$$

式中，$a>0$，$b \geq 0$，p 为整数。

3）高斯核函数（径向基核函数）：

$$K(\boldsymbol{x},\boldsymbol{y}) = \exp\left(-\frac{\|\boldsymbol{x}-\boldsymbol{y}\|^2}{\sigma^2}\right) \tag{5-45}$$

式中，σ 为高斯核函数参数，并且 $\sigma \neq 0$。

4）Sigmoid 核函数（多层感知器核函数）：

$$K(\boldsymbol{x},\boldsymbol{y}) = \tanh[a(\boldsymbol{x}^{\mathrm{T}}\boldsymbol{y})+r] \tag{5-46}$$

式中，a 和 r 均为实数。

以上几种核函数中，高斯核函数所面对的对象是无穷维的特征空间，能够保证原始有限维数的样本集合在高维特征空间中具有线性可分的特性，因此应用最为广泛。

4. 模糊核聚类算法的实现

模糊核聚类算法是利用核函数将原始输入空间中的样本数据映射到高维特征空间中再进行模糊聚类。通过此计算思路，原模糊聚类算法的目标函数式（5-28）可表示为

$$J_m(\boldsymbol{U},\boldsymbol{V}) = \sum_{j=1}^{n}\sum_{i=1}^{c}\mu_{ij}^m \|\boldsymbol{\Phi}(\boldsymbol{x}_j) - \boldsymbol{\Phi}(\boldsymbol{z}_i)\|^2 \tag{5-47}$$

引入核函数后，不用选定非线性映射函数 $\boldsymbol{\Phi}(\boldsymbol{x})$ 就可以计算高维空间的欧氏距离，式（5-42）的内积形式可表示为

$$K(\boldsymbol{x},\boldsymbol{y}) = \langle \boldsymbol{\Phi}(\boldsymbol{x}), \boldsymbol{\Phi}(\boldsymbol{y}) \rangle = \boldsymbol{\Phi}(\boldsymbol{x})^{\mathrm{T}}\boldsymbol{\Phi}(\boldsymbol{y}) \tag{5-48}$$

结合式（5-42），有

$$\begin{aligned}\|\boldsymbol{\Phi}(\boldsymbol{x}_j)-\boldsymbol{\Phi}(\boldsymbol{z}_i)\|^2 &= \boldsymbol{\Phi}(\boldsymbol{x}_j)^{\mathrm{T}}\boldsymbol{\Phi}(\boldsymbol{x}_j)+\boldsymbol{\Phi}(\boldsymbol{z}_i)^{\mathrm{T}}\boldsymbol{\Phi}(\boldsymbol{z}_i)-2\boldsymbol{\Phi}(\boldsymbol{x}_j)^{\mathrm{T}}\boldsymbol{\Phi}(\boldsymbol{z}_i)\\ &= K(\boldsymbol{x}_j,\boldsymbol{x}_j)+K(\boldsymbol{z}_i,\boldsymbol{z}_i)-2K(\boldsymbol{x}_j,\boldsymbol{z}_i)\end{aligned} \tag{5-49}$$

选用高斯核函数，并结合式（5-45），式（5-47）可表达为

$$J_m(\boldsymbol{U},\boldsymbol{V}) = \sum_{j=1}^{n}\sum_{i=1}^{c}\mu_{ij}^m[2-2K(\boldsymbol{x}_j,\boldsymbol{z}_i)] \tag{5-50}$$

这样，隶属度函数式（5-34）和类心计算式（5-36）可表达为

$$\mu_{ij} = \frac{\left[\dfrac{1}{1-K(\boldsymbol{x}_j,\boldsymbol{z}_i)}\right]^{\frac{1}{m-1}}}{\sum_{k=1}^{c}\left[\dfrac{1}{1-K(\boldsymbol{x}_j,\boldsymbol{z}_k)}\right]^{\frac{1}{m-1}}} \tag{5-51}$$

$$z_i = \frac{\sum\limits_{j=1}^{n} \mu_{ij}^m K(\boldsymbol{x}_j, \boldsymbol{z}_i) \boldsymbol{x}_j}{\sum\limits_{j=1}^{n} \mu_{ij}^m K(\boldsymbol{x}_j, \boldsymbol{z}_i)} \tag{5-52}$$

基于上述分析，模糊核聚类算法的过程如下：

1）确定分类个数 c、参数 m（$1<m\leqslant5$）。

2）令 $s=1$，初始化各个类的初始聚类中心 $\boldsymbol{z}_i^{(s)}$ 和核函数参数 σ。

3）根据式（5-51）和式（5-52）计算此时聚类中心 $\boldsymbol{z}_i^{(s)}$ 对应的隶属度矩阵 $\boldsymbol{U}^{(s)}$。

4）选定一个比较小的数 $\varepsilon>0$，比较隶属度矩阵 $\boldsymbol{U}^{(s)}$ 和 $\boldsymbol{U}^{(s+1)}$ 的范数，如果有 $\|\boldsymbol{U}^{(s)}-\boldsymbol{U}^{(s+1)}\|<\varepsilon$，表明各个样本的隶属度趋于稳定，则停止；否则，$s=s+1$，并返回到第 3）步。

5.4.2　优化模糊核聚类算法

在实际工程中，模糊核聚类算法的分类效果依赖初始聚类中心 $\boldsymbol{z}_i$ 和核函数参数 σ 的选择，因此，可以采用优化算法求解最优的聚类中心和核函数参数。可选择的优化算法有很多种，例如常见的粒子群优化方法、遗传算法、蚁群算法以及近几年兴起的万有引力搜索算法等。在此选取两种优化算法——万有引力搜索算法（gravitational search algorithm，GSA）和粒子群优化算法（particle swarm optimization，PSO），分别利用这两种优化算法对模糊核聚类模型进行优化，检验它们在风电机组故障诊断中的应用效果。

1. 万有引力搜索算法

万有引力搜索算法是由 Rashedi 等提出的一种寻优算法，根据物体间的万有引力定律寻找最优解。

给定一个含有 N 个粒子的 d 维搜索空间 $\boldsymbol{Q}$，其中第 l 个粒子 $\boldsymbol{Q}_l$ 的位置表示为 $\boldsymbol{Q}_l=[q_l^{(1)}, q_l^{(2)}, \cdots, q_l^{(r)}, \cdots, q_l^{(d)}]$，$l=1,2,\cdots,N, r=1,2,\cdots,d$，万有引力搜索算法的基本过程如下：

1）计算粒子受到的引力合力。根据牛顿引力定理，在第 t 次迭代中，在第 r 维上，第 l 个粒子受到第 j 个粒子的引力计算公式为

$$F_{lj}^{(r)}(t) = G(t)\frac{P_l(t)A_j(t)}{\|\boldsymbol{Q}_l(t),\boldsymbol{Q}_j(t)\|_2+\varepsilon}\left[q_l^{(r)}(t)-q_j^{(r)}(t)\right] \tag{5-53}$$

式中，ε 为一个非常小的常量；$P_l(t)$ 为第 l 个粒子的被动引力质量；$A_j(t)$ 为第 j 个粒子的主动引力质量；$G(t)$ 为引力常数，有

$$G(t)=G_0 e^{-\alpha t/T} \tag{5-54}$$

式中，$G_0=100$；$\alpha=20$；T 为最大迭代次数。

所以在第 t 次迭代，第 l 个粒子在第 r 维上受到来自其他粒子的引力合力表示为

$$F_l^{(r)}(t) = \sum_{j=1,j\neq l}^{N} \omega_j F_{lj}^{(r)}(t) \tag{5-55}$$

式中，ω_j 为区间 $[0,1]$ 内的一个随机数。

2）计算粒子的惯性质量。粒子的惯性质量可以根据与其对应计算得到的适应度值即目标函数值进行计算，粒子的惯性质量越大，表明该粒子在空间中的位置越接近最优解所在位

置。在第 t 次迭代中，定义第 l 个粒子 $\boldsymbol{Q}_l$ 的惯性质量为 $M_l(t)$，并且假设引力质量与惯性质量相等，通过式（5-56）~式（5-58）逐步更新粒子的引力质量和惯性质量。

$$P_l(t) = A_l(t) = M_l(t) \tag{5-56}$$

$$m_l(t) = \frac{\text{fit}_l(t) - \text{worst}(t)}{\text{best}(t) - \text{worst}(t)} \tag{5-57}$$

$$M_l(t) = \frac{m_l(t)}{\sum_{j=1}^{N} m_j(t)} \tag{5-58}$$

式（5-57）中，$\text{fit}_l(t)$ 为在第 t 次迭代时的适应度值，对于最小化问题和最大化问题，$\text{best}(t)$ 和 $\text{worst}(t)$ 分别如式（5-59）和式（5-60）所示：

$$\text{最小化问题}\begin{cases}\text{best}(t) = \min_{l \in \{1,\cdots,N\}}\{\text{fit}_l(t)\}\\\text{worst}(t) = \max_{l \in \{1,\cdots,N\}}\{\text{fit}_l(t)\}\end{cases} \tag{5-59}$$

$$\text{最大化问题}\begin{cases}\text{best}(t) = \max_{l \in \{1,\cdots,N\}}\{\text{fit}_l(t)\}\\\text{worst}(t) = \min_{l \in \{1,\cdots,N\}}\{\text{fit}_l(t)\}\end{cases} \tag{5-60}$$

3）计算粒子位置更新。结合之前的计算，根据牛顿第二定理，粒子 $\boldsymbol{Q}_l$ 在第 t 次迭代时产生的加速度为

$$a_l^{(r)}(t) = \frac{F_l^{(r)}(t)}{M_l(t)} \tag{5-61}$$

在每一次迭代过程中，粒子 $\boldsymbol{Q}_l$ 根据计算得到的加速度更新粒子的速度和位置，有

$$v_l^{(r)}(t+1) = \tau_l v_l^{(r)}(t) + a_l^{(r)}(t) \tag{5-62}$$

$$q_l^{(r)}(t+1) = q_l^{(r)}(t) + v_l^{(r)}(t+1) \tag{5-63}$$

式中，$v_l^{(r)}$ 和 $a_l^{(r)}$ 分别为粒子 $\boldsymbol{Q}_l$ 的速度和加速度；τ_l 为区间 $[0,1]$ 内的一个随机数。

综合上述分析，万有引力搜索算法的简要流程如图 5-25 所示。

2. 粒子群优化算法

简单的优化算法一般采用单点式寻找，即预先选定一个基准点，然后从该基准点开始出发，以给定的步长和方向进行搜索，并且按照一定的算法和条件不断更改搜索步长和方向。而粒子群优化算法则是在某一搜索空间中设定多个粒子，多个粒子共同按照某一规则进行搜索。很多文献将粒子群优化算法比喻成一群鸟一起寻找食物或者目标，并且不断向目标函数的最优点方向移动。

按照对粒子群优化算法的形象描述，可以发现每一只"鸟"即每一个粒子在进行某一次的寻优过程时，其自身的历史寻优过程中会存在最优位置，称之为局部最优，而在当前所有群体内也会存在一个整体最优位置，称之为全局最优。粒子群优化算法就是利用粒子的局部最优和全局最优不

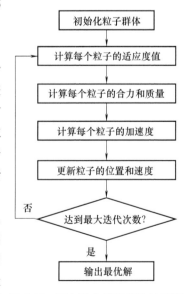

图 5-25 万有引力搜索算法流程图

断更新搜索速度和位置。粒子群优化算法的基本原理如下：

定义在 d 维空间中的粒子群体规模为 N，其中粒子 $\boldsymbol{Q}_l$ 的坐标位置可以表示为 $\boldsymbol{Q}_l = [q_l^{(1)}, q_l^{(2)}, \cdots, q_l^{(d)}]$，$l = 1, 2, \cdots, N$。在第 t 次迭代中，粒子 $\boldsymbol{Q}_l$ 移动速度为 $\boldsymbol{v}_l(t) = (v_l^{(1)}, v_l^{(2)}, \cdots, v_l^{(d)})$，当前粒子的局部最优位置为 $\boldsymbol{p}_l(t) = (p_l^{(1)}, p_l^{(2)}, \cdots, p_l^{(d)})$，整个粒子群的全局最优位置为 $\boldsymbol{g}_l(t) = (g_l^{(1)}, g_l^{(2)}, \cdots, g_l^{(d)})$，粒子群中每个粒子的移动速度和位置更新公式为

$$\boldsymbol{v}_l(t+1) = \omega\boldsymbol{v}_l(t) + c_1 r_1[\boldsymbol{p}_l(t) - \boldsymbol{Q}_l(t)] + c_2 r_2[\boldsymbol{g}_l(t) - \boldsymbol{Q}_l(t)] \tag{5-64}$$

$$\boldsymbol{Q}_l(t+1) = \boldsymbol{Q}_l(t) + \boldsymbol{v}_l(t+1) \tag{5-65}$$

式（5-64）中，ω 为惯性权重因子；c_1 和 c_2 为加速常数；r_1 和 r_2 为区间 $[0,1]$ 内的随机数。

粒子群优化算法的基本步骤如下：

1）初始化粒子的个数、位置与初始移动速度。

2）计算每一个粒子对应的目标函数值即适应度。

3）比较粒子的目标函数值与当前的局部最优值，如果优于局部最优值，则将当前粒子的位置定义为局部最优值；同时也与全局最优值进行比较，如果优于全局最优值，则将当前粒子的位置定义为全局最优值。

4）根据式（5-64）和式（5-65）更新粒子的迭代速度和位置。

5）如果迭代次数达到最大值，则输出结果，否则回到步骤2）。

粒子群优化算法的基本流程如图5-26所示。

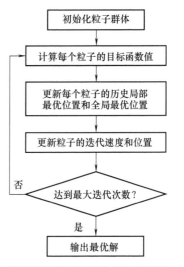

图5-26 粒子群优化算法流程图

5.4.3 基于模糊核聚类算法的故障诊断

1. 聚类模型的建立

为了能够识别已知类别的故障类型，需要充分利用已知故障类别的训练样本。首先利用模糊核聚类方法对已知类别的训练样本进行分类。定义一个含有 c 类、样本特征维数为 d 的训练样本 $\boldsymbol{X}$，选择训练样本的分类错误率来评价聚类有效性，并以此为聚类目标建立聚类模型。训练样本的分类错误率 W 为

$$W = 1 - \frac{1}{c}\sum_{i=1}^{c}\frac{|\boldsymbol{C}_i \cap \boldsymbol{U}_i|}{|\boldsymbol{U}_i|} \tag{5-66}$$

式中，$\boldsymbol{C}_i$ 为数据集 $\boldsymbol{X}$ 经过模糊核聚类运算后分在第 i 类的样本集；$\boldsymbol{U}_i$ 为数据集 $\boldsymbol{X}$ 中第 i 类的样本集；$|\boldsymbol{U}_i|$ 为数据集 $\boldsymbol{X}$ 中第 i 类的样本集所含样本数量；$|\boldsymbol{C}_i \cap \boldsymbol{U}_i|$ 为 $\boldsymbol{C}_i$ 和 $\boldsymbol{U}_i$ 的交集所含元素数量。

2. 优化算法求解聚类模型

式（5-66）反映了训练样本的错误分类情况，其值越小，表明整个训练样本每一类的样本分类错误越少，分类效果越好。由前述分析可知，模糊核聚类算法的分类效果与初始聚类中心和核函数参数的选取有关，在此以初始聚类中心和核函数参数为优化变量，训练样本的分类错误率即式（5-66）为目标函数，利用优化算法求解目标函数的极小值及最优解。

定义优化算法中粒子个数为 N，初始化粒子 $\boldsymbol{Q}_l$ 对应的 c 个聚类中心集合为 $\boldsymbol{Z} = \{Z_1, Z_2, Z_i, \cdots, Z_c\}$，其中 $Z_i = (z_i^{(1)}, z_i^{(2)}, \cdots, z_i^{(d)})$，$i = 1, 2, \cdots, c$，选用高斯核函数，定义初始高斯核参数为 σ_l。优化算法中每一个粒子都是以矢量形式表示，而所需要优化的聚类中心是以矩阵形式表示，因此，在利用优化算法前需要根据编码原则转换原来的优化参数表达形式。优化算法中某个粒子 $\boldsymbol{Q}_l$ 的编码规则如图 5-27 所示。

$$\boldsymbol{Q}_l = (\underbrace{z_1^{(1)}, z_1^{(2)} \cdots, z_1^{(d)}}_{Z_1}, \underbrace{z_2^{(1)}, z_2^{(2)} \cdots, z_2^{(d)}}_{Z_2}, \cdots, \underbrace{z_c^{(1)}, z_c^{(2)} \cdots, z_c^{(d)}}_{Z_c}, \underbrace{\sigma_l}_{\text{核函数参数}})$$

图 5-27　粒子编码示意图

最后，以式（5-66）为目标函数，利用优化算法寻找该目标函数的极小值和最优解。采用两种优化算法进行模糊核聚类模型的流程如图 5-28 所示。

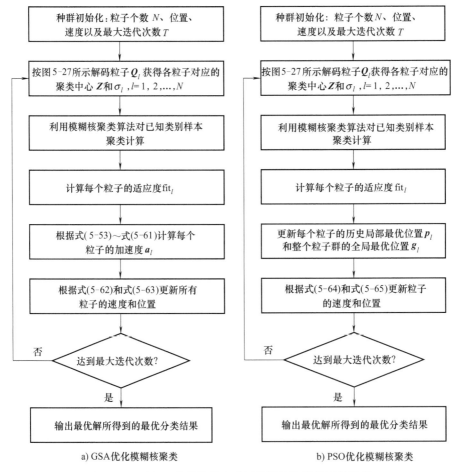

a) GSA优化模糊核聚类　　　　b) PSO优化模糊核聚类

图 5-28　采用两种优化算法求解模糊核聚类模型的流程

3. 基于模糊核聚类的故障诊断方案

为了在实际故障诊断中能够识别已知和未知类别故障，给出了基于模糊核聚类的故障诊断方案。首先对模糊核聚类模型进行优化计算，然后引入核空间样本相似度判断新样本属于已知故障还是未知故障，如果属于已知故障，则进一步判断所属故障类型。综合以上分析，具体故障诊断实施步骤如下：

1）获取已知 c 类故障的历史数据作为训练样本集 $\boldsymbol{X}$。

2）利用模糊核聚类对训练样本集进行分类，利用优化算法求解模糊核聚类模型，获得最优分类结果的每个类的类心 $\boldsymbol{z}_i$。

3）对于待诊断的新样本 $\boldsymbol{x}_{\text{new}}$，首先根据式（5-67）计算新样本 $\boldsymbol{x}_{\text{new}}$ 与类心 $\boldsymbol{z}_i$ 之间的核空间样本相似度：

$$\rho_i = \exp\left(-\frac{d(\boldsymbol{x}_{\text{new}}, \boldsymbol{z}_i) - d_{\text{avg}}}{d_{\text{avg}}}\right) \tag{5-67}$$

式中，$d(\boldsymbol{x}_{\text{new}}, \boldsymbol{z}_i)$ 为新样本 $\boldsymbol{x}_{\text{new}}$ 与类心 $\boldsymbol{z}_i$ 在核空间上的欧氏距离；d_{avg} 为第 i 类中所有样本与类心 $\boldsymbol{z}_i$ 在核空间上的平均欧氏距离：

$$d_{\text{avg}} = \frac{\sum d(\boldsymbol{x}, \boldsymbol{z}_i)}{|\boldsymbol{C}_i|}, \quad x \in \boldsymbol{C}_i \tag{5-68}$$

式中，$|\boldsymbol{C}_i|$ 为分在第 i 类的样本数量。

之后，引入阈值常数 λ 并与 ρ_i 比较来判断新样本 $\boldsymbol{x}_{\text{new}}$ 是否属于已知类别故障，阈值常数 λ 的取值范围为 $0 \sim 0.5$。若阈值常数 λ 和 ρ_i 满足关系 $\max\limits_{i=1,2,\cdots,c}\{\rho_i\} \geqslant \lambda$，则判定 $\boldsymbol{x}_{\text{new}}$ 属于已知故障；否则，属于未知故障。

4）如果新样本 $\boldsymbol{x}_{\text{new}}$ 属于已知故障，则根据新样本 $\boldsymbol{x}_{\text{new}}$ 与各类心之间核空间上的欧氏距离进一步诊断分类，即如果 $d(\boldsymbol{x}_{\text{new}}, \boldsymbol{z}_j) = \min\limits_{i=1,2,\cdots,c}\{d(\boldsymbol{x}_{\text{new}}, \boldsymbol{z}_i)\}$，则 $\boldsymbol{x}_{\text{new}}$ 属于第 j 类，$j=1,2,\cdots,c$。如果新样本 $\boldsymbol{x}_{\text{new}}$ 不属于已知故障，则定义 $\boldsymbol{x}_{\text{new}}$ 属于第 $c+1$ 类。之后经过现场人员的后续确认分析给出故障原因，然后作为已知故障样本添加在原始训练样本中，并返回步骤2）。主要流程如图5-29所示。

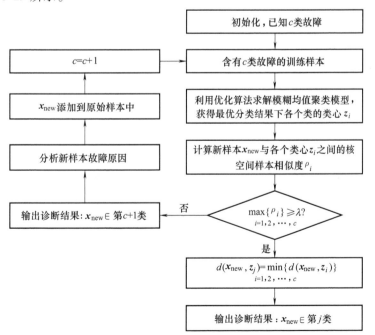

图5-29　基于模糊核聚类的故障诊断流程

5.4.4　风电机组故障诊断案例

1. 测试条件及特征值提取

以某风电场的 1.5MW 双馈风电机组为研究对象，风轮工作转速范围为 $11\sim21r/min$，齿轮箱采用一级行星+两级平行结构的传动方案，齿轮箱结构如图 2-4a 所示。经过长期的监测，发现 3 台机组齿轮箱在运行过程中出现了问题，分别为：中间级小齿轮裂纹故障（记为 F1）、高速级小齿轮点蚀故障（记为 F2）和高速轴轴承内圈故障（记为 F3）。考虑到这些故障的发生位置距离风电齿轮箱高速轴轴承座位置较近，本案例对齿轮箱高速轴轴承座所获得的振动信号（如图 2-4a 中传感器⑥）进行研究。选取风轮工作转速下的振动信号，另外选择 1 台正常运行（记为 N）的风电齿轮箱，同样选取风轮工作转速下的振动信号。4 台机组齿轮箱振动加速度信号时域波形图如图 5-30 所示。信号采样频率为 8192Hz。

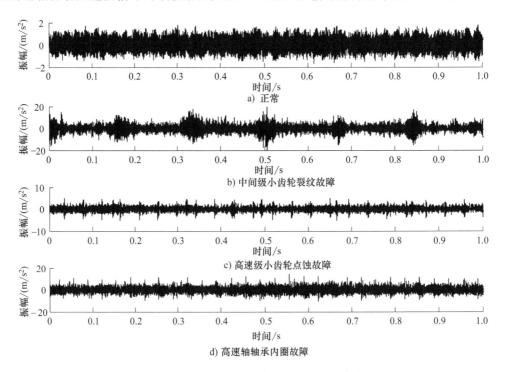

图 5-30　4 台机组齿轮箱振动加速度信号时域波形图

将 N、F1 和 F2 作为已知故障，分别编号为 1、2、3，并分别从 3 种状态信号中选取 30 组样本作为训练样本，总共获得 90 组训练样本，同时每个状态选取 3 组样本作为测试样本。为了验证提出的方法能够对未知故障进行判断，将状态 F3 作为未知故障，并从对应的振动信号中提取 3 组样本作为测试样本。每个样本采样点数为 2048。对每个训练样本和测试样本进行三层小波包变换，计算每个频带上的相对小波包能量 $\varepsilon_1,\varepsilon_2,\cdots,\varepsilon_8$ 作为每个样本信号的特征值。部分训练样本和测试样本特征值分别见表 5-3 和表 5-4。

利用模糊核聚类对训练样本进行分类，运用优化算法求解最优分类结果，获得最优分类结果对应的各个类的聚类中心，最终按照图 5-29 所示的故障诊断流程对测试样本进行故障分类。

表 5-3　风电齿轮箱部分训练样本特征值

模式类别	相对小波包能量							
	ε_1	ε_2	ε_3	ε_4	ε_5	ε_6	ε_7	ε_8
N(1)	0.4628	0.3729	0.0390	0.0863	0.0079	0.0073	0.0124	0.0113
	0.4787	0.3689	0.0306	0.0855	0.0076	0.0060	0.0112	0.0115
	0.4670	0.3947	0.0286	0.0750	0.0061	0.0065	0.0123	0.0099
F1(2)	0.1197	0.3678	0.0605	0.3902	0.0212	0.0041	0.0255	0.0110
	0.1543	0.3982	0.0442	0.3537	0.0172	0.0038	0.0186	0.0101
	0.1297	0.3476	0.0448	0.4284	0.0154	0.0045	0.0183	0.0112
F2(3)	0.1106	0.3050	0.0468	0.4598	0.0129	0.0068	0.0432	0.0150
	0.0856	0.3185	0.0356	0.4860	0.0160	0.0052	0.0419	0.0113
	0.0832	0.3203	0.0493	0.4677	0.0152	0.0086	0.0459	0.0098

表 5-4　风电齿轮箱测试样本特征值

序号	模式类别	相对小波包能量							
		ε_1	ε_2	ε_3	ε_4	ε_5	ε_6	ε_7	ε_8
1	N	0.4570	0.3631	0.0412	0.0950	0.0084	0.0067	0.0158	0.0128
2		0.4625	0.3794	0.0382	0.0796	0.0086	0.0080	0.0124	0.0112
3		0.4758	0.3480	0.0414	0.0934	0.0080	0.0073	0.0145	0.0116
4	F1	0.1479	0.3874	0.0655	0.3375	0.0158	0.0036	0.0279	0.0143
5		0.1295	0.3746	0.0825	0.3241	0.0307	0.0045	0.0397	0.0145
6		0.1437	0.3443	0.0753	0.3695	0.0163	0.0055	0.0304	0.0149
7	F2	0.0818	0.3090	0.0422	0.4999	0.0135	0.0066	0.0343	0.0127
8		0.1644	0.2793	0.0569	0.4300	0.0117	0.0059	0.0403	0.0117
9		0.1052	0.2935	0.0564	0.4660	0.0117	0.0062	0.0497	0.0114
10	F3	0.0878	0.3894	0.1284	0.2586	0.0272	0.0103	0.0652	0.0331
11		0.0659	0.3874	0.1327	0.3082	0.0210	0.0076	0.0449	0.0324
12		0.0617	0.4281	0.1282	0.2093	0.0494	0.0146	0.0715	0.0371

2. GSA 优化模糊核聚类的诊断结果

（1）参数设置　根据图 5-28a 的 GSA 求解模糊核聚类模型流程，结合训练样本中故障类型数量以及特征值的数量，相关参数设置如下：类别数量 $c=3$，特征维数 $d=8$，加权指数 $m=2$，粒子个数 $N=50$，最大迭代次数 $T=100$，每个粒子的初始速度 $v_l=0$，$l=1, 2, \cdots, 50$。GSA 最优分类结果对应的每个类的聚类中心和高斯核参数 σ 见表 5-5。

表 5-5　GSA 最优分类结果对应的每个类的聚类中心和高斯核参数 σ

状态类型	聚类中心特征值								高斯核参数 σ
N	0.4660	0.3680	0.0387	0.0884	0.0075	0.0069	0.0128	0.0117	
F1	0.1307	0.3572	0.0512	0.3999	0.0151	0.0050	0.0289	0.0119	3.3660
F2	0.1153	0.3397	0.0485	0.4303	0.0140	0.0057	0.0346	0.0118	

（2）诊断结果与分析　根据有关文献给出的 λ 取值范围，此处选取阈值常数 $\lambda=0.2$，诊断结果见表 5-6。从表中可以看出，前 9 个样本中，每个样本到各个聚类中心的核空间相似度的最大值均大于 λ，这表明样本 1~9 属于已知类别的故障。进一步观察样本 1~9 与各个聚类中心的核空间欧氏距离，样本 1~3 与第一类聚类中心之间的核空间欧氏距离最小，

所以样本1~3分为第一类；样本4~6与第二类聚类中心之间的核空间欧氏距离最小，所以样本4~6分为第二类；样本7~9与第三类聚类中心之间的核空间欧氏距离最小，所以样本7~9分为第三类。样本10~12每个样本到各个聚类中心的核空间样本相似度的最大值均小于λ，表明这3个样本类别不属于训练样本中的已知故障类别，属于未知故障，因此将样本10~12编号为"4"，诊断结果与实际情况相符。

表5-6　模糊核聚类的GSA诊断结果

序号	核空间样本相似度			核空间欧氏距离			诊断结果
	ρ_1	ρ_2	ρ_3	$d_h(\boldsymbol{x},z_1)$	$d_h(\boldsymbol{x},z_2)$	$d_h(\boldsymbol{x},z_3)$	
1	0.478	5.36×10^{-15}	6.88×10^{-39}	2.71×10^{-5}	1.98×10^{-2}	2.26×10^{-2}	1
2	0.578	3.12×10^{-14}	7.18×10^{-37}	4.68×10^{-5}	1.88×10^{-2}	2.14×10^{-2}	1
3	0.754	2.16×10^{-12}	1.69×10^{-32}	7.42×10^{-5}	1.63×10^{-2}	1.89×10^{-2}	1
4	5.91×10^{-43}	0.214	1.57×10^{-4}	1.02×10^{-2}	1.48×10^{-3}	2.48×10^{-3}	2
5	1.23×10^{-68}	0.487	0.436	1.63×10^{-2}	1.64×10^{-4}	4.66×10^{-4}	2
6	5.89×10^{-52}	0.285	3.69×10^{-4}	1.23×10^{-2}	1.31×10^{-3}	2.27×10^{-3}	2
7	2.11×10^{-103}	0.642	0.725	2.46×10^{-2}	8.43×10^{-4}	3.36×10^{-4}	3
8	1.76×10^{-98}	0.710	0.483	2.34×10^{-2}	3.84×10^{-4}	6.9×10^{-5}	3
9	3.14×10^{-114}	0.442	0.470	2.71×10^{-2}	1.06×10^{-3}	4.46×10^{-4}	3
10	8.86×10^{-62}	2.66×10^{-4}	8.10×10^{-12}				4
11	4.87×10^{-74}	0.00279	9.45×10^{-9}				4
12	2.03×10^{-67}	3.74×10^{-4}	1.29×10^{-11}				4

3. PSO优化模糊核聚类的诊断结果

（1）参数设置　根据图5-28b的PSO求解模糊核聚类模型流程，结合训练样本中故障类型数量以及特征值的数量，相关参数设置如下：类别数量$c=3$，特征维数$d=8$，加权指数$m=2$，粒子个数$N=50$，最大迭代次数$T=100$，每个粒子的初始速度$v_l=0$，$l=1$，2，$\cdots$，50。根据文献，加速常数$c_1=2$，$c_2=2$，最大限制速度$v_{\max}=1$，惯性权重因子调整公式为

$$\omega(t+1)=\omega(t)-t(\omega_{\max}-\omega_{\min})/(T-1) \tag{5-69}$$

式中，$\omega_{\max}=1$，$\omega_{\min}=0.2$。PSO最优分类结果对应每个类的聚类中心和高斯核参数σ见表5-7。

表5-7　PSO最优分类结果对应的每个类的聚类中心和高斯核参数σ

状态类型	聚类中心特征值								高斯核参数σ
N	0.3870	0.3624	0.0408	0.1647	0.0090	0.0066	0.0176	0.0117	
F1	0.1835	0.3558	0.0481	0.3542	0.0135	0.0055	0.0277	0.0118	25.7983
F2	0.1851	0.3519	0.0481	0.3558	0.0133	0.0056	0.0283	0.0118	

（2）诊断结果与分析　阈值常数仍然选取$\lambda=0.2$，诊断结果见表5-8。从表中可以看出，利用PSO优化模糊核聚类模型后进行诊断，所得到的诊断结果与实际情况相符合，不仅能够正确识别已知类别的故障，同样也能够准确识别出未知类别的故障。

表 5-8 模糊核聚类的 PSO 诊断结果

序号	核空间样本相似度			核空间欧氏距离			诊断结果
	ρ_1	ρ_2	ρ_3	$d_h(\boldsymbol{x},\boldsymbol{o}_1)$	$d_h(\boldsymbol{x},\boldsymbol{o}_2)$	$d_h(\boldsymbol{x},\boldsymbol{o}_3)$	
1	0.954	8.55×10^{-8}	7.23×10^{-5}	1.46×10^{-5}	2.59×10^{-4}	2.60×10^{-4}	1
2	0.780	2.44×10^{-7}	1.38×10^{-4}	1.15×10^{-5}	2.44×10^{-4}	2.44×10^{-4}	1
3	0.493	2.78×10^{-6}	6.03×10^{-4}	4.48×10^{-6}	2.06×10^{-4}	2.08×10^{-4}	1
4	3.71×10^{-3}	0.707	0.555	1.01×10^{-4}	9.84×10^{-6}	1.02×10^{-5}	2
5	1.79×10^{-5}	0.446	0.414	1.83×10^{-4}	2.90×10^{-6}	2.91×10^{-6}	2
6	5.26×10^{-4}	0.848	0.624	1.31×10^{-4}	1.26×10^{-5}	1.30×10^{-5}	2
7	7.83×10^{-9}	0.370	0.821	3.01×10^{-4}	3.00×10^{-5}	2.96×10^{-5}	3
8	1.21×10^{-10}	0.0823	0.330	3.65×10^{-4}	5.26×10^{-5}	5.21×10^{-5}	3
9	6.83×10^{-10}	0.201	0.563	3.38×10^{-4}	3.92×10^{-5}	3.89×10^{-5}	3
10	2.59×10^{-5}	0.0136	0.104				4
11	2.36×10^{-6}	0.0357	0.189				4
12	7.60×10^{-6}	0.0129	0.0995				4

作为对比，分别采用 BP 神经网络和无优化算法的模糊核聚类方法（KFCM）进行故障诊断，并与优化后的方法进行对比，两种方法的诊断结果见表 5-9。可以看出，基于有监督学习的 BP 神经网络可以对已知类别的测试样本 1~9 给出正确的分类结果，但是对未知类别的测试样本 10~12 进行分类时，BP 神经网络将测试样本分类在已知的故障类别中，与实际结果不符。这是因为 BP 神经网络只记忆了训练样本的类别，因此给出了错误的诊断结果。直接利用模糊核聚类的算法由于受到初始聚类中心和核函数参数选取的影响，在对已知类别和未知类别的测试样本分类时均出现了错误分类。

表 5-9 BP 神经网络和无优化算法的 KFCM 诊断结果

序号	诊断结果		序号	诊断结果	
	BP	KFCM		BP	KFCM
1	1	1	7	3	3
2	1	1	8	3	3
3	1	1	9	3	3
4	2	3	10	3	3
5	2	3	11	2	3
6	2	2	12	2	4

第6章

风电机组轴承剩余使用寿命预测

滚动轴承是风电机组传动链的关键支承部件，按转速由低到高装配于主轴、齿轮箱、发电机等子系统。滚动轴承各部件在运行时直接接触，且长期处于高速、高温、变载的工作环境，在风电机组中属于故障率高的机械部件。轴承失效可能导致支承轴偏斜，引发齿轮故障、发电机定转子扫膛等更严重的后果，因此，开展滚动轴承故障诊断与寿命预测研究，对于保证风电机组安全可靠运行具有重要意义。轴承剩余使用寿命预测是通过从监测信号中提取反映故障部件劣化的健康指标（health indicator，HI），建立预测模型，预测轴承的健康趋势，对故障的征兆和失效概率进行预判，确定轴承的预估失效时间（estimated time to failure，ETTF）或剩余使用寿命（remaining useful life，RUL）。通过预判机组还能带"病"运行多久，寿命预测技术可以辅助决策备品、备件管理方案，确定后续维修模式。相比于故障诊断，轴承剩余使用寿命预测技术能够在保证风电机组可靠运行的前提下提高运行的经济性，为风电场的精益化管理提供技术支撑，具有更为实际的工程价值。

6.1 风电机组轴承剩余使用寿命预测基本概念

在风电机组传动链中，由于转速较高、载荷波动大，高速轴承的故障率更高，本章所进行的剩余使用寿命预测工作主要针对高速滚动轴承开展。风电机组高速轴承安装在四个位置，如图 2-4 所示：齿轮箱高速轴靠近风轮侧、齿轮箱高速轴靠近发电机侧、发电机驱动端和发电机非驱动端。高速轴承安装位置与常用轴承类型见表 6-1，相应结构如图 6-1 所示。

表 6-1 风电机组高速轴承安装位置与常用轴承类型

高速轴承安装位置	常用轴承类型
齿轮箱高速轴靠近风轮侧	圆柱滚子轴承或组合
齿轮箱高速轴靠近发电机侧	圆锥滚子轴承或组合
发电机驱动端	深沟球轴承或圆柱滚子轴承
发电机非驱动端	

图 6-2 所示为轴承故障趋势预测方法的基本原理。图中横坐标为运行时间，纵坐标为健康指标（故障特征值）。随着轴承运行时间的增加，健康指标在某一时刻开始显著上升或下降，表明此时发生故障，之后，随着故障程度加深，健康指标随时间逐渐上升或下降，展现出显著的趋势性。某时刻 t 剩余使用寿命预测存在三种可能情况，如图 6-2 中 a、b 和 c 线所示。理想状态下，健康指标随时间呈单调上升（或下降）变化。但在实际工程中，健康指

a) 深沟球轴承   b) 圆锥滚子轴承   c) 圆柱滚子轴承

图 6-1 高速轴承典型结构示意图

标的演化走向存在波动性和不确定性，给故障趋势和剩余使用寿命预测带来困难。此外，故障预测是不断动态调整的过程。在故障初期，由于健康指标发展趋势不够明朗，预测结果偏差较大，可信程度低。随着故障程度的加深和运行数据的不断积累，健康指标的退化趋势逐渐稳定，预测结果也逐渐准确，可信程度逐渐提高，更加接近实际（如图 6-2 中 b 线）。若能够在轴承失效之前对健康状态给出科学真实的评估，并对故障发生的可能性、类别和发生时间进行较为准确的预测，为风电场消缺或更换部件预留合理时间，即可以达到优化维修的目的。

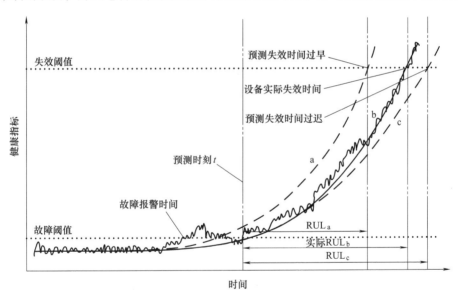

图 6-2 轴承故障趋势预测方法的基本原理

6.2 基于神经网络滚动更新的风电齿轮箱轴承剩余使用寿命预测

健康指标的趋势预测可以分为短期预测和长期预测两种模式，剩余使用寿命预测属于长期预测行为，即需要在滚动轴承发生故障之后，确定其在多少小时（天）之后失效。显然，由于预测方法的限制和轴承退化规律潜在的波动性，长期预测的精度将会低于短期预测。本节利用短期预测结果对于健康指标趋势的保持性，进行短期预测与多项式拟合相结合的风电机组滚动轴承剩余使用寿命预测。

6.2.1 短期趋势预测的神经网络

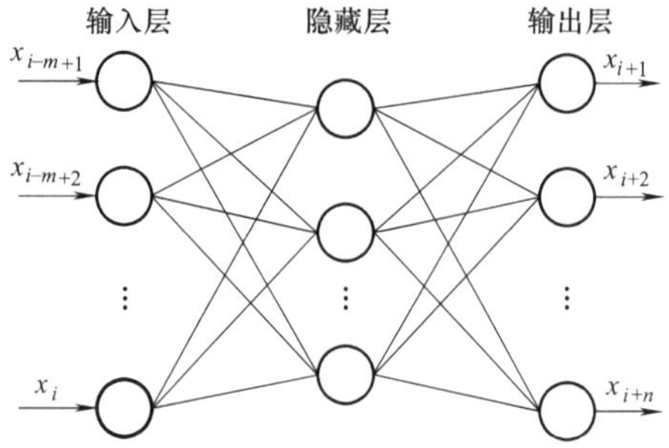

当轴承出现故障时，健康指标逐渐呈现趋势性，在故障初期采用 BP 神经网络对模型进行训练，预测健康指标的短期趋势。表征风电齿轮箱中轴承健康状态的特征序列 $\boldsymbol{x} = (x_1, x_2, \cdots, x_L)$，短期预测模型需要使用前 m 个有趋势的历史特征来计算 n 个未来特征，如图 6-3 所示。

图 6-3 神经网络预测模型

为了保证预测结果的鲁棒性，采用滚动预测方法：假设 $t = i+1$（$1 < i < L-1$）为短期预测的起始时间，利用 $i+1$ 之前的 $m+n-1$ 个特征构造式（6-1）所示的输入序列。

$$\boldsymbol{x}_{\text{in}} = \begin{pmatrix} x_{i-n-m+2} & x_{i-n-m+3} & \cdots & x_{i-m+1} \\ x_{i-n-m+3} & x_{i-n-m+4} & \cdots & x_{i-m+2} \\ \vdots & \vdots & & \vdots \\ x_{i-n+1} & x_{i-n+2} & \cdots & x_i \end{pmatrix} \tag{6-1}$$

式（6-1）为一 $m \times n$ 矩阵，将式（6-1）中的每一列输入训练好的神经网络模型中，得到预测的特征输出，如式（6-2）所示：

$$\hat{\boldsymbol{x}}_{\text{out}} = \begin{pmatrix} \hat{x}_{i-n+2} & \hat{x}_{i-n+3} & \cdots & \hat{x}_{i+1} \\ \hat{x}_{i-n+3} & \hat{x}_{i-n+4} & \cdots & \hat{x}_{i+2} \\ \vdots & \vdots & & \vdots \\ \hat{x}_{i+1} & \hat{x}_{i+2} & \cdots & \hat{x}_{i+n} \end{pmatrix} \tag{6-2}$$

将式（6-2）中反对角元素的均值作为预测特征 $\hat{x}_{i+1}$，进行预测模型中输入特征的更新，如式（6-3）所示：

$$\boldsymbol{x}_{\text{in}} = \begin{pmatrix} x_{i-n-m+3} & x_{i-n-m+4} & \cdots & x_{i-m+2} \\ x_{i-n-m+4} & x_{i-n-m+5} & \cdots & x_{i-m+3} \\ \vdots & \vdots & & \vdots \\ x_{i-n+2} & x_{i-n+3} & \cdots & \hat{x}_{i+1} \end{pmatrix} \tag{6-3}$$

将式（6-3）输入训练好的神经网络中，新的输出序列用式（6-4）表示：

$$\hat{\boldsymbol{x}}_{\text{out}} = \begin{pmatrix} \hat{x}_{i-n+3} & \hat{x}_{i-n+4} & \cdots & \hat{x}_{i+2} \\ \hat{x}_{i-n+4} & \hat{x}_{i-n+5} & \cdots & \hat{x}_{i+3} \\ \vdots & \vdots & & \vdots \\ \hat{x}_{i+2} & \hat{x}_{i+3} & \cdots & \hat{x}_{i+n+1} \end{pmatrix} \tag{6-4}$$

同样，将式（6-4）中反对角线元素的均值视为预测特征 $\hat{x}_{i+2}$，逐步更新预测模型中的输入特征。以此滚动预测，得到的预测序列为 $(\hat{x}_{i+1}, \hat{x}_{i+2}, \cdots, \hat{x}_{i+n+1})$。

6.2.2 剩余使用寿命预测流程

基于 BP 神经网络滚动更新的轴承剩余使用寿命预测流程如图 6-4 所示。首先，用信号处理方法分析获取的振动数据，计算振动特征。然后，根据风电机组结构参数和转速信息，通过比较信号处理与故障频率的分析结果检测潜在故障。接下来，将早期故障出现的时间视为 RUL 预测的开始时间。选择反映故障零件退化趋势的健康指标作为预测对象，利用故障早期具有一定趋势的健康指标训练具有短期预测功能的神经网络模型。当收集到后续出现的数据时，同样进行特征计算、故障诊断等步骤，并将此时计算的健康指标输入训练好的神经网络模型中，滚动更新以获得一定时长的短期预测结果。进一步，将短期预测结果与已有健康指标构成时间序列，根据健康指标变化规律，进行多项式拟合，计算拟合后指标与失效阈值的交点，确定估算的失效时刻。

图 6-4　滚动更新的剩余使用寿命预测流程

给定拟合曲线 $f(t)$，当前时刻的 RUL 可按式（6-5）计算：

$$\text{RUL} = f^{-1}(v_T) - t_c \tag{6-5}$$

式中，t_c 是当前时刻；v_T 是阈值，$f^{-1}(v_T)$ 是在拟合趋势曲线 $f(t)$ 和阈值 v_T 下反推的失效时刻。

在工程应用中，可以选择多个健康指标加权计算 RUL，以克服单个指标的随机性，如式（6-6）所示：

$$\text{RUL} = \sum_{k=1}^{K} \text{RUL}_k w_k \tag{6-6}$$

式中，RUL_k 是使用单个健康指标估计的剩余使用寿命；K 是健康指标的数目；w_k 是第 k 个健康指标的权重，$\sum_{k=1}^{K} w_k = 1$。

6.2.3　案例分析

测试机组的额定功率为 1.5MW，齿轮箱的总传动比为 105。风电齿轮箱为二级行星+一级平行结构，各齿轮齿数见表 6-2，轴的转动频率和齿轮啮合频率见表 6-3。其中，f_{c1} 是第一行星级中行星架的转动频率，f_{s1} 是第一行星级中太阳轮的转动频率，也是第二行星级中行星架的转动频率，f_{s2} 是第二行星级中太阳轮的转动频率。f_{PS1}、f_{PS2} 和 f_{HSS} 分别是第一行星级、第二行星级和高速级的啮合频率。

传动系统的健康状况由安装在图 2-4b 所示位置的 8 个加速度传感器监测。现场共采集了 204 天的振动数据，反映齿轮箱高速轴轴承从良好到失效的退化过程。故障轴承位于靠近发电机侧的齿轮箱高速轴上，其特征频率见表 6-4。

表 6-2 风电机组齿轮箱中各齿轮齿数

Z_{p1}	Z_{s1}	Z_{r1}	Z_{p2}	Z_{s2}	Z_{r2}	Z_{hi}	Z_{ho}
40	23	104	37	27	102	92	23

表 6-3 轴的转动频率和齿轮啮合频率 （单位：Hz）

f_{c1}	$f_{s1}(f_{c2})$	f_{s2}	f_h	f_{PS1}	f_{PS2}	f_{HSS}
0.293	1.62	7.75	31.0	30.5	165.4	713

表 6-4 齿轮箱高速轴轴承特征频率 （单位：Hz）

$f_c^{(b)}$	$f_r^{(b)}$	$f_o^{(b)}$	$f_i^{(b)}$
12.43	75.3	161.5	241.7

1. 风电齿轮箱轴承故障诊断

风电机组大部分时间处于额定转速下运行，在线监测系统每 6h 采集一次振动信号，每次采集时间持续 2s，采样频率为 16384Hz。由图 2-4b 中传感器⑤和⑥采集的 819 组振动信号如图 6-5 所示，振幅在第 300 组（第 75 天）处变大并逐渐增大直至结束。第 300 组数据振幅的增大表明风电齿轮箱内某部件可能发生了故障，其增大趋势表明了该故障的发展过程。

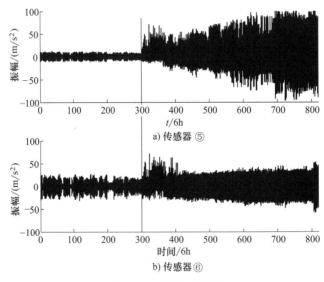

a) 传感器 ⑤

b) 传感器⑥

图 6-5 时间振动信号

对所有被测振动信号进行频域分析。由传感器⑤和⑥采集数据的频谱瀑布图分别如图 6-6 和图 6-7 所示。第 1 组到第 300 组数据中，瀑布图在 163.5Hz 和 706.5Hz 处出现峰值，对应表 6-3 中第二行星级和高速级的啮合频率。这是一种符合齿轮振动原理的正常现象，即较高的转速会产生更强烈的振动。信号中出现的啮合频率及故障特征与表 6-3 和表 6-4 的理论结果略有出入，主要由转速波动引起，属于正常现象。

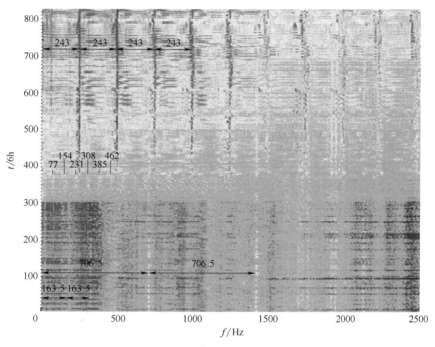

图 6-6 传感器⑤振动信号频谱瀑布图

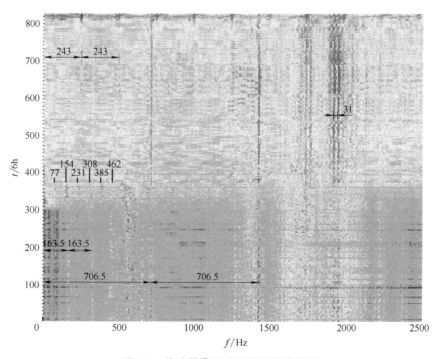

图 6-7 传感器⑥振动信号频谱瀑布图

在瀑布图第 301 组到第 380 组数据中，出现了与表 6-4 中滚动轴承的特征频率相对应的多个谐波频率 77Hz，反映了齿轮箱高速轴轴承存在滚动体故障。同时，在图 6-6 的第 381 组到最后一组的数据中，另一个频率 243Hz 及其谐波变得明显，这表明轴承内圈出现故障。图 6-7 中也出现了内圈故障特征频率（243Hz），同时还存在 31Hz 的转动频率调制现象，与内圈故障伴随出现。

2. 故障轴承剩余使用寿命预测

图 2-4b 所示高速轴的故障轴承靠近传感器⑥，但是，故障发生后图 6-5a 所示传感器⑤的振幅比图 6-5b 所示传感器⑥的振幅大，图 6-6 所示的故障特征比图 6-7 所示更明显，这是由于两个传感器的安装位置不同造成的。轴承处于健康状态时，传感器⑤的振幅小于传感器⑥，然而轴承出现故障时，更容易激发箱体上安装传感器⑤位置处的共振，因此，其振幅高于传感器⑥。根据风电齿轮箱振动准则 VDI 3834，传感器⑤的振幅过大，不作为健康指标进行状态评估。因此，本节对传感器⑥进行分析，从对应的振动信号中提取健康指标。

按表 6-5 计算振动信号的 8 个时域特征和 4 个频域特征，每 4 段采样信号组合成一天，共绘制 204 天的特征，如图 6-8 所示。在图 6-8 所示的所有时域特征中，均方根、方差和方根幅值呈上升趋势，可以反映故障轴承的退化过程。根据 VDI 3834，均方根具有确定的阈值，适合作为 RUL 预测中的特征指标。对于风电机组齿轮箱高速级的振动信号，选取 12m/s^2 作为轴承失效阈值。此外，图 6-9c 中第三频带的频谱能量也具有上升趋势，作为用于寿命预测的第二个健康指标。在轴承处于健康状态时（0~75 天），第三频带的均值和方差分别为 2.51 和 0.76，设定该健康指标对应的失效阈值为 $2.51+5\times0.76=6.31$。

表 6-5 时域和频域的统计指标

指标	公式	指标	公式
均值($\bar{x}$)	$\sum\limits_{i=1}^{N} x_i/N$	峭度因子	$\sum\limits_{i=1}^{N}(x_i-\bar{x})^4/(Nx_\sigma^4)$
均方根(x_{rms})	$\sqrt{\sum\limits_{i=1}^{N} x_i^2/N}$	波形因子	$x_{\text{rms}}/\bar{x}$
方差(x_σ^2)	$\sum\limits_{i=1}^{N}(x_i-\bar{x})^2/N$	裕度因子	$x_{\max}/x_{\text{r}}$
		第一频带的频谱能量	$\text{sum}[X(1:f_s/8)]$
方根幅值(x_{r})	$\left(\sum\limits_{i=1}^{N}\sqrt{|x_i|}/N\right)^2$	第二频带的频谱能量	$\text{sum}[X(1+f_s/8:f_s/4)]$
		第三频带的频谱能量	$\text{sum}[X(1+f_s/4:3\cdot f_s/8)]$
偏度因子	$\sum\limits_{i=1}^{N}(x_i-\bar{x})^3/(Nx_\sigma^3)$	第四频带的频谱能量	$\text{sum}[X(1+3\cdot f_s/8:f_s/2)]$

注：表中 N 为每段数据的点数，X 为振动信号的傅里叶变换，f_s 为采样频率。

图 6-10 和图 6-11 所示为用于预测所采用的均方根和第三频带能量及其失效阈值。从轴承出现故障的第 75 天开始进行 RUL 预测。首先，利用第 75 天和第 105 天之间的健康指标滚动训练神经网络，利用训练后的神经网络预测未来 30 天的趋势，流程如图 6-4 所示。然后根据训练和短期预测的健康指标拟合多项式曲线，本案例采用直线拟合。最后，通过计算拟合直线与失效阈值的交点估算当前对应的失效时刻。收集新一天的数据后，更新训练数据集，预测下一个 30 天的趋势，重复上述拟合过程，获得新一天所估算的失效时刻，并计算剩余使用寿命。图 6-10 和图 6-11 为两个健康指标在第 105 天和 154 天对应的短期预测结果和拟合直线，可以看到，短期预测结果对健康指标具有较好的延展作用，有利于进行长时间尺度的拟合运算。

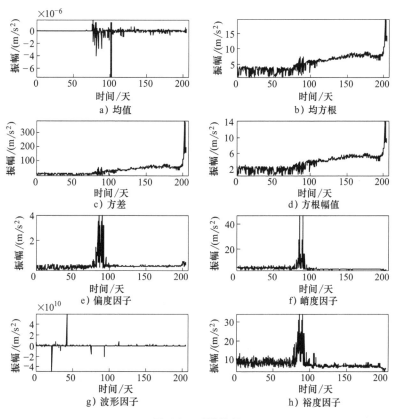

图 6-8　时域特征

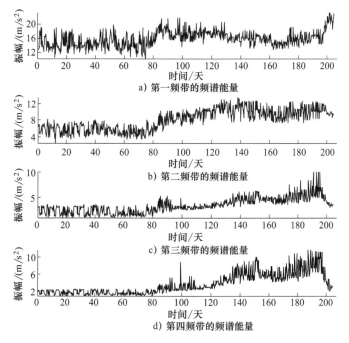

图 6-9　频域特征

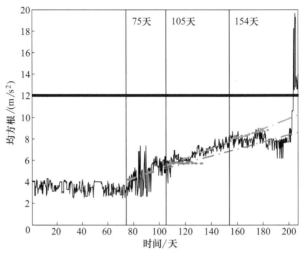

图 6-10 均方根的短期预测结果和拟合直线

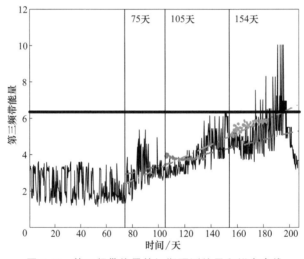

图 6-11 第三频带能量的短期预测结果和拟合直线

根据式（6-5）和式（6-6），对故障轴承的 RUL 进行计算，结果如图 6-12 所示。图 6-12a 是使用均方根作为健康指标的 RUL 预测结果，图 6-12b 是使用第三频带能量作为健康指标的 RUL 预测结果，图 6-12c 是结合了以上两个特征的最终 RUL 预测结果。图 6-12 中的斜实线为真实的剩余使用寿命。在第 75 天发现风电齿轮箱高速轴承出现故障，第 75 天至 105 天的健康指标用以训练短期预测的神经网络，在 105 天之后开始预测 RUL。由于预测开始时间相距最终失效时刻较远，初始时预测结果并不准确。随着运行时间的增长，预测的 RUL 逐渐接近真实的 RUL，预测结果较为准确。尽管在第 160 天至 180 天之间预测结果有所起伏，后续随着轴承距离失效时刻越近，预测精度越高。设定备品备件的安全准备时间 t_{sp} 为 30 天，即 1 个月内准备备件既不会造成较大的库存压力，又能够保证在更换之前及时到位。在图 6-12c 中，当预测的 RUL 为 30 天时，实际失效时间还剩 24.5 天，误差为 5.5 天，此误差处于风电场运行维护的接受范围内。

只运用历史健康指标拟合退化曲线而没有神经网络短期预测的 RUL 预测结果如图 6-13 所示。很明显，图 6-13 中 RUL 的预测精度比图 6-12 的精度差，说明基于神经网络的短期预

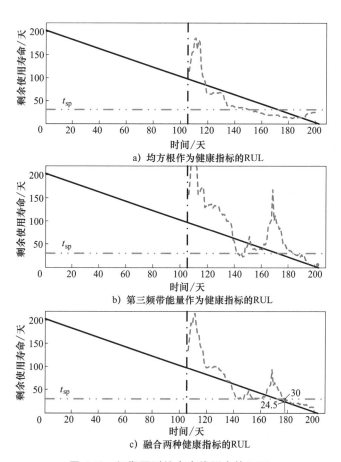

a) 均方根作为健康指标的RUL

b) 第三频带能量作为健康指标的RUL

c) 融合两种健康指标的RUL

图 6-12　短期预测结合直线拟合的 RUL

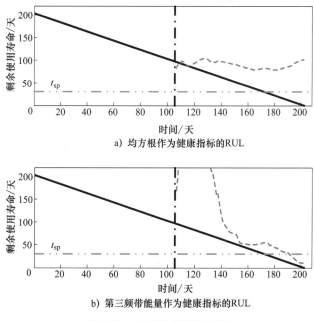

a) 均方根作为健康指标的RUL

b) 第三频带能量作为健康指标的RUL

图 6-13　无短期预测的 RUL

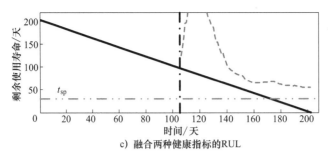

c) 融合两种健康指标的RUL

图 6-13 无短期预测的 RUL（续）

测能够有效延展健康指标的退化趋势，获得更符合退化规律的拟合曲线。

6.3 基于改进无迹粒子滤波的发电机轴承剩余使用寿命预测

6.3.1 贝叶斯滤波

1. 粒子滤波

粒子滤波（particle filter，PF）是卡尔曼滤波的扩展，可以实现非线性跟踪。它不再假定状态或噪声分布服从高斯分布。动态非线性系统可以描述为

$$\boldsymbol{x}_k = f(\boldsymbol{x}_{k-1}, \boldsymbol{v}_{k-1}) \tag{6-7}$$

$$\boldsymbol{z}_k = h(\boldsymbol{x}_k, \boldsymbol{v}_k) \tag{6-8}$$

式（6-7）是状态模型，式（6-8）是测量模型。$\boldsymbol{x}_k$ 和 $\boldsymbol{z}_k$ 是第 k 步的系统状态和测量值。$f(.)$ 和 $h(.)$ 分别是状态函数和测量函数。$\boldsymbol{v}_{k-1}$ 是第（$k-1$）步的状态噪声，$\boldsymbol{v}_k$ 是第 k 步的测量噪声。

粒子滤波的目的是通过已知的测量值 $\boldsymbol{z}_{1:k}$ 获得后验密度分布 $p(\boldsymbol{x}_{0:k}|\boldsymbol{z}_{1:k})$。为了获得递归表达式，首先分析 $p(\boldsymbol{x}_{0:k}|\boldsymbol{z}_{1:k})$。从理论上讲，如果可以得出足够的服从 $p(\boldsymbol{x}_{0:k}|\boldsymbol{z}_{1:k})$ 分布的粒子，并且具有合理的权重 $\boldsymbol{w}_k$，则 $p(\boldsymbol{x}_{0:k}|\boldsymbol{z}_{1:k})$ 可以近似为

$$p(\boldsymbol{x}_{0:k}|\boldsymbol{z}_{1:k}) \approx \sum_{i=1}^{N_s} \boldsymbol{w}_k^{(i)} \delta(\boldsymbol{x}_{0:k} - \boldsymbol{x}_{0:k}^{(i)}) \tag{6-9}$$

式中，N_s 是粒子数；$\boldsymbol{w}_k^{(i)}$ 是第 i 个粒子的权重；$\boldsymbol{x}_{0:k}^{(i)}$ 是从初始到第 k 步的粒子状态。实际上，$p(\boldsymbol{x}_{0:k}|\boldsymbol{z}_{1:k})$ 是未知的，因此通常采用一个已知的建议密度函数 $q(\boldsymbol{x}_{0:k}|\boldsymbol{z}_{1:k})$ 采样众多粒子。权重 $\boldsymbol{w}_k^{(i)}$ 可表示为

$$\boldsymbol{w}_k^{(i)} \propto \frac{p(\boldsymbol{x}_{0:k}^{(i)}|\boldsymbol{z}_{1:k})}{q(\boldsymbol{x}_{0:k}^{(i)}|\boldsymbol{z}_{1:k})} \tag{6-10}$$

$q(\boldsymbol{x}_{0:k}|\boldsymbol{z}_{1:k})$ 也称为重要性密度函数，可以将其分解为

$$q(\boldsymbol{x}_{0:k}|\boldsymbol{z}_{1:k}) = q(\boldsymbol{x}_k|\boldsymbol{x}_{0:k-1}, \boldsymbol{z}_{1:k}) q(\boldsymbol{x}_{0:k-1}|\boldsymbol{z}_{1:k-1}) \tag{6-11}$$

考虑到具体的物理意义，此处的 $q(\boldsymbol{x}_{0:k-1}|\boldsymbol{z}_{1:k-1})$ 等同于 $q(\boldsymbol{x}_{0:k-1}|\boldsymbol{z}_{1:k})$。然后，有

$$p(\boldsymbol{x}_{0:k}|\boldsymbol{z}_{1:k}) = \frac{p(\boldsymbol{z}_k|\boldsymbol{x}_{0:k},\boldsymbol{z}_{1:k-1})p(\boldsymbol{x}_{0:k}|\boldsymbol{z}_{1:k-1})}{p(\boldsymbol{z}_k|\boldsymbol{z}_{1:k-1})}$$

$$= \frac{p(\boldsymbol{z}_k|\boldsymbol{x}_{0:k},\boldsymbol{z}_{1:k-1})p(\boldsymbol{x}_k|\boldsymbol{x}_{0:k-1},\boldsymbol{z}_{1:k-1})}{p(\boldsymbol{z}_k|\boldsymbol{z}_{1:k-1})}p(\boldsymbol{x}_{0:k-1}|\boldsymbol{z}_{1:k-1})$$

$$= \frac{p(\boldsymbol{z}_k|\boldsymbol{x}_k)p(\boldsymbol{x}_k|\boldsymbol{x}_{k-1})}{p(\boldsymbol{z}_k|\boldsymbol{z}_{1:k-1})}p(\boldsymbol{x}_{0:k-1}|\boldsymbol{z}_{1:k-1})$$

$$\propto p(\boldsymbol{z}_k|\boldsymbol{x}_k)p(\boldsymbol{x}_k|\boldsymbol{x}_{k-1})p(\boldsymbol{x}_{0:k-1}|\boldsymbol{z}_{1:k-1}) \tag{6-12}$$

式中，$p(\boldsymbol{z}_k|\boldsymbol{z}_{1:k-1})$ 表示当前测量值与先前测量值之间的相关性。测量值之间的相关性很明确，可以通过时间序列方法建模，因此 $p(\boldsymbol{z}_k|\boldsymbol{z}_{1:k-1})$ 被视为归一化常数。将式（6-11）和式（6-12）代入式（6-10）中，粒子权重可以更新为

$$\boldsymbol{w}_k^{(i)} = \boldsymbol{w}_{k-1}^{(i)}\frac{p(\boldsymbol{z}_k|\boldsymbol{x}_k^{(i)})p(\boldsymbol{x}_k^{(i)}|\boldsymbol{x}_{k-1}^{(i)})}{q(\boldsymbol{x}_k^{(i)}|\boldsymbol{x}_{0:k-1}^{(i)},\boldsymbol{z}_{1:k})} \tag{6-13}$$

由于在状态空间方程中，当前状态只与上一步状态有关，实际应用时 $q(\boldsymbol{x}_k^{(i)}|\boldsymbol{x}_{0:k-1}^{(i)},\boldsymbol{z}_{1:k})$ 被 $q(\boldsymbol{x}_k^{(i)}|\boldsymbol{x}_{k-1}^{(i)},\boldsymbol{z}_k)$ 取代。因此，$\boldsymbol{w}_k^{(i)}$ 改写为

$$\boldsymbol{w}_k^{(i)} \propto \boldsymbol{w}_{k-1}^{(i)}\frac{p(\boldsymbol{z}_k|\boldsymbol{x}_k^{(i)})p(\boldsymbol{x}_k^{(i)}|\boldsymbol{x}_{k-1}^{(i)})}{q(\boldsymbol{x}_k^{(i)}|\boldsymbol{x}_{k-1}^{(i)},\boldsymbol{z}_k)} \tag{6-14}$$

如果考虑计算复杂度，将重要性密度函数 $q(\boldsymbol{x}_k^{(i)}|\boldsymbol{x}_{k-1}^{(i)},\boldsymbol{z}_k)$ 选择为 $p(\boldsymbol{x}_k^{(i)}|\boldsymbol{x}_{k-1}^{(i)})$，则将 $\boldsymbol{w}_k^{(i)}$ 简化为

$$\boldsymbol{w}_k^{(i)} \propto \boldsymbol{w}_{k-1}^{(i)}p(\boldsymbol{z}_k|\boldsymbol{x}_k^{(i)}) \tag{6-15}$$

上述滤波过程称为序贯重要性采样（sequential importance sampling，SIS）。后验密度分布 $p(\boldsymbol{x}_k|\boldsymbol{z}_{1:k})$ 估计为

$$p(\boldsymbol{x}_k|\boldsymbol{z}_{1:k}) \approx \sum_{i=1}^{N_s}\boldsymbol{w}_k^{(i)}\delta(\boldsymbol{x}_k - \boldsymbol{x}_k^{(i)}) \tag{6-16}$$

2. 无迹粒子滤波

无迹粒子滤波（unscented particle filter，UPF）由无迹卡尔曼滤波和粒子滤波两个环节组成。在无迹卡尔曼变换中，第 $(k-1)$ 步具有 sigma 点的每个粒子都通过非线性状态过程和测量模型进行处理，进而在第 k 步提供建议密度函数的估计。由于在无迹卡尔曼变换中引入了新的到达度量（new arrival measurement），因此建议密度函数的估计与后验概率密度非常接近。

对于在第 $(k-1)$ 步中由粒子状态、状态噪声和测量噪声组成的任何粒子矢量 $\boldsymbol{x}_{k-1}^{(i)a} = (\boldsymbol{x}_{k-1}^{(i)\mathrm{T}} \quad \boldsymbol{v}_{k-1}^{(i)\mathrm{T}} \quad \boldsymbol{v}_{k-1}^{(i)\mathrm{T}})^{\mathrm{T}}$，其 sigma 点计算为

$$\boldsymbol{X}_{k-1}^{(i)a} = [\bar{\boldsymbol{x}}_{k-1}^{(i)a} \quad \bar{\boldsymbol{x}}_{k-1}^{(i)a} \pm \sqrt{(n_a+\lambda)\boldsymbol{P}_{k-1}^{(i)a}}] \tag{6-17}$$

式中，$\bar{\boldsymbol{x}}_{k-1}^{(i)a}$ 是粒子向量的平均值；$\boldsymbol{P}_{k-1}^{(i)a}$ 是粒子向量的协方差；$\boldsymbol{X}_{k-1}^{(i)a} = [(\boldsymbol{X}_{k-1}^{(i)x})^{\mathrm{T}} \ (\boldsymbol{X}_{k-1}^{(i)v})^{\mathrm{T}} \ (\boldsymbol{X}_{k-1}^{(i)v})^{\mathrm{T}}]^{\mathrm{T}}$，$\lambda$ 是复合缩放参数；n_a 是粒子向量的维数，$n_a = n_x+n_v+n_v$ 是粒子状态、状态噪

声和测量值的维数之和，每个粒子有 $2n_a+1$ 个 sigma 点。

随时间的推移，状态更新过程如下：

$$X_{k|k-1}^{(i)x} = f(X_{k-1}^{(i)x}, X_{k-1}^{(i)v})$$

$$\bar{x}_{k|k-1}^{(i)} = \sum_{j=0}^{2n_a} W_j^{(m)} X_{j,k|k-1}^{(i)x}$$

$$P_{k|k-1}^{(i)} = \sum_{j=0}^{2n_a} W_j^{(c)} (X_{j,k|k-1}^{(i)x} - \bar{x}_{k|k-1}^{(i)})(X_{j,k|k-1}^{(i)x} - \bar{x}_{k|k-1}^{(i)})^{T} \qquad (6\text{-}18)$$

$$Z_{k|k-1}^{(i)} = h(X_{k|k-1}^{(i)x}, X_{k-1}^{(i)v})$$

$$\bar{z}_{k|k-1}^{(i)} = \sum_{j=0}^{2n_a} W_j^{(m)} Z_{j,k|k-1}^{(i)}$$

测量更新公式为

$$P_{\tilde{z}_k \tilde{z}_k} = \sum_{j=0}^{2n_a} W_j^{(c)} (Z_{j,k|k-1}^{(i)} - \bar{z}_{k|k-1}^{(i)})(Z_{j,k|k-1}^{(i)} - \bar{z}_{k|k-1}^{(i)})^{T}$$

$$P_{x_k z_k} = \sum_{j=0}^{2n_a} W_j^{(c)} (X_{j,k|k-1}^{(i)} - \bar{x}_{k|k-1}^{(i)})(Z_{j,k|k-1}^{(i)} - \bar{z}_{k|k-1}^{(i)})^{T}$$

$$\qquad (6\text{-}19)$$

$$K_k = P_{x_k z_k} P_{\tilde{z}_k \tilde{z}_k}^{-1}$$

$$\bar{x}_k^{(i)} = \bar{x}_{k|k-1}^{(i)} + K_k(z_k - \bar{z}_{k|k-1}^{(i)})$$

$$P_k^{(i)} = P_{k|k-1}^{(i)} - K_k P_{\tilde{z}_k \tilde{z}_k} K_k^{T}$$

式中，K_k 是卡尔曼增益。sigma 点的权重计算为

$$W_0^{(m)} = \lambda / (n_a + \lambda)$$

$$W_0^{(c)} = \lambda / (n_a + \lambda) + (1 - \alpha^2 + \beta) \qquad (6\text{-}20)$$

$$W_j^{(m)} = W_j^{(c)} = 1 / \{2(n_a + \lambda)\}, \quad j = 1, 2, \cdots, 2n_a$$

式中，α 是控制采样点分布状态的参数；β 是非负的权系数。

建议密度函数为 $q(x_k^{(i)} | x_{k-1}^{(i)}, z_k) = \mathcal{N}(\bar{x}_k^{(i)}, P_k^{(i)})$。从上述函数中随机抽取新粒子，然后计算状态转移概率 $p(x_k^{(i)} | x_{k-1}^{(i)})$ 和似然函数 $p(z_k | x_k^{(i)})$，按式（6-14）更新粒子的权重。

3. 改进的无迹粒子滤波

为使得无迹粒子滤波在风电机组轴承的寿命预测中具有实用性，对其进行了三方面的改进。

（1）在无迹卡尔曼变换中用均值代替粒子 式（6-17）中的无迹卡尔曼变换包含有状态和测量过程的信息。在粒子滤波的框架下，存在大量的粒子，保证了粒子的多样性。因

此，为了减少来自估计建议密度函数 $q(\boldsymbol{x}_k^{(i)} \mid \boldsymbol{x}_{k-1}^{(i)}, \boldsymbol{z}_k)$ 中随机样本的不确定性，在第 k 步中仅将无迹变换后的平均值 $\bar{\boldsymbol{x}}_k^{(i)}$ 作为新粒子。剩余使用寿命预测中仍然采用常规 SIS 粒子滤波，并用 $\bar{\boldsymbol{x}}_k^{(i)}$ 替换 $\boldsymbol{x}_k^{(i)}$，权重重写为

$$w_k^{(i)} \propto w_{k-1}^{(i)} p(\boldsymbol{z}_k \mid \bar{\boldsymbol{x}}_k^{(i)}) \tag{6-21}$$

（2）似然函数的计算　在式（6-21）中，为了更新权重，应该给出与测量函数相关的概率密度函数 $p(\boldsymbol{z}_k \mid \bar{\boldsymbol{x}}_k^{(i)})$。然而，在实际轴承的 RUL 预测中，仅能获得每个时刻的测量值 $\boldsymbol{z}_k$，而式（6-8）中 $\boldsymbol{x}_k$ 和 $\boldsymbol{z}_k$ 之间的关系并不清楚。为了充分考虑测量值的影响，将 $p(\boldsymbol{z}_k \mid \bar{\boldsymbol{x}}_k^{(i)})$ 近似为

$$p(\boldsymbol{z}_k \mid \bar{\boldsymbol{x}}_k^{(i)}) \sim \mathscr{N}(\mid \boldsymbol{z}_k - \bar{\boldsymbol{x}}_k^{(i)} \mid, \sigma^2(\boldsymbol{z}_{k-N:k})) \tag{6-22}$$

式中，$\mathscr{N}$ 表示正态分布；$\sigma^2(\boldsymbol{z}_{k-N:k})$ 表示从 $(k-N)$ 时刻到 k 时刻测量值的方差，N 是用于估算似然函数的数据长度。

（3）改进的重采样技术　由于粒子权重的迭代计算，粒子退化是粒子滤波中不可避免的现象。为了解决这一问题，在迭代计算中可采用多项重采样、残差重采样和分层重采样等方法对粒子进行重采样。兼顾采样的均匀性和随机性，本案例采用分层重采样。如图 6-14 所示，当前权重的累加和分为 N_s 个相等的部分，并且从每个部分中分别随机重新选择一个粒子。这样可以确保每个粒子之间的距离在 $0 \sim 2/N_\mathrm{s}$，进而克服了粒子权重退化。

图 6-14　分层重采样

通过计算有效样本数量 N_eff，判断是否触发重采样。N_eff 近似计算为

$$N_\mathrm{eff} \approx 1 \Big/ \sum_{i=1}^{N_\mathrm{s}} w_k^{(i)} \tag{6-23}$$

如果 $N_\mathrm{eff} < N_\mathrm{s}/2$，则触发分层重采样。

为了避免分层重采样导致重采样的粒子均质化（即权重较大的粒子可能被多次采样），提出了一种重采样算法，以保证重采样粒子的多样性。重采样算法如下：

如果 $N_\mathrm{eff} < N_\mathrm{s}/2$

 触发分层重采样；

 获得重采样的粒子；

 遍历所有粒子 $i=1:N_\mathrm{s}$

  更新状态粒子 $\bar{\boldsymbol{x}}_k^{(i)} \sim \mathscr{U}(0.9\bar{\boldsymbol{x}}_k(\mathrm{ind}(i)), 1.1\bar{\boldsymbol{x}}_k(\mathrm{ind}(i)))$

  更新权重 $w_k^{(i)} \sim \mathscr{U}(0.9 w_k(\mathrm{ind}(i)), 1.1 w_k(\mathrm{ind}(i)))$

 结束

结束

其中，$\mathrm{ind}(i)$ 是分层重采样后选中的粒子索引，$\mathscr{U}$ 表示均匀分布。

上述算法中，$\bar{\boldsymbol{x}}_k(\mathrm{ind}(i))$ 表示分层重采样后的粒子，经过 [0.9　1.1] 区间的随机均匀采样，可以获得新的粒子，并保证了粒子多样性。权重也经过类似选择，并进一步归一化。由此，当前粒子状态可估计为

$$\hat{x}_k \approx \sum_{i=1}^{N_s} w_k^{(i)} \bar{x}_k^{(i)} \tag{6-24}$$

6.3.2 剩余使用寿命预测流程

在机理模型驱动的剩余使用寿命预测中，齿轮、轴承等部件的退化过程通常被认为服从某种物理失效规律，风电机组的高速轴承退化过程可描述为如下指数模型：

$$\begin{cases} x_k = \exp(b_k k) x_{k-1} \\ z_k = x_k + \sigma_z \end{cases} \tag{6-25}$$

式中，x_{k-1} 是第 ($k-1$) 步轴承的健康状态；b_k 是模型参数；z_k 是测量值，如轴承的振动有效值等；σ_z 表示测量噪声的标准差。

预测轴承剩余使用寿命的难点在于如何确定模型参数 b_k。通常的用法是将 b_1 预设在初始范围 $[m, n]$ 中，并使用新观测的测量值对其进行逐步更新。m、n 可通过多组数据在故障初期趋势对应的上下包络予以确定。因此，改进无迹粒子滤波寿命预测中，粒子 x 是轴承健康状态 x 与模型参数 b 的集合，$x = [x, b]^T$。基于改进无迹粒子滤波的轴承剩余使用寿命预测方法如下：

定义模型，如式（6-25）所示；

检测早期故障，确定剩余使用寿命预测的起始时间 $k=1$；

采样初始粒子：$b_1^{(i)} \sim \mathcal{U}(m, n)$，$x_1^{(i)} \sim \mathcal{U}(0.9z_1, 1.1z_1)$，$i=1, 2, \cdots, N_s$；

利用式（6-18）、式（6-19）对每个粒子进行无迹粒子滤波；

按式（6-22）计算似然函数；

按式（6-21）更新权重；

按前述重采样算法实现重采样，$\bar{x}_k^{(i)} = [\bar{x}_k^{(i)}, b_k^{(i)}]^T$；

按式（6-24）更新轴承状态；

根据退化过程式（6-25）计算轴承未来状态，确定与失效阈值相交的时刻，得到当前时刻计算的剩余使用寿命，如式（6-26）所示；

$k = k+1$；

重复

在任意 k 时刻，在经过重采样获得粒子并按式（6-24）更新粒子状态 $\hat{x}_k$ 和 $\hat{b}_k$ 后，进一步按式（6-25）中的退化模型，迭代计算未来的粒子状态，直到该状态达到失效阈值为止。用 $\hat{t}_{kf}$ 表示预测的未来健康状态与失效阈值相交的时间，则当前时刻 k 的剩余使用寿命为

$$\mathrm{RUL}_k = \hat{t}_{kf} - k \tag{6-26}$$

6.3.3 案例分析

1. 失效轴承描述

图 6-15 所示是两台 1.5 MW 风电机组的发电机轴承全寿命振动信号。轴承型号为 SKF 6326C3。每天采集持续 2s 时间的振动信号，采样频率为 8192Hz。在随机风载荷的作用下，轴承的振幅起伏明显，当轴承出现故障时，其振幅表现出明显的增大趋势。轴承故障特征频率与转动频率的关系列于表 6-6。在已知转速的情况下，一旦表 6-6 中的故障特征频率在振动信号的功率谱中连续出现，就可以推断轴承出现初期故障。

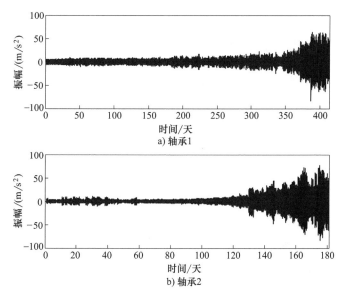

图 6-15 风电机组发电机轴承全寿命振动信号

表 6-6 风电机组发电机轴承故障特征

部件	保持架	滚动体	外圈	内圈
故障频率与转动频率的比值	0.392	2.2	3.13	4.87

以轴承 1 为例,图 6-16 显示了处于不同阶段轴承的时域信号、频谱和包络谱。图 6-16a 所示为第 18 天的振动信号,振幅在 $\pm 10\mathrm{m/s}^2$ 内波动,时域信号中存在规律的周期性波动。波动分量对应于发电机的转动频率 29Hz。在此阶段,转动频率表明转子可能存在不平衡,并没有出现故障信息。在第 195 天(图 6-16b),除转动频率($f_r = 28\mathrm{Hz}$)外,还出现了 87Hz(转动频率的 3.1 倍)、134Hz(转动频率的 4.78 倍)的频率成分,对应着轴承外圈和内圈故障信息。在第 370 天(图 6-16c),振幅持续增大,在频谱和包络谱中存在转动频率 30Hz、外圈故障频率 93Hz 和内圈故障频率 142Hz,此现象表明轴承性能逐步退化。在第 405 天(图 6-16d),轴承进入较严重的故障阶段,振幅继续增大,转动频率 31Hz、外圈故障频率 95Hz、内圈故障频率 146Hz 及其谐波依然突出。轴承 1 的多个部件出现故障并最终失效。

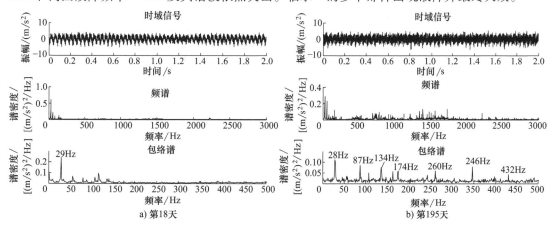

a) 第18天   b) 第195天

图 6-16 轴承 1 在不同时刻下的时域信号、频谱和包络谱

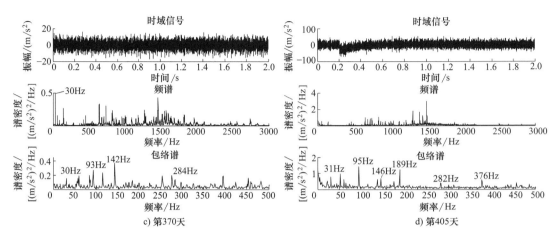

图 6-16　轴承 1 在不同时刻下的时域信号、频谱和包络谱（续）

2. 健康指标和故障阈值

轴承 1 的 8 个时间指标如图 6-17 所示。图中的均方根（图 6-17b）、方差（图 6-17c）和方根幅值（图 6-17d）明显具有良好的单调趋势，可作为 RUL 预测的健康指标。另外，VDI 3834 指出，均方根可以作为风电机组传动系统振动状态的评判依据。对于高转速的风力发电机轴承，均方根的报警阈值为 $16\mathrm{m/s}^2$。因此，本案例选择均方根作为风电机组发电机轴

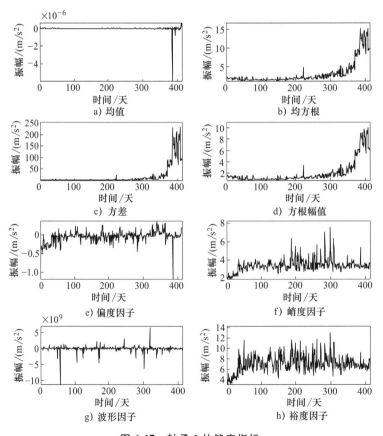

图 6-17　轴承 1 的健康指标

承寿命预测的健康指标。

3. RUL 预测结果

图 6-18 中的实线是轴承 1 的均方根值，虽然均方根的最大值没有超过阈值 $16m/s^2$，但在第 413 天进行了发电机轴承更换。在此，将均方根最大的时间作为失效时间，本案例中，失效时间是第 409 天。采用改进粒子滤波、改进无迹粒子滤波和状态拟合三种方法预测轴承的剩余使用寿命。改进 UPF 按前述基于改进无迹粒子滤波的轴承剩余使用寿命预测流程进行寿命预测，预测起始时间为第250 天。改进粒子滤波遵循相似的流程，但

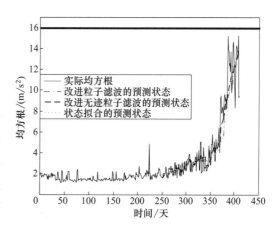

图 6-18　轴承 1 的均方根值及不同方法的预测状态

没有式（6-18）和式（6-19）的无迹变换。状态拟合采用单指数模型拟合第（$k-N$）步到第 k 步的数据，以得到模型参数。并在此参数下，将预测的状态达到阈值的时间用于计算 RUL。图 6-18 中分别以点线、点画线和虚线分别表示状态拟合、改进粒子滤波和改进无迹粒子滤波的预测状态。

图 6-19 所示为改进粒子滤波方法和改进无迹粒子滤波方法中粒子分布的对比效果。图 6-19a 所示为均匀采样的初始粒子状态，粒子 1 表示健康指标，即本案例中的均方根，粒子 2 表示模型参数，即式（6-25）中的参数 b_k。图 6-19b 所示为改进粒子滤波预测结束时的粒子状态，相比图 6-19a，粒子按退化模型产生变化，二维状态具有一定的聚集性。图 6-19c 所示为改进无迹粒子滤波预测结束时的粒子状态，由于采用无迹卡尔曼变换后的 sigma 均值

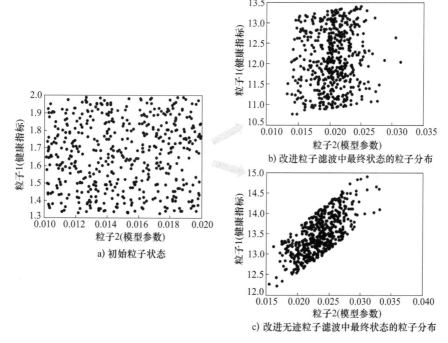

图 6-19　不同预测方法下轴承 1 的粒子分布对比

代替粒子，最终的粒子状态聚集性更高，更能准确估计轴承的健康状态。

为凸显改进的重采样的效果，在同样基于改进无迹粒子滤波方法进行状态跟踪时，采用与不采用改进的重采样的健康指标粒子分布如图 6-20 所示。在初始粒子分布相同时，采用改进的重采样方法，其健康指标跟踪状态如图中点线所示，显示较好的跟踪效果，各阶段的粒子分布较为集中，且呈现多样性，如图中最上一行所示。相反，没有采用改进的重采样方法的状态跟踪效果如图中点画线所示，并没能及时跟随均方根的变化，各阶段的粒子分布如图中最下方一行所示，粒子呈现明显的退化规律，多样性缺失。

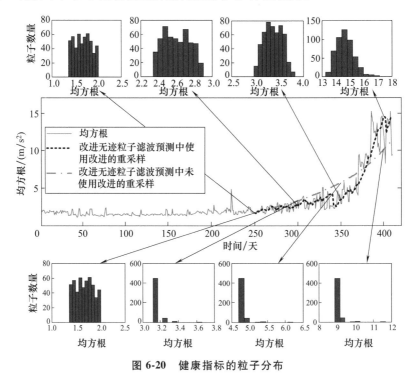

图 6-20　健康指标的粒子分布

通过对风电机组高速轴承的均方根值在故障初期的趋势分析，退化模型参数的初始范围设置为 $[0.01，0.02]$。轴承 1 的 RUL 预测结果如图 6-21 所示。在早期预测阶段，三种方法的 RUL 预测结果都偏离真实 RUL，但是随着轴承性能的退化，预测值逐渐接近真实值。在图 6-21 中，改进无迹粒子滤波的预测性能优于其他两种方法，表明所提出的方法可以通过新得到的测量值调整其预测结果，而不仅仅依赖于初始参数，获得了较好的预测精度。

图 6-22 中轴承 2 的均方根在其全生命周期中表现出强烈的波动，这符合风电机组的变转速变负载的特点。但是，改进无迹粒子滤波、改进粒子滤波和状态拟合三种方法仍然可以处理波动的健康指标，并获得跟踪状态，如图中各线条所示。本案例中，健康指标超过失效阈值的时间为第 165 天。初始模型参数 b 在相同范围 $[0.01，0.02]$ 中均匀取值。图 6-23 所示为各种方法预测的 RUL，在 120 天之后预测结果逐渐接近真实 RUL，其中，基于改进无迹粒子滤波的方法整体预测效果优于其他方法。

为了评估不同方法的 RUL 预测效果，计算平均绝对误差（mean absolute error，MAE），计算公式为 $\sum_{k=1}^{K} |RUL_k - RUL_{ak}| / K$，偏差计算结果见表 6-7。$RUL_k$ 是使用三种不同方法预测的

剩余使用寿命，RUL_{ak} 是第 k 步的实际剩余使用寿命。K 是统计预测偏差所用的天数。

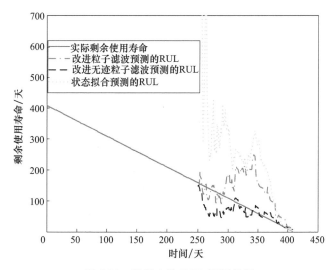

图 6-21　轴承 1 的 RUL 预测结果

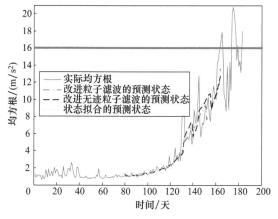

图 6-22　轴承 2 的均方根值及不同方法的预测状态

图 6-23　轴承 2 的 RUL 预测结果

表 6-7　两个轴承的 RUL 预测结果的 MAE

轴承	统计天数	改进无迹粒子滤波	改进粒子滤波	状态拟合
轴承 1	第 250 天至 408 天, $K = 159$	**26. 73**	58. 15	173. 3
轴承 2	第 80 天至 164 天, $K = 85$	**20. 08**	34. 58	65. 28
轴承 1	最后 30 天, $K = 30$	**5. 19**	22. 74	16. 13
轴承 2	最后 30 天, $K = 30$	**5. 29**	5. 87	3. 67

由表 6-7 看出，在轴承的早期故障阶段进行 RUL 预测时，基于改进无迹粒子滤波方法比其他两种方法具有更高的预测精度。在最后 30 天里，也就是预知维护策略制定的关键时期，改进无迹粒子滤波的 MAE 只有 5 天左右，可以为风电场的备品备件管理提供较为准确的参考。基于状态拟合的方法在轴承 2 上表现良好，偏差只有 3.67 天，但在轴承 1 上的偏差超过 16 天，说明该方法的稳定性较低。

6.4 基于特征融合与自约束状态空间估计的轴承剩余使用寿命预测

6.4.1 轴承健康指标构建

1. 基础特征集

假设 $x(n)$ 是时域振动信号（其中 $n=1,2,\cdots,N$，N 是振动信号长度），$X(k)$ 是振动信号 x 的频谱（其中 $k=1,2,\cdots,K$，K 是频谱长度）。$X(k)$ 可由快速傅里叶变换（fast Fourier transform，FFT）求得。$f(k)$ 是与 $X(k)$ 相对应的频率。

基础特征集包括时域特征和频域特征，分别见表 6-8 和表 6-9。

表 6-8 时域特征

编号	特征名称	特征表达式	编号	特征名称	特征表达式
F_1	绝对均值	$\dfrac{1}{N}\sum\limits_{n=1}^{N}\lvert x(n)\rvert$	F_7	绝对偏度	$\left\lvert\dfrac{1}{N}\sum\limits_{n=1}^{N}[x(n)-\bar{x}]x^3\right\rvert$
F_2	峰值	$\max[\lvert x(n)\rvert]$	F_8	峭度	$\dfrac{1}{N}\sum\limits_{n=1}^{N}[x(n)-\bar{x}]^4$
F_3	峰峰值	$\max[x(n)]-\min[x(n)]$	F_9	峰值系数	$\max[x(n)]/F_5$
F_4	标准差	$\sqrt{\dfrac{1}{N-1}\sum\limits_{n=1}^{N}[x(n)-\bar{x}]^2}$	F_{10}	脉冲系数	$\max[x(n)]/F_1$
F_5	均方根	$\sqrt{\dfrac{1}{N}\sum\limits_{n=1}^{N}x^2(n)}$	F_{11}	裕度系数	$\max[x(n)]/F_6$
F_6	方值幅值	$\left[\dfrac{1}{N}\sum\limits_{n=1}^{N}\sqrt{\lvert x(n)\rvert}\right]^2$			

表 6-9 频域特征

编号	特征名称	特征表达式	编号	特征名称	特征表达式
F_{12}	平均频率	$\dfrac{1}{K}\sum\limits_{k=1}^{K}X(k)$	F_{14}	频率均方根	$\sqrt{\dfrac{1}{K}\sum\limits_{k=1}^{K}[f(k)-F_{13}]^2X(k)/K}$
F_{13}	重心频率	$\left.\sum\limits_{k=1}^{K}f(k)X(k)\middle/\sum\limits_{k=1}^{K}X(k)\right.$	F_{15}	频率标准差	$\sqrt{\left.\sum\limits_{k=1}^{K}f(k)^2X(k)\middle/\sum\limits_{k=1}^{K}X(k)\right./K}$

2. 基于单调性度量的敏感特征选择

单调性度量（monotonicity metric，Mon）基于特征序列中的上升趋势的比率计算得到，其表达式为

$$\mathrm{Mon}(t)=\frac{\sum\limits_{1\le t_1<t_2\le t}\varepsilon(F(t_2)-F(t_1))}{\sum\limits_{1\le t_1<t_2\le t}\varepsilon(t_2-t_1)}$$

$$\varepsilon(x)=\begin{cases}1,& x\ge 0\\ 0,& x<0\end{cases} \tag{6-27}$$

式中，$F(t)$ 为 t 时刻的特征值。

显然，单调性度量 Mon 的取值范围是 $0 \sim 1$。与其他度量相比，Mon 更关注序列后期的趋势，有助于评价特征的上升趋势。Mon 计算值越大，意味着该特征具有更好的单调性，越适合用于健康指标的构建。

对于某一时刻 t，计算基础特征集里每个特征的单调性后，单调性高于某一预设阈值的特征选为敏感特征（sensitive features，SF）。预设阈值的范围设定在 $0 \sim 1$，本节设定为 0.8，用于选择具有较高单调性的特征。另外，此处采用局部权重回归（local weighted regression）算法来平滑特征序列以减少测量噪声。

3. 基于最大频率转移法的退化阶段划分

本节提出了最大频率转移法（maximal spectral shift，MSS）确定轴承不同退化阶段的边界，并以此进行健康指标构建和剩余使用寿命预测。边界包括：磨合期结束时间（end of the run-in time，ERT）、退化起始时间（first degradation time，FDT）、预测起始时间（first prediction time，FPT）。首先，将功率谱密度估计中的最大幅值所对应的频率标记为最大频率（maximal frequency，MF）。振动信号的功率谱密度估计由 Welch 算法计算得到。然后，根据最大频率的变化识别多个退化阶段，优先考虑将具有以下特点的时间点作为退化阶段的边界。

1）最大频率突然由一个频带转移到另一个频带。

2）多个频带的最大频率突然消失或突然出现。

3）最大频率逐渐由一个频带转移到另一个频带。

最后，根据退化阶段的边界确定磨合期结束时间和退化起始时间，预测起始时间可以确定为退化起始时间与特定预测时间之间的 $1/2$ 或 $1/3$ 处。

为了更清晰地描述最大频率转移法的过程，以 PRONOSTIA 平台中轴承 1_4 为例进行解释，分析结果如图 6-24 所示。PRONOSTIA 平台是利用两个微型加速度计测量滚动轴承振动信号的试验系统，其中一个加速度计水平放置于轴承座上，另一个加速度计垂直放置于轴承座上。该平台的更多细节将在 6.4.3 节中介绍。

下面介绍最大频率转移法的分析过程。首先，根据功率谱密度估计得到每一段振动信号的最大频率。图 6-24 中圆圈和星号分别是水平方向和竖直方向的加速度计振动信号的最大频率。其次，根据最大频率的变化状况识别若干个关键时间点，包括第 230 个、第 1085 个以及第 1140 个采样点。在第 230 个采样点，3.2kHz 和 5kHz 附近的最大频率逐渐消失；在第 1085 个采样点，12kHz 附近的最大频率突然消失；在第 1140 个采样点，2.5kHz 附近的最大频率突然出现。第 1139 个采样点是预设的预测时间，换言之，在此之前就要开始预测。最后，磨合期结束时间确定在第 230 个采样点（图 6-24 中最左侧虚线），即最大频率状态变化关键时间点中的第一个时间点；退化起始时间确定在第 1085 个采样点（图 6-24 中点画线），即最大频率状态变化关键时间点中的第二个时间点；预测起始时间确定在第 1112 个采样点（图 6-24 中点画线右侧点线），即退化起始时间和预设预测时间（图 6-24 中粗虚线）的中点。由此，通过最大频率转移法确定磨合期结束时间、退化起始时间和预测起始时间。

4. 基于特征退化率的健康指标构建

特征退化率（feature degradation ratio，FDR）定义为：考虑振动能量的条件下，当前特征值与历史特征值求和的比值。其表达式为

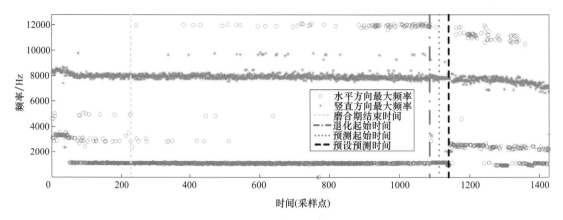

图 6-24 最大频率转移法

$$D_i(t) = \frac{F_i(t)}{\sum\limits_{u=t_{\mathrm{ERT}}}^{t} F_i(u)} F_i(t_{\mathrm{ERT}}) \tag{6-28}$$

$$D(t) = \frac{1}{I} \sum_{i=1}^{I} D_i(t)$$

式中，$F_i(t)$ 是 t 时刻选中的第 i 个敏感特征；$D_i(t)$ 是 t 时刻第 i 个敏感特征的特征退化率；I 是 t 时刻选中的所有敏感特征的数量；$D(t)$ 是 t 时刻所有敏感特征的特征退化率；t_{ERT} 是磨合期结束时间。

在特征退化率的基础上构建健康指标，即

$$H(t) = \begin{cases} \dfrac{1}{3} \sum\limits_{u=t_{\mathrm{FDT}}-2}^{t_{\mathrm{FDT}}} F_{\mathrm{B}}(u), & t < t_{\mathrm{FDT}} \\ H(t-1) + D(t), & t \geqslant t_{\mathrm{FDT}} \end{cases} \tag{6-29}$$

式中，F_{B} 是基础特征集中的一个特征，用来表示轴承的基本健康状态；$H(t)$ 是 t 时刻的健康指标；t_{FDT} 是退化起始时间。均方根能有效表征轴承的振动能量，因此本节采用均方根作为 F_{B}。

具体来说，健康指标的构建分为以下 3 个步骤：

1）步骤 1：当 $t = 1, 2, \cdots, t_{\mathrm{FDT}} - 1$ 时，计算基本健康状态 $F_{\mathrm{B}}(1)$，$F_{\mathrm{B}}(2)$，$\cdots$，$F_{\mathrm{B}}(t_{\mathrm{FDT}} - 1)$。

2）步骤 2：当 $t = t_{\mathrm{FDT}}$ 时，计算基本健康状态 $F_{\mathrm{B}}(t_{\mathrm{FDT}})$；然后，$H(1 : t_{\mathrm{FDT}} - 1) = (F_{\mathrm{B}}(t_{\mathrm{FDT}} - 2) + F_{\mathrm{B}}(t_{\mathrm{FDT}} - 1) + F_{\mathrm{B}}(t_{\mathrm{FDT}})) / 3$，由式（6-28）计算得到 $D(t_{\mathrm{FDT}})$；接着，$H(t_{\mathrm{FDT}}) = H(t_{\mathrm{FDT}} - 1) + D(t_{\mathrm{FDT}})$。

3）步骤 3：当 $t = t_{\mathrm{FDT}} + 1$，$t_{\mathrm{FDT}} + 2$，$\cdots$，t_{EoL} 时，$H(t) = H(t-1) + D(t)$。

上述步骤表明，健康指标在退化阶段之前都保持不变，在退化阶段开始累积增加。通过上述计算，仅依赖过去的可用信息就可以计算得到健康指标 $H(t)$，这符合剩余使用寿命预测时对未来信息无法直接感知的基本要求。

基于特征退化率的健康指标构建算法具备如下特点：

1）健康指标能有效融合多个时域特征和频域特征，避免不同特征之间的量纲、量程的影响。

2）健康指标综合了多个特征的退化信息，可以有效缓解突变或者异常的信息。

3）基于特征退化率构建的健康指标表现出较好的单调性和平滑性，有利于提高预测精确度。

5. 基于核空间阈值转换的失效阈值确定

本节提出核空间阈值转换（kernel space threshold transform，KSTT）方法用于确定失效阈值（failure threshold，FT），该方法可应用于既没有先验知识也没有大量失效案例的工业场景。

指数核函数的表达如式（6-30）所示，用于将健康指标转换成核空间指标（kernel space indicator，Ksi），以及将核空间指标阈值（kernel space indicator threshold，Ksit）转换成健康指标的失效阈值。

$$Ksi(t) = \frac{H(t_{FDT})}{H(t_{FDT}) + [H(t) - H(t_{FDT})]^p}$$

$$FT = \left[\frac{H(t_{FDT})}{Ksit} - H(t_{FDT})\right]^{\frac{1}{p}} + H(t_{FDT}) \tag{6-30}$$

式中，p 是超参数；$Ksi(t)$ 是 t 时刻的核空间指标；Ksit 是核空间指标阈值；FT 是健康指标的失效阈值。显然，Ksi 由 1 逐渐变小，但始终大于 0。

以一组轴承为例来描述核空间阈值转换方法的计算过程。三个轴承分别命名为 B1、B2 和 B3，对应 6.4.3 节中的轴承 3_1、轴承 3_2 和轴承 3_3。有关这些轴承的更多详细信息将在 6.4.3 节中介绍。

基于特征退化率构建的三个轴承的健康指标如图 6-25a 所示。当超参数 $p=1$ 时，采用指数核函数计算三个轴承的核空间指标 Ksi，如图 6-25b 中实线所示，记为（$Ksi^{(B1)}$，$Ksi^{(B2)}$，$Ksi^{(B3)}$）。核空间指标阈值和核空间指标残差（kernel space indicator error，Ksie）计算为

$$Ksit = \max(Ksi^{(B1)}(t_{end}), Ksi^{(B2)}(t_{end}), Ksi^{(B3)}(t_{end}))$$

$$Ksie = \sum_{l=B1,B2,B3} J(Ksi^{(l)}, Ksit)$$

$$J(x,y) = |\text{time span of } x_i < y| \tag{6-31}$$

式中，t_{end} 是 Ksi 的最后时刻；Ksit 是核空间指标阈值；Ksie 是核空间指标残差。

在图 6-25b 中，虚线即 Ksit，阴影的时间跨度即 Ksie。当超参数 p 分别取值 2 和 3 时，分析过程与 $p=1$ 相同，结果分别如图 6-25c 和图 6-25d 所示。

对应超参数不同取值的核空间指标残差如图 6-25e 所示，由图可见，当 $p=2$ 时 Ksie 是最小的。因此，设定超参数 $p=2$，相对应的 Ksit 即图 6-25c 所示。最后，把 p 和 Ksit 代入式（6-30）得到失效阈值。三个轴承的失效阈值如图 6-25f 中虚线所示。

6.4.2　自约束状态空间估计器

在基于单调性度量构建健康指标的基础上，本节提出自约束状态空间估计器（self-constraint state-space estimator，SCSSE），能够在未来时刻更新状态空间，提供更可靠的剩余使用寿命预测结果。首先，建立描述系统退化过程的状态空间模型。其次，使用自约束算法估

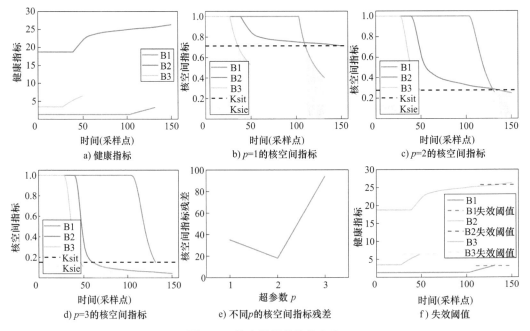

图 6-25　核空间阈值转换方法

计预测阶段的伪观测值（pseudo-observation）。然后，状态空间估计器在预测阶段进行迭代更新。最后，根据系统状态估计值和失效阈值预测剩余使用寿命。

1. 状态空间模型

状态空间模型有两个函数：状态转移函数，用于描述系统状态的固有退化过程；观测函数，用于表达从系统状态到观测的过程。状态空间模型的一般表达式为

$$
\begin{aligned}
x_t &= f(x_{t-1}, n_{x,t-1}) \\
y_t &= h(x_t, n_{y,t})
\end{aligned}
\tag{6-32}
$$

式中，$f(.)$ 是状态转移函数；$h(.)$ 是观测函数；x_t 是 t 时刻的系统状态；y_t 是 t 时刻的观测值；$n_{x,t-1}$ 是状态噪声，$n_{y,t}$ 是观测噪声。

2. 贝叶斯框架中的状态空间估计器

贝叶斯框架常应用于状态空间估计器的计算。通过 Chapman-Kolmogorov 方程预测当前状态的先验概率 $p(x_t \mid y_{1:t-1})$，即

$$
p(x_t \mid y_{1:t-1}) = \int p(x_t \mid x_{t-1}) p(x_{t-1} \mid y_{1:t-1}) \mathrm{d}x_{t-1}
\tag{6-33}
$$

式中，$p(x_t \mid x_{t-1})$ 可由式（6-32）所示的状态转移函数得到；$p(x_{t-1} \mid y_{1:t-1})$ 可从 $t-1$ 时刻得到。

由式（6-34）计算当前状态的后验概率 $p(x_t \mid y_{1:t})$：

$$
p(x_t \mid y_{1:t}) = \frac{p(y_t \mid x_t) p(x_t \mid y_{1:t-1})}{p(y_t \mid y_{1:t-1})}
\tag{6-34}
$$

式中，$p(y_t \mid x_t)$ 可由式（6-32）所示的观测函数得到；$p(y_t \mid y_{1:t-1})$ 通过式（6-35）得到。

$$
p(y_t \mid y_{1:t-1}) = \int p(y_t \mid x_t) p(x_t \mid y_{1:t-1}) \mathrm{d}x_t
\tag{6-35}
$$

但是，式（6-35）中的 $p(y_t|y_{1:t-1})$ 很难计算解析解。相关学者开发了一些效果良好的算法来近似估计式（6-34）中的系统状态，包括卡尔曼滤波、粒子滤波等算法。其中，粒子滤波算法在解决非高斯和非线性问题上具有较好的性能，可以为此处的状态空间估计器提供解决方法。

3. 基于自约束算法的状态空间估计器

当观测值已知时，状态空间估计器可以进行迭代计算来估计系统状态。但在预测阶段，未来时刻的观测值是不可知的，这意味着状态空间估计器无法继续利用观测函数来估计系统状态。

为了解决这个问题，本节在状态空间估计器中引入了自约束算法，如式（6-36）所示。利用已知的历史观测值，通过最小二乘线性回归得到约束曲线，该约束曲线与历史数据的发展趋势吻合，能在预测阶段提供伪观测值。

$$\hat{w} = \underset{w}{\arg\min} \sum_{t=1}^{t_{now}} [y_t - g(w,t)]^2$$
$$\tilde{y}_{t_{now}+\tau} = g(\hat{w}, t_{now}+\tau) \tag{6-36}$$

式中，$g(.)$ 是约束曲线；w 是曲线参数；t 是时刻；t_{now} 是当前时刻；y_t 是 t 时刻的历史观测值；$\hat{w}$ 是 g 的拟合参数；τ 是未来时间区间；$\tilde{y}_{t_{now}+\tau}$ 是 $(t_{now}+\tau)$ 时刻的伪观测值。

最后，基于伪观测值在未来时刻迭代更新状态空间估计器。在本节中，约束曲线选取一阶多项式曲线。

4. 剩余使用寿命预测

剩余使用寿命是指从当前时刻到系统状态首次超过失效阈值时的时间长度，即

$$RUL = \inf\{t : x(t+t_{now}) > FT \,|\, t_{now}\} \tag{6-37}$$

式中，t_{now} 是当前时刻；FT 是失效阈值；$x(t)$ 是 t 时刻的系统状态。基于自约束状态空间估计器的剩余使用寿命预测过程如下：

输入：系统状态，历史观测值，粒子数量 Ms。
1　生成具有随机权重的初始状态粒子。
2　利用历史观测值回归得到约束曲线。
3　For $t = t_{FPT} : t_{EoL}$
4　　利用约束曲线估计 t 时刻的伪观测值。
5　　For $i = 1 : Ms$
6　　　根据状态转移函数转换状态粒子。
7　　　根据观测函数计算观测粒子。
8　　　更新粒子权重。
9　　End For
10　重采样粒子。
11　归一化粒子权重。
12　根据式（6-37）预测剩余使用寿命。
13　End For
输出：剩余使用寿命预测结果。

6.4.3　案例分析

1. 轴承退化状态空间

本案例的轴承退化状态空间为

$$a_t = a_{t-1} + n_{a,t-1}$$

$$x_t = x_{t-1} + a_t$$

$$y_t = x_t + n_{y,t} \tag{6-38}$$

式中，a_t 和 x_t 是 t 时刻系统状态；y_t 是 t 时刻观测值；$n_{a,t-1}$ 是状态噪声；$n_{y,t}$ 是观测噪声。

2. PRONOSTIA 试验台数据集

采用 PRONOSTIA 试验台提供的轴承退化数据集对本节所提出的方法进行验证。试验台如图 6-26a 所示，该试验台提供了滚动轴承全寿命退化过程的真实试验数据。轴承上安装了两个加速度计，分别用于测量垂直方向和水平方向的振动信号。该数据集包含 3 种工况共17 个轴承的全寿命退化振动信号，采样参数包括：采样频率为 25.6kHz，采样持续时间为0.1s，采样间隔为 10s。振动信号的采集参数如图 6-26b 所示。当加速度振幅超过 20g 时视为轴承失效。每种工况下有两个轴承作为训练集，其余轴承作为测试集。工况信息见表 6-10。

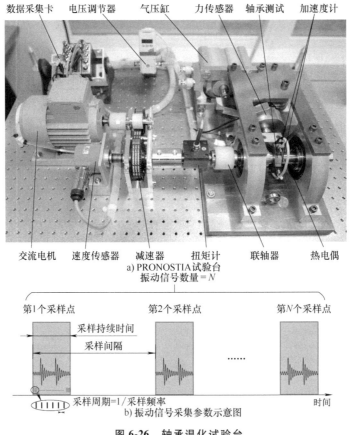

a) PRONOSTIA试验台

b) 振动信号采集参数示意图

图 6-26　轴承退化试验台

表 6-10 PRONOSTIA 试验数据集

工况	载荷/N	转速/(r/min)	训练集	测试集
1	4000	1800	轴承 1_1,轴承 1_2	轴承 1_3,轴承 1_4, 轴承 1_5,轴承 1_6,轴承 1_7
2	4200	1650	轴承 2_1,轴承 2_2	轴承 2_3,轴承 2_4, 轴承 2_5,轴承 2_6,轴承 2_7
3	5000	1500	轴承 3_1,轴承 3_2	轴承 3_3

基于 6.4.1 节中最大频率转移法确定每个轴承的磨合期结束时间、退化起始时间和预测起始时间，其中退化起始时间见表 6-11。

表 6-11 轴承退化起始时间

轴承	退化起始时间 （采样点）	轴承	退化起始时间 （采样点）	轴承	退化起始时间 （采样点）
1_1	2390	2_1	614	3_1	294
1_2	523	2_2	403	3_2	1414
1_3	1413	2_3	1090	3_3	261
1_4	1085	2_4	498		
1_5	1916	2_5	1720		
1_6	1988	2_6	391		
1_7	1360	2_7	126		

由于有两个方向的振动信号，每个轴承都有 30 个基础特征。根据单调性度量得到轴承在每个采样点的敏感特征，并依据特征退化率构建轴承的健康指标。健康指标如图 6-27 所示，其中虚线是训练集轴承，实线是测试集轴承。由图可见，每个健康指标在退化阶段都有良好的单调性和平滑性。

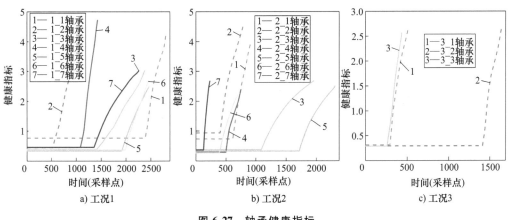

a) 工况1 b) 工况2 c) 工况3

图 6-27 轴承健康指标

假设式（6-30）指数核函数中的超参数 p 分别等于 1/3、1/2、1、2、3，基于核空间阈值转换方法计算每种工况中的训练集数据，得到核空间指标残差 Ksie。核空间指标残差 Ksie 的结果如图 6-28 所示，由图可见，当超参数 $p = 2$ 时，工况 1 和工况 2 的核空间指标残差 Ksie 是最小的，工况 3 的核空间指标残差 Ksie 略大于最小值。考虑到三种工况采用相同型号的轴承，三种工况的超参数应该倾向于一致。因此，本案例的指数核函数的超参数设置为 2。

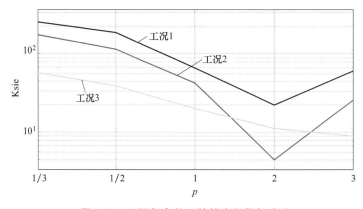

图 6-28　不同超参数下的核空间指标残差

　　进一步，计算得到全部轴承的核空间指标 Ksi。根据训练集数据确定每种工况的核空间指标阈值 Ksit。把指数核函数超参数和核空间指标阈值 Ksit 代入式（6-30）得到健康指标对应的失效阈值。三种工况的核空间指标 Ksi 及核空间指标阈值 Ksit 如图 6-29 所示，图中虚线为训练集数据，实线为测试集数据。在图 6-29 中，除轴承 1_4 以外，三种工况的轴承的核空间指标 Ksi 的末端都聚集在各自的核空间指标阈值 Ksit 附近。换言之，通过核空间阈值转换方法，图 6-27 中健康指标的失效阈值会在图 6-29 的核空间中变得聚集。同一工况下失效阈值的共同特性可以提取为核空间指标阈值 Ksit。从而根据核空间指标阈值 Ksit 计算得到健康指标的失效阈值。

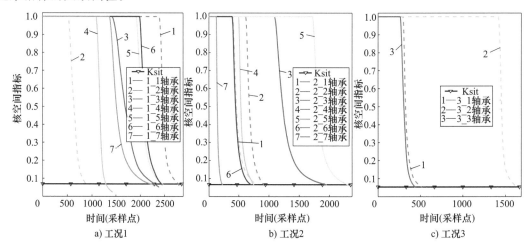

图 6-29　轴承的核空间指标和核空间指标阈值

　　在 IEEE PHM 2012 挑战赛中，针对测试集中每个轴承都预设了剩余使用寿命预测时间。将这些预设时间以前的信息作为已知，对系统状态的变化趋势进行估计，并预测其剩余使用寿命。状态估计结果和剩余使用寿命预测结果如图 6-30 所示。由图可见，状态估计与历史状态具有相似的趋势。当历史趋势出现变化时，状态估计会偏离真实状态，如轴承 1_7、轴承 2_3。但这在剩余使用寿命预测中是正常的，这种偏离会在随后的估计中得到纠正。对于大多数轴承，本节方法得到的状态估计与真实状态较为接近。

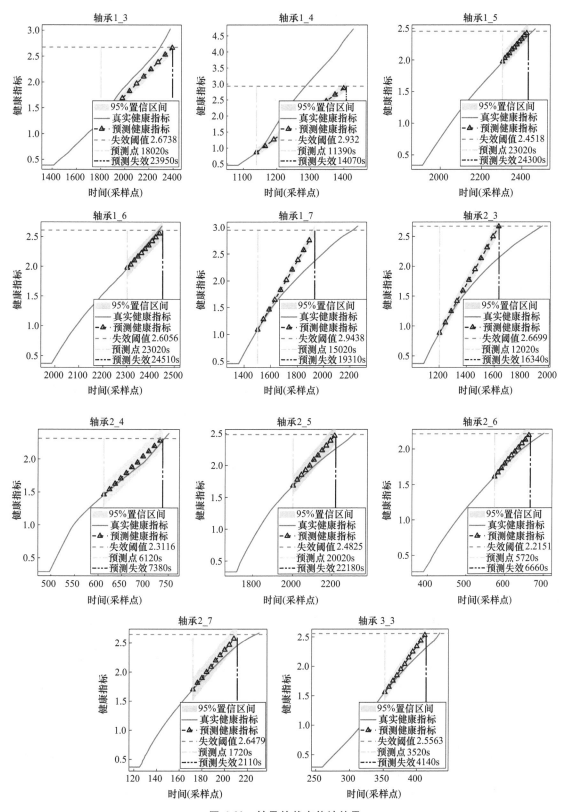

图 6-30　轴承的状态估计结果

用于评估测试集轴承的剩余使用寿命预测结果准确度的得分算法为

$$E_{r_i}\% = \frac{ActRUL_i - RUL_i}{ActRUL_i} \times 100\%$$

$$A_i = \begin{cases} e^{-\ln(0.5).(E_{r_i}/5)}, & E_{r_i} \leqslant 0 \\ e^{+\ln(0.5).(E_{r_i}/20)}, & E_{r_i} > 0 \end{cases}$$

$$Score = \frac{1}{11} \sum_{i=1}^{11} A_i \qquad (6-39)$$

式中，$ActRUL_i$ 是测试集中第 i 个轴承的真实剩余使用寿命；RUL_i 是测试集中第 i 个轴承的预测剩余使用寿命。

将本节预测结果与其他三种相关方法所得结果进行对比，见表 6-12。可以看出，本节所提的预测算法表现良好，在与相关文献的预测结果的对比中，获得最高的分数。

表 6-12   PRONOSTIA 测试集轴承预测结果对比

轴承编号	预测时间点/s	真实寿命/s	预测寿命/s	预测误差（%）	文献一[157]误差（%）	文献二[90]误差（%）	文献三[158]误差（%）
1_3	18020	5730	5930	-3.4904	-1.04	43.28	37
1_4	11390	3390	2680	7.2664	-20.94	67.55	80
1_5	23020	1610	1280	20.4969	-278.26	-22.98	9
1_6	23020	1460	1490	-2.0548	19.18	21.23	-5
1_7	15020	7570	4290	43.3289	-7.13	17.83	-2
2_3	12020	7530	4320	42.6295	10.49	37.84	64
2_4	6120	1390	1260	9.3525	51.80	-19.42	10
2_5	20020	3090	2160	30.0971	28.80	54.37	-440
2_6	5720	1290	940	27.1318	-20.93	-13.95	49
2_7	1720	580	390	32.7586	44.83	-55.17	-317
3_3	3520	820	620	24.3902	-3.66	3.66	90
Score	—	—	—	0.4823	0.3550	0.2631	0.3066

3. 在役风电机组高速轴承全寿命数据

风电机组传动系统中轴承等部件的失效过程可以按图 6-31 给出定义。轴承正常运行一段时间之后会出现初始微弱故障，其健康指标将超过故障阈值，轴承在故障初始阶段能够运行相当长的时间，在此期间，其失效概率较低。随着时间的增长，轴承逐渐进入严重故障区域，在此期间，无论何时更换轴承都不属于过度维修，称为可更换阶段。在可更换阶段的后期，轴承处于失效的概率更大，称为高风险阶段。将可更换阶段的最后时刻定义为故障轴承不能够继续运行的时刻，若继续运行，则会马上对其他部件产生系统性破坏。因此，在此时刻之后，故障轴承必须进行更换。但对于工程实际中的每一个轴承，若想找到严格的失效阈值并立刻进行更换极具挑战，即使在现场获得更换的轴承及系统全寿命数据，也很难证明其不能继续带病运转。基于此，为保证轴承及系统的可靠性，将失效阈值定义在可更换阶段是合理的。

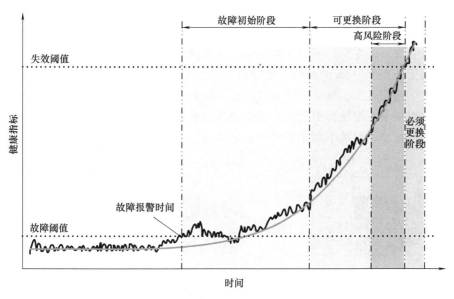

图 6-31　轴承运行不同阶段划分

与轴承剩余使用寿命预测关联最大的是可更换阶段，该阶段通常具备一定的时间跨度，这与风电机组检修维护需要窗口期的特点吻合（陆上机组通常在风速较小时维护，海上机组需要考虑出海的窗口期），失效阈值设定在可更换阶段具有积极的工程意义。本节所研究的在役机组高速轴承全寿命振动数据来自国内不同风电场的 9 台机组，共包含 3 个工作部位，即发电机驱动端轴承、发电机非驱动端轴承和齿轮箱高速轴电机侧轴承，轴承信息见表6-13。其中，轴承 1_1 为 6.2 节中的齿轮箱高速轴轴承；轴承 2_1 和 3_1 为 6.3 节中发电机驱动端和非驱动端的轴承。按照图 6-31 中可更换阶段的定义，并考虑每台风电机组的实际振动水平，选择轴承健康时振动均方根值（有效值）平均值的 5 倍所对应的时刻作为需要更换的时刻，即在该时刻可进行轴承更换。为防止突变点所致的误诊断，连续 3 组数据的均方根值有两组超过阈值时，即认为达到可更换阈值。

表 6-13　在役机组轴承全寿命振动数据说明

轴承	部位	采样频率 /Hz	采样持续时间 /s	采样间隔	振动信号数量 （采样点）
1_1	部位 1:齿轮箱高速轴	8192	2	6h	819
1_2		51200	2.56	1 天	393
2_1	部位 2:发电机驱动端	8192	2	1 天	372
2_2		16384	16	1 天	212
2_3		25600	1.28	1h	468
2_4		25600	1.28	1 天	187
3_1	部位 3:发电机非驱动端	8192	2	1 天	131
3_2		51200	2.56	1 天	150
3_3		25600	1.28	1 天	49

本节采用 3 个部位共 9 个来自风电机组的轴承验证本节所提方法。9 个轴承的振动信号

如图 6-32 所示，所有信号涵盖从健康到状态退化的过程。相比于 6.2 节和 6.3 节中的 3 组已有轴承，本节采用的振动数据长度（采样点）比较短，原因在于：一方面，某些轴承（如轴承 1_2、2_2、3_2 等）振动均方根值比较大，采用绝对阈值（如 12m/s^2、16m/s^2 等）无法有效评估其失效过程，为获得相对统一的阈值，选择均方根值平均值的 5 倍作为需要更换的阈值；另一方面，在所选择的采样点中，所有轴承都经历了健康到退化的过程，轴承的最后时刻皆处于图 6-31 中所示的可更换阶段，不会引起过度维修，并且可以保证风电机组的运行可靠性。由图可见，轴承的振动量级差别较大，并且有突变和剧烈波动等情况，这主要是由风电机组的变工况运行引起的。图中的均方根值（图中虚线所示）尽管有上升趋势，但存在较明显的波动，显然不利于精确的寿命预测。

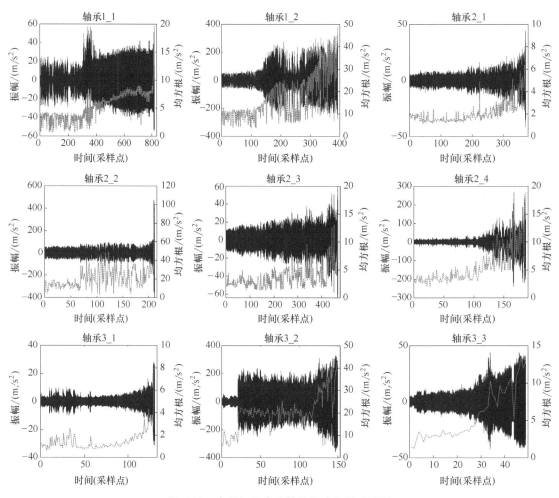

图 6-32　在役机组高速轴承振动信号时域图

基于最大频率转移法确定各轴承的退化起始点，见表 6-14。基于特征退化率构建各轴承的健康指标，如图 6-33a 所示。基于核空间阈值转换方法计算核空间指标残差，如图 6-33b 所示。由图可见，当超参数 $p=2$ 时，3 个部位的核空间指标残差都取最小值，所以确定指数核函数的超参数 $p=2$。然后，计算 3 个部位的核空间指标和核空间指标阈值，分别如图 6-34d、e、f 所示。由图可见，不同部位的核空间指标阈值差异较大，同部位的核空间指标都聚集在核空间指标阈值附近。将核空间指标阈值和超参数代入指数核函数，得到对应于各轴承健康指标的失效阈值，分别如图 6-34a、b、c 所示。基于自约束状态空间估计器预测各轴承剩余使用寿命，结果如图 6-35 所示。由图可见，本节所提出的算法具有较高的预测准确度，尤其是在轴承寿命后期。

表 6-14　在役机组高速轴承退化起始点

轴承	退化起始点（采样点）	轴承	退化起始点（采样点）	轴承	退化起始点（采样点）
1_1	478	2_2	107	3_1	104
1_2	267	2_3	335	3_2	40
2_1	201	2_4	110	3_3	28

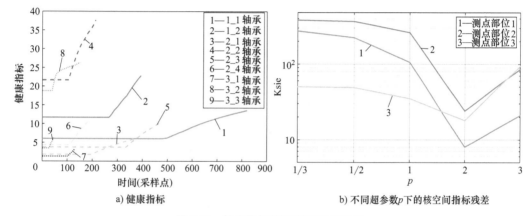

a) 健康指标

b) 不同超参数 p 下的核空间指标残差

图 6-33　健康指标和核空间指标残差

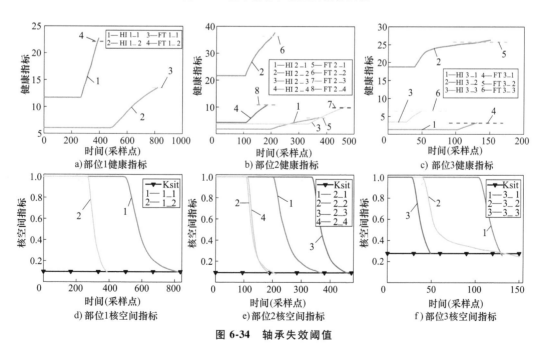

a) 部位1健康指标

b) 部位2健康指标

c) 部位3健康指标

d) 部位1核空间指标

e) 部位2核空间指标

f) 部位3核空间指标

图 6-34　轴承失效阈值

采用平均绝对误差（MAE）评估预测准确度，其计算公式为

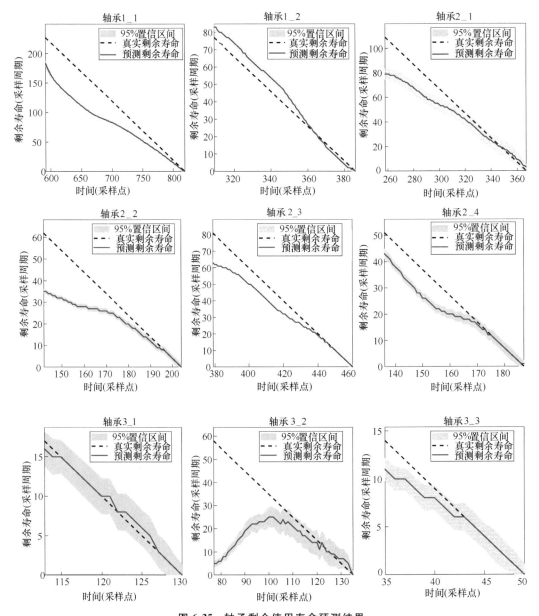

图 6-35 轴承剩余使用寿命预测结果

$$\mathrm{Er}_N^{(1)} = \frac{1}{N} \sum_{t=t_{\mathrm{EoL}}-N+1}^{t_{\mathrm{EoL}}} \left| \mathrm{ActRUL}(t) - \mathrm{PredRUL}(t) \right| \qquad (6\text{-}40)$$

式中，$\mathrm{ActRUL}(t)$ 是 t 时刻的真实剩余使用寿命；$\mathrm{PredRUL}(t)$ 是 t 时刻的预测剩余使用寿命；t_{EoL} 是可用寿命终点；N 是评估的时间数量；Er_N 表示最后 N 个采样点的 MAE。

　　轴承最后 10 个、20 个、30 个、40 个、50 个采样点的剩余使用寿命预测准确度的评估结果见表 6-15。可以看到，在最后 50 个采样点里 MAE 小于 9，在最后 20 个采样点里 MAE 小于 3。本节方法具有良好的预测精度，能够为风电机组备件储备和运维计划的制定提供建议，有助于节约运维成本，避免事故发生。

表 6-15 MAE 评估结果

轴承	Er_{10}	Er_{20}	Er_{30}	Er_{40}	Er_{50}
1_1	1.60	**2.60**	**3.67**	**4.75**	5.86
1_2	1.40	1.55	1.40	2.43	3.54
2_1	**2.60**	2.10	1.93	2.40	2.86
2_2	0.10	1.15	2.23	3.88	6.42
2_3	0	0.20	0.90	2.15	3.46
2_4	0.10	0.40	2.03	4.03	5.10
3_1	0.50	—	—	—	—
3_2	1.50	1.60	2.43	4.53	**8.78**
3_3	0.30	—	—	—	—

注："—"表示数据长度小于计算区间长度，无法评估。

参 考 文 献

[1] 周梦君. 从新能源战略看欧盟能源结构的调整与优化 [J]. 电力与能源, 2013, 34(1): 4-7; 17.

[2] 张鑫. 2021 年中国风电市场现状及发展趋势分析, 海上风电是主要趋势 [EB/OL]. (2022-02-28) [2022-11-17]. http://huaon.com/channel/trend/787062.html.

[3] 张鹏林, 刘瑞君, 魏小红, 等. 声发射技术在风电塔筒动态监测中的应用研究 [J]. 机械强度, 2016, 38(3): 470-474.

[4] 王岩. 风力发电塔基础沉降监测方法研究 [J]. 科技创新导报, 2013(14): 12-13.

[5] 史训兵, 熊志刚, 李杨宗. 基于在线油液磨粒检测的风电机组齿轮箱磨损状态监控 [J]. 机械传动, 2014, 38(10): 74-77.

[6] 霍威. 风电齿轮箱在线油液磨粒检测系统研究 [D]. 北京: 北京交通大学, 2014.

[7] 高志朋. 风电设备变速箱润滑油在线监测及维护 [D]. 南京: 南京航空航天大学, 2013.

[8] 耿荣生, 景鹏. 蓬勃发展的我国无损检测技术 [J]. 机械工程学报, 2013, 49(22): 1-7.

[9] 周正干, 刘斯明. 非线性无损检测技术的研究、应用和发展 [J]. 机械工程学报, 2011, 47(8): 2-9.

[10] 李晓丽, 金万平, 张存林, 等. 红外热波无损检测技术应用与进展 [J]. 无损检测, 2015, 37(6): 19-23.

[11] AMENABAR I, MENDIKUTE A, LOPEZ-ARRAIZA A, et al. Comparison and analysis of non-destructive testing techniques suitable for delamination inspection in wind turbine blades [J]. Composites: Part B, 2011, 42(5): 1298-1305.

[12] 岳大皓, 李晓丽, 张浩军, 等. 风电叶片红外热波无损检测的实验探究 [J]. 红外技术, 2011, 33(10): 614-617.

[13] 安静, 徐宇, 张淑丽, 等. 超声波技术用于风电叶片粘结区域检测的探究 [J]. 玻璃钢/复合材料, 2015(3): 50-53.

[14] 崔克楠, 韩振华, 聂伟伟. 风电塔筒探伤经验介绍及相关建议 [J]. 无损检测, 2012, 34(9): 70-73.

[15] 张鹏林, 许亚星, 桑远, 等. 磁记忆技术在风电塔筒检测中的应用 [J]. 无损检测, 2014, 36(9): 67-69.

[16] 杨涛, 任永, 刘霞, 等. 风力机叶轮质量不平衡故障建模及仿真研究 [J]. 机械工程学报, 2012, 48(6): 130-135.

[17] 李辉, 杨东, 杨超, 等. 基于定子电流特征分析的双馈风电机组叶轮不平衡故障诊断 [J]. 电力系统自动化, 2015, 39(13): 32-37.

[18] 杭俊, 张建忠, 程明, 等. 直驱永磁同步风电机组叶轮不平衡和绕组不对称的故障诊断 [J]. 中国电机工程学报, 2014, 34(9): 1384-1391.

[19] 刘宇飞, 辛克贵, 樊健生, 等. 环境激励下结构模态参数识别方法综述 [J]. 工程力学, 2014, 31(4): 46-53.

[20] 陈东弟, 向家伟. 运行模态分析方法综述 [J]. 桂林电子科技大学学报, 2010, 30(2): 163-167.

[21] 李世龙, 马立元, 田海雷, 等. 基于不完备实测模态数据的结构损伤识别方法研究 [J]. 振动与冲击, 2015, 34(3): 196-203.

[22] 祁泉泉. 基于振动信号的结构参数识别系统方法研究 [D]. 北京: 清华大学, 2010.

[23] CARNE T G, JAMES G H. The inception of OMA in the development of modal testing technology for wind turbines [J]. Mechanical Systems and Signal Processing, 2010, 24(5): 1213-1226.

[24] DAMGAARD M, IBSEN L B, ANDERSEN L V, et al. Cross-wind modal properties of offshore wind turbines identified by full scale testing [J]. Journal of Wind Engineering and Industrial Aerodynamics, 2013, 116(5): 94-108.

[25] 马人乐, 马跃强, 刘慧群. 风电机组塔筒模态的环境脉动实测与数值模拟研究 [J]. 振动与冲击, 2011, 30(5): 152-155.

[26] 王中平. 海上风电结构模态参数识别及极端振动响应的推算 [D]. 天津: 天津大学, 2013.

[27] 郑站强. 风电齿轮箱动态特性研究与工作模态测量分析 [D]. 重庆: 重庆大学, 2011.

[28] VICUÑA C M. Theoretical frequency analysis of vibrations from planetary gearboxes [J]. Forsch im Ingenieurwesen, 2012, 76(1): 15-31.

[29] KOCH J P T, VICUÑA C M. Dynamic and phenomenological vibration models for failure prediction on planet gears of planetary gearboxes [J]. Journal of the Brazilian Society of Mechanical Sciences and Engineering, 2014, 36(3): 533-545.

［30］ PARRA J, VICUÑA C M. Two methods for modeling vibrations of planetary gearboxes including faults: comparison and validation ［J］. Mechanical Systems and Signal Processing, 2017, 92: 213-225.

［31］ INALPOLAT M, KAHRAMAN A. A dynamic model to predict modulation sidebands of a planetary gear set having manufacturing errors ［J］. Journal of Sound and Vibration, 2010, 329(4): 371-393.

［32］ CHAARI F, FAKHFAKH T, HBAIEB R, et al. Influence of manufacturing errors on the dynamic behavior of planetary gears ［J］. International Journal of Advanced Manufacturing Technology, 2006, 27: 738-746.

［33］ CHAARI F, FAKHFAKH T, HADDAR M. Dynamic analysis of a planetary gear failure caused by tooth pitting and cracking ［J］. Journal of Failure Analysis and Prevention, 2006, 6(2): 73-78.

［34］ FENG Z, ZUO M. Vibration signal models for fault diagnosis of planetary gearboxes ［J］. Journal of Sound and Vibration, 2012, 331(22): 4919-4939.

［35］ LEI Y, LIU Z, LIN J, et al. Phenomenological models of vibration signals for condition monitoring and fault diagnosis of epicyclic gearboxes ［J］. Journal of Sound and Vibration, 2016, 369: 266-281.

［36］ LIANG X, ZUO M, HOSEINI M R. Vibration signal modeling of a planetary gear set for tooth crack detection ［J］. Engineering Failure Analysis, 2015, 48: 185-200.

［37］ CHEN Z, SHAO Y. Dynamic simulation of planetary gear with tooth root crack in ring gear ［J］. Engineering Failure Analysis, 2013, 31: 8-18.

［38］ MAHESWARI R U, UMAMAHESWARI R. Trends in non-stationary signal processing techniques applied to vibration analysis of wind turbine drive train - a contemporary survey ［J］. Mechanical Systems and Signal Processing, 2017, 85: 296-311.

［39］ YANG W, TAVNER P J, TIAN W. Wind turbine condition monitoring based on an improved spline-kernelled chirplet transform ［J］. IEEE Transactions on Industrial Electronics, 2015, 62(10): 6565-6574.

［40］ GUAN Y, LIANG M, NECSULESCU D S. Velocity synchronous bilinear distribution for planetary gearbox fault diagnosis under non-stationary conditions ［J］. Journal of Sound and Vibration, 2019, 443: 212-229.

［41］ FENG Z P, CHEN X W, LIANG M, et al. Time-frequency demodulation analysis based on iterative generalized demodulation for fault diagnosis of planetary gearbox under nonstationary conditions ［J］. Mechanical Systems and Signal Processing, 2015, 62/63: 54-74.

［42］ FENG Z P, CHEN X W, LIANG M. Iterative generalized synchrosqueezing transform for fault diagnosis of wind turbine planetary gearbox under nonstationary conditions ［J］. Mechanical Systems and Signal Processing, 2015, 52/53: 360-375.

［43］ FENG Z P, LIANG M. Fault diagnosis of wind turbine planetary gearbox under nonstationary conditions via adaptive optimal kernel time-frequency analysis ［J］. Renewable Energy, 2014, 66: 468-477.

［44］ FENG Z P, QIN S F, LIANG M. Time-frequency analysis based on Vold-Kalman filter and higher order energy separation for fault diagnosis of wind turbine planetary gearbox under nonstationary conditions ［J］. Renewable Energy, 2016, 85: 45-56.

［45］ CHEN X W, FENG Z P. Iterative generalized time-frequency reassignment for planetary gearbox fault diagnosis under nonstationary conditions ［J］. Mechanical Systems and Signal Processing, 2016, 80: 429-444.

［46］ PARK J, HAMADACHE M, HA J M, et al. A positive energy residual (PER) based planetary gear fault detection method under variable speed conditions ［J］. Mechanical Systems and Signal Processing, 2019, 117: 347-360.

［47］ FENG Z P, CHEN X W, LIANG M. Joint envelope and frequency order spectrum analysis based on iterative generalized demodulation for planetary gearbox fault diagnosis under nonstationary conditions ［J］. Mechanical Systems and Signal Processing, 2016, 76/77: 242-264.

［48］ JIANG X, LI S. A dual path optimization ridge estimation method for condition monitoring of planetary gearbox under varying-speed operation ［J］. Measurement, 2016, 94: 630-644.

［49］ HONG L, QU Y, DHUPIA J S, et al. A novel vibration-based fault diagnostic algorithm for gearboxes under speed fluctuations without rotational speed measurement ［J］. Mechanical Systems and Signal Processing, 2017, 94: 14-32.

［50］ HE G, DING K, LI W, et al. A novel order tracking method for wind turbine planetary gearbox vibration analysis based on discrete spectrum correction technique [J]. Renewable Energy, 2016, 87: 364-375.

[51] LI Z, JIANG Y, GUO Q, et al. Multi-dimensional variational mode decomposition for bearing-crack detection in wind turbines with large driving-speed variations [J]. Renewable Energy, 2018, 116: 55-73.

[52] ANTONIADOU I, MANSON G, STASZEWSKI W J, et al. A time-frequency analysis approach for condition monitoring of a wind turbine gearbox under varying load conditions [J]. Mechanical Systems and Signal Processing, 2015, 64/65: 188-216.

[53] SAWALHI N, RANDALL R B. Gear parameter identification in a wind turbine gearbox using vibration signals [J]. Mechanical Systems and Signal Processing, 2014, 42: 368-376.

[54] VILLA L F, RENONES A, PERAN J R, et al. Angular resampling for vibration analysis in wind turbines under non-linear speed fluctuation [J]. Mechanical Systems and Signal Processing, 2011, 25: 2157-2168.

[55] PEZZANI C M, BOSSIO J M, CASTELLINO A M, et al. A PLL-based resampling technique for vibration analysis in variable-speed wind turbines with PMSG: a bearing fault case [J]. Mechanical Systems and Signal Processing, 2017, 85: 354-366.

[56] TENG W, DING X, ZHANG X, et al. Multi-fault detection and failure analysis of wind turbine gearbox using complex wavelet transform [J]. Renewable Energy, 2016, 93: 591-598.

[57] MA Z, TENG W, LIU Y, et al. Application of the multi-scale enveloping spectrogram to detect weak faults in a wind turbine gearbox [J]. IET Renewable Power Generation, 2017, 11(5): 578-584.

[58] DU Z, CHEN X, ZHANG H, et al. Sparse feature identification based on union of redundant dictionary for wind turbine gearbox fault diagnosis [J]. IEEE Transactions on Industrial Electronics, 2015, 62(10): 6594-6605.

[59] TENG W, WANG F, ZHANG K, et al. Pitting fault detection of a wind turbine gearbox using empirical mode decomposition [J]. strojniski vestnik-Journal of Mechanical Engineering, 2014, 60(1): 12-20.

[60] LIU W, ZHANG W, HAN J, et al. A new wind turbine fault diagnosis method based on the local mean decomposition [J]. Renewable Energy, 2012, 48: 411-415.

[61] LIU W, GAO Q, YE G, et al. A novel wind turbine bearing fault diagnosis method based on integral extension LMD [J]. Measurement, 2015, 74: 70-77.

[62] WANG J, GAO R X, YAN R. Integration of EEMD and ICA for wind turbine gearbox diagnosis [J]. Wind Energy, 2014, 17(5): 757-773.

[63] HU A, YAN X, XIANG L. A new wind turbine fault diagnosis method based on ensemble intrinsic time-scale decomposition and WPT-fractal dimension [J]. Renewable Energy, 2015, 83: 767-778.

[64] CHEN J, PAN J, LI Z, et al. Generator bearing fault diagnosis for wind turbine via empirical wavelet transform using measured vibration signals [J]. Renewable Energy, 2016, 89: 80-92.

[65] TENG W, WANG W, MA H, et al. Adaptive fault detection of the bearing in wind turbine generators using parameterless empirical wavelet transform and margin factor [J]. Journal of Vibration and Control, 2019, 25(6): 1263-1278.

[66] SUN H, ZI Y, HE Z. Wind turbine fault detection using multiwavelet denoising with the data-driven block threshold [J]. Applied Acoustics, 2014, 77: 122-129.

[67] BARSZCZ T, SAWALHI N. Wind turbines' rolling element bearings fault detection enhancement using minimum entropy deconvolution [J]. Diagnostics and Structural Health Monitoring, 2011, 3(59): 53-59.

[68] TANG B, LIU W, SONG T. Wind turbine fault diagnosis based on Morlet wavelet transformation and Wigner-Ville distribution [J]. Renewable Energy, 2010, 35: 2862-2866.

[69] JIANG Y, TANG B, QIN Y. Feature extraction method of wind turbine based on adaptive Morlet wavelet and SVD [J]. Renewable Energy, 2011, 36: 2146-2153.

[70] YANG D, LI H, HU Y, et al. Vibration condition monitoring system for wind turbine bearings based on noise suppression with multi-point data fusion [J]. Renewable Energy, 2016, 92: 104-116.

[71] LI J, CHEN X, DU Z, et al. A new noise-controlled second-order enhanced stochastic resonance method with its application in wind turbine drivetrain fault diagnosis [J]. Renewable Energy, 2013, 60: 7-19.

[72] LI J, LI M, ZHANG J, et al. Frequency-shift multiscale noise tuning stochastic resonance method for fault diagnosis of

generator bearing in wind turbine ［J］. Measurement, 2019, 133: 421-432.

［73］ REN H, LIU W, JIANG Y, et al. A novel wind turbine weak feature extraction method based on cross genetic algorithm optimal MHW ［J］. Measurement, 2017, 109: 242-246.

［74］ HONG L, DHUPIA J S. A time domain approach to diagnose gearbox fault based on measured vibration signals ［J］. Journal of Sound and Vibration, 2014, 333: 2164-2180.

［75］ LI Z, YAN X, WANG X, et al. Detection of gear cracks in a complex gearbox of wind turbines using supervised bounded component analysis of vibration signals collected from multi-channel sensors ［J］. Journal of Sound and Vibration, 2016, 371: 406-433.

［76］ JIA F, LEI Y, LIN J, et al. Deep neural networks: A promising tool for fault characteristic mining and intelligent diagnosis of rotating machinery with massive data ［J］. Mechanical Systems and Signal Processing, 2016, 72/73: 303-315.

［77］ 雷亚国, 贾峰, 周昕, 等. 基于深度学习理论的机械装备大数据健康监测方法 ［J］. 机械工程学报, 2015, 51 (21): 49-56.

［78］ XU Z, LI C, YANG Y. Fault diagnosis of rolling bearing of wind turbines based on the variational mode decomposition and deep convolutional neural networks ［J］. Applied Soft Computing Journal, 2020, 95: 15.

［79］ QIU G, GU Y, CAI Q. A deep convolutional neural networks model for intelligent fault diagnosis of a gearbox under different operational conditions ［J］. Measurement, 2019, 145: 94-107.

［80］ ZHANG K, TANG B, DENG L, et al. A hybrid attention improved ResNet based fault diagnosis method of wind turbines gearbox ［J］. Measurement, 2021, 179: 1-15.

［81］ WANG L, ZHANG Z, LONG H, et al. Wind turbine gearbox failure identification with deep neural networks ［J］. IEEE Transactions on Industrial Informatics, 2016, 13(3): 1360-1368.

［82］ TENG W, CHENG H, DING X, et al. DNN-based approach for fault detection in a direct drive wind turbine ［J］. IET Renewable Power Generation, 2018, 12(10): 1164-1171.

［83］ 赵洪山, 刘辉海, 刘宏杨, 等. 基于堆叠自编码网络的风电机组发电机状态监测与故障诊断 ［J］. 电力系统自动化, 2018, 42(11): 102-108.

［84］ 魏书荣, 张鑫, 符杨, 等. 基于 GRA-LSTM-Stacking 模型的海上双馈风力发电机早期故障预警与诊断 ［J］. 中国电机工程学报, 2021, 41(7): 2373-2383.

［85］ 金晓航, 许壮伟, 孙毅, 等. 基于 SCADA 数据分析和稀疏自编码神经网络的风电机组在线运行状态监测 ［J］. 太阳能学报, 2021, 42(6): 321-328.

［86］ SHANBR S, ELASHA F, ELFORJANI M, et al. Detection of natural crack in wind turbine gearbox ［J］. Renewable Energy, 2018, 118: 172-179.

［87］ ZAPPALÁ D, TAVNER P J, CRABTREE C J, et al. Side-band algorithm for automatic wind turbine gearbox fault detection and diagnosis ［J］. IET Renewable Power Generation, 2014, 8(4): 380-389.

［88］ PATTABIRAMAN T R, SRINIVASAN K, MALARMOHAN K. Assessment of sideband energy ratio technique in detection of wind turbine gear defects ［J］. Case Studies in Mechanical Systems and Signal Processing, 2015, 2: 1-11.

［89］ NI Q, FENG K, WANG K, et al. A case study of sample entropy analysis to the fault detection of bearing in wind turbine ［J］. Case Studies in Engineering Failure Analysis, 2017, 9: 99-111.

［90］ GUO L, LI N P, JIA F, et al. A recurrent neural network based health indicator for remaining useful life prediction of bearings ［J］. Neurocomputing, 2017, 240: 98-109.

［91］ QIAN Y, YAN R, GAO R X. A multi-time scale approach to remaining useful life prediction in rolling bearing ［J］. Mechanical Systems and Signal Processing, 2017, 83: 549-567.

［92］ SONG W Q, CHEN X X, CATTANI C, et al. Multifractional Brownian motion and quantum-behaved partial swarm optimization for bearing degradation forecasting ［J］. Complexity, 2020, 2020: 1-9.

［93］ WANG Y, PENG Y Z, ZI Y Y, et al. A two-stage data-driven-based prognostic approach for bearing degradation problem ［J］. IEEE Transactions on Industrial Informatics, 2016, 12(3): 924-932.

［94］ CHENG F Z, QU L Y, QIAO W, et al. Enhanced particle filtering for bearing remaining useful life prediction of wind turbine drivetrain gearboxes ［J］. IEEE Transactions on Industrial Electronics, 2018, 66(6): 4738-4748.

［95］ CHENG F, QU L, QIAO W. Fault prognosis and remaining useful life prediction of wind turbine gearboxes using current signal analysis ［J］. IEEE Transactions on Sustainable Energy, 2017, 9(1): 157-167.

［96］ REZAMAND M, KORDESTANI M, ORCHARD M E, et al. Improved remaining useful life estimation of wind turbine drivetrain bearings under varying operating conditions ［J］. IEEE Transactions on Industrial Informatics, 2020, 17(3): 1742-1752.

［97］ DING F F, TIAN Z G, ZHAO F Q, et al. An integrated approach for wind turbine gearbox fatigue life prediction considering instantaneously varying load conditions ［J］. Renewable Energy, 2018, 129: 260-270.

［98］ LIU H, SONG W Q, NIU Y H, et al. A generalized Cauchy method for remaining useful life prediction of wind turbine gearboxes ［J］. Mechanical Systems and Signal Processing, 2021, 153: 20.

［99］ PAN Y, HONG R, CHEN J, et al. A hybrid DBN-SOM-PF-based prognostic approach of remaining useful life for wind turbine gearbox ［J］. Renewable Energy, 2020, 152: 138-154.

［100］ WHITE F M. Fluid mechanics ［M］. 8th ed. New York: McGraw-Hill Education, 2016.

［101］ 芮晓明, 柳亦兵, 马志勇. 风力发电机组设计 ［M］. 北京: 机械工业出版社, 2010.

［102］ 徐大平, 柳亦兵, 吕跃刚. 风力发电原理 ［M］. 北京: 机械工业出版社, 2011.

［103］ 冯志鹏, 褚福磊, 左明健. 行星齿轮箱故障诊断技术 ［M］. 北京: 科学出版社, 2015.

［104］ 徐涛. 我国风电行业标准体系和设备的检测、认证 ［J］. 风能产业, 2013, 9: 8-13.

［105］ 郭亮, 王维庆, 谷雪松, 等. 风电检测认证体系现状评价和研究 ［J］. 中国标准化, 2012(12): 94-99.

［106］ The Association of German Engineers. Measurement and evaluation of the mechanical vibration of wind turbines and their components-wind turbines with gearbox: VDI 3834 - 2009 Part 1 ［S］. ［S. l.］: VDI Society Product and Process Design, 2009: 2-3.

［107］ GERMANISCHER L. Guideline for the certification of condition monitoring systems for wind turbines ［S］. Hamburg: Germanischer Lloyd WindEnergie GmbH, 2013: 1-2.

［108］ 国家能源局. 风力发电机组振动状态监测导则: NB/T 31004—2011 ［S］. 北京: 中国电力出版社, 2011.

［109］ 国家能源局. 风力发电机组振动状态评价导则: NB/T 31129—2018 ［S］. 北京: 中国电力出版社, 2018.

［110］ 丁康, 李巍华, 朱小勇. 齿轮及齿轮箱故障诊断实用技术 ［M］. 北京: 机械工业出版社, 2005.

［111］ 何正嘉, 訾艳阳, 张西宁. 现代信号处理及工程应用 ［M］. 西安: 西安交通大学出版社, 2007.

［112］ 张金, 张耀辉, 黄漫国. 倒频谱分析法及其在齿轮箱故障诊断中的应用 ［J］. 机械工程师, 2005(8): 34-36.

［113］ 滕伟, 武鑫, 高青风, 等. 风电齿轮箱振动信号的倒频谱分析 ［C］. 烟台: 第三十届中国控制会议, 2011.

［114］ TENG W, DING X, CHENG H, et al. Compound faults diagnosis and analysis for a wind turbine gearbox via a novel vibration model and empirical wavelet transform ［J］. Renewable Energy, 2019, 136: 393-402.

［115］ SELESNICK I W. Wavelet transform with tunable Q-factor ［J］. IEEE Transactions on Signal Processing, 2011, 59(8): 3560-3575.

［116］ DAUBECHIES I. Ten Lectures on Wavelets ［M］. ［S. l.］: Society for Industrial and Applied Mathematics, 1992.

［117］ STARCK J L, DONOHO D L, ELAD M. Redundant multiscale transforms and their application for morphological component separation ［R］. ［S. l.: s. n.］, 2004.

［118］ SELESNICK I W. Resonance-based signal decomposition: A new sparsity-enabled signal analysis method ［J］. Signal Processing, 2011, 91(12): 2793-2809.

［119］ SELESNICK I W, BAYRAM I. Enhanced sparsity by non-separable regularization ［J］. IEEE Transactions on Signal Processing, 2016, 64(9): 2298-2313.

［120］ HE W P, CHEN B Q, ZENG N Y, et al. Sparsity-based signal extraction using dual Q-factors for gearbox fault detection ［J］. ISA Transactions, 2018, 79: 147-160.

［121］ PAREKH A, SELESNICK I W. Convex denoising using non-convex tight frame regularization ［J］. IEEE Signal Processing Letters, 2015, 22(10): 1786-1790.

［122］ FIGUEIREDO M A T, BIOUCAS-DIAS J M, NOWAK R D. Majorization-minimization algorithms for wavelet-based image restoration ［J］. IEEE Transactions on Image Processing, 2007, 16(12): 2980-2991.

［123］ SELESNICK I W. Sparse signal representations using the tunable Q-factor wavelet transform ［C］. San Diego: Conference on Wavelets and Sparsity XIV, 2011.

[124] BOYD S, PARIKH N, CHU E, et al. Distributed optimization and statistical learning via the alternating direction method of multipliers [J]. Foundations and Trends in Machine learning, 2011, 3(1): 1-122.

[125] TENG W, LIU Y M, HUANG Y K, et al. Fault detection of planetary subassemblies in a wind turbine gearbox using TQWT based sparse representation [J]. Journal of Sound and Vibration, 2021, 490: 22.

[126] YAN R Q, GAO R X. Multi-scale enveloping spectrogram for vibration analysis in bearing defect diagnosis [J]. Tribology International, 2009, 42(2): 293-302.

[127] RANDALL R B, SAWALHI N. A new method for separating discrete components from a signal [J]. Sound and Vibration, 2011, 45(5): 6.

[128] TENG W, DING X, ZHANG Y Y, et al. Application of cyclic coherence function to bearing fault detection in a wind turbine generator under electromagnetic vibration [J]. Mechanical Systems and Signal Processing, 2017, 87: 279-293.

[129] ANTONI J. Cyclic spectral analysis in practice [J]. Mechanical Systems and Signal Processing, 2007, 21(2): 597-630.

[130] ANTONI J. Cyclic spectral analysis of rolling-element bearing signals: Facts and fictions [J]. Journal of Sound and Vibration, 2007, 304(3/5): 497-529.

[131] RAAD A, ANTONI J, SIDAHMED M. Indicators of cyclostationarity: Theory and application to gear fault monitoring [J]. Mechanical Systems and Signal Processing, 2008, 22(3): 574-587.

[132] 张贤达, 保铮. 非平稳信号分析与处理 [M]. 北京: 国防工业出版社, 1998.

[133] HUANG N E, SHEN Z, LONG S R, et al. The empirical mode decomposition and the Hilbert spectrum for nonlinear and non-stationary time series analysis [J]. Proceedings of the Royal Society: mathematical, physical and engineering sciences, 1998, 454(1971): 903-995.

[134] GILLES J. Empirical wavelet transform [J]. IEEE Transactions on Signal Processing, 2013, 61(16): 3999-4010.

[135] GILLES J, HEAL K. A parameterless scale-space approach to find meaningful modes in histograms-Application to image and spectrum segmentation [J]. International Journal of Wavelets, Multiresolution and Information Processing, 2014, 12(6): 17.

[136] RUDEMO M. Empirical choice of histograms and kernel density estimators [J]. Scandinavian Journal of Statistics, 1982: 65-78.

[137] GROSSBERG S. Adaptive pattern classification and universal recoding: II. Feedback, expectation, olfaction, illusions [J]. Biological Cybernetics, 1976, 23(4): 187-202.

[138] CARPENTER G A, GROSSBERG S. A massively parallel architecture for a self-organizing neural pattern recognition machine [J]. Computer Vision, Graphics, and Image Processing, 1987, 37(1): 54-115.

[139] CARPENTER G A, GROSSBERG S. ART 2: Self-organization of stable category recognition codes for analog input patterns [J]. Applied Optics, 1987, 26(23): 4919-4930.

[140] 刘积芬. 网络入侵检测关键技术研究 [D]. 上海: 东华大学, 2013.

[141] 孙即祥. 现代模式识别 [M]. 2版. 北京: 高等教育出版社, 2008.

[142] 李状, 柳亦兵, 马志勇, 等. 结合 C-均值聚类的自适应共振神经网络在风电机组齿轮箱故障诊断中的应用 [J]. 动力工程学报, 2015, 35(8): 646-665.

[143] 齐敏芳, 付忠广, 景源, 等. 基于信息熵与主成分分析的火电机组综合评价方法 [J]. 中国电机工程学报, 2013, 33(2): 58-64.

[144] RASHEDI E, NEZAMABADI-POUR H, SARYAZDI S. GSA: A gravitational search algorithm [J]. Information Sciences, 2009, 179(13): 2232-2248.

[145] LI C S, ZHOU J Z. Semi-supervised weighted kernel clustering based on gravitational search for fault diagnosis [J]. ISA Transactions, 2014, 53(5): 1534-1543.

[146] 李状, 马志勇, 胡亮, 等. 基于模糊核聚类和引力搜索的风电齿轮箱故障诊断 [J]. 中国机械工程, 2015, 26(19): 2667-2676.

[147] 李状, 柳亦兵, 滕伟, 等. 基于粒子群优化 KFCM 的风电齿轮箱故障诊断 [J]. 振动. 测试与诊断, 2017, 37

（3）：484-488.

[148] HU D, SAROSH A, DONG Y F. A novel KFCM based fault diagnosis method for unknown faults in satellite reaction wheels [J]. ISA Transactions, 2012, 51(2)：309-316.

[149] 龙泉，刘永前，杨勇平. 基于粒子群优化 BP 神经网络的风电机组齿轮箱故障诊断方法 [J]. 太阳能学报，2012，33(1)：120-125.

[150] TENG W, ZHANG X L, LIU Y B, et al. Prognosis of the remaining useful life of bearings in a wind turbine gearbox [J]. Energies, 2017, 10(1)：32.

[151] ARULAMPALAM M S, MASKELL S, GORDON N, et al. A tutorial on particle filters for online nonlinear/non-Gaussian Bayesian tracking [J]. IEEE Transactions on Signal Processing, 2002, 50(2)：174-188.

[152] VAN D M R, DOUCET A, DE F N, et al. The unscented particle filter [C]. Colorado Springs：Advances in Neural Information Processing Systems 13, 2000.

[153] HOL J D, SCHON T B, GUSTAFSSON F. On resampling algorithms for particle filters [C]. Cambridge：Nonlinear Statistical Signal Processing Workshop, 2006.

[154] TENG W, HAN C, HU Y K, et al. A robust model-based approach for bearing remaining useful life prognosis in wind turbines [J]. IEEE Access, 2020, 8：47133-47143.

[155] CHEN C, XU T H, WANG G, et al. Railway turnout system RUL prediction based on feature fusion and genetic programming [J]. Measurement, 2020, 151：1-9.

[156] NECTOUX P, GOURIVEAU R, MEDJAHER K, et al. PRONOSTIA：An experimental platform for bearings accelerated degradation tests [C]. Denver：IEEE Conference on Prognostics and Health Management, 2012.

[157] HONG S, ZHOU Z, ZIO E, et al. Condition assessment for the performance degradation of bearing based on a combinatorial feature extraction method [J]. Digital Signal Processing, 2014, 27：159-166.

[158] SUTRISNO E, OH H, VASAN A S S, et al. Estimation of remaining useful life of ball bearings using data driven methodologies [C]. Denver：IEEE Conference on Prognostics and Health Management, 2012.

[159] LI X L, TENG W, PENG D K, et al. Feature fusion model based health indicator construction and self-constraint state-space estimator for remaining useful life prediction of bearings in wind turbines [J]. Reliability engineering and system safety, 2023, 233(5)：1.1-1.14.